韩江三角洲海岸带
地质环境与生态系统

王 洋　王红兵　王万虎　义家吉　万晓明 等　著

海洋出版社

2022 年 · 北京

图书在版编目(CIP)数据

韩江三角洲海岸带地质环境与生态系统/王洋等著.
—北京:海洋出版社,2022.11
ISBN 978-7-5210-1038-1

Ⅰ.①韩… Ⅱ.①王… Ⅲ.①韩江-三角洲-海岸带-地质环境-研究 ②韩江-三角洲-海岸带-生态系统-研究 Ⅳ.①P737.172 ②X321.265.3

中国版本图书馆CIP数据核字(2022)第210821号

责任编辑:高朝君
责任印制:安　森
海洋出版社　出版发行
http://www.oceanpress.com.cn
北京市海淀区大慧寺路8号　邮编:100081
鸿博昊天科技有限公司印刷
2022年11月第1版　2023年9月北京第1次印刷
开本:787mm×1092mm　1/16　印张:14.75
字数:340千字　定价:168.00元
发行部:010-62100090　总编室:010-62100034

《韩江三角洲海岸带地质环境与生态系统》主要作者名单

王　洋	王红兵	王万虎	义家吉	万晓明	黄　诚
刘　胜	韦成龙	王达成	郭依群	王　瑞	左瀚穹
沈　成	郭兴国	常建宇	宋艳伟	袁　坤	符国伟
傅开哲	王照翻	唐钺诏	周　良	刘秀娟	赵恩金
杜永芬	董建玮	王奎博	汪斯毓	裴丽欣	李习文
牛志杰	杨美健	潘有舵	蔡砥柱	张云锺	林　聪

前　言

韩江是广东省第二大河流，其流域范围涉及广东、福建、江西3省22个市县。韩江在潮州以南发育了韩江三角洲，在我国的河流三角洲平原中居第6位。据《韩江三角洲》一书记载，广义的韩江三角洲包括韩江潮州以下、榕江揭阳以下、练江普宁以下的平原，即通常所谓的潮汕平原(李平日等，1987b)，本书讨论的范围是广义的韩江三角洲。

中国地质调查局海口海洋地质调查中心(以下简称“海口中心”)通过对东南沿海重点区域走访调研，综合韩江三角洲的实地调查，认识到潮汕地区近岸海域地质环境底数不清，韩江、榕江等河流入海口生态环境问题日趋严重等成为制约潮汕地区经济发展的重要因素。受近几十年来全球变暖、冰川融化和海平面上升的影响，三角洲地区的潜在威胁明显加剧，为减少灾害发生，促进韩江三角洲地区生态文明建设，需要了解三角洲地区的沉积演化过程和发展趋势，深入研究人类开发活动加剧背景下地质环境变化对典型生态系统的影响。因此，海口中心在潮汕沿海开展为期3年的海岸带综合地质调查工作，为潮汕地区自然资源管理、生态保护修复、国土空间规划、防灾减灾以及生态文明建设提供重要理论和翔实数据支撑。

本书依托海口中心承担的“潮汕海岸带综合地质调查”项目所取得的调查成果，在充分利用已有海岸带基础地质、环境地质调查资料的基础上，结合大量野外调查、室内分析和综合研究完成。

针对潮汕海岸带地质灾害频发、生态系统退化、环境污染加剧等突出问题，本书采用了遥感解译和反演分析、地质灾害专项调查、海洋水文观测、综合地球物理探测、地质取样分析、生态系统现状调查、海水化学分析和钻孔探测等技术方法，更新了潮汕地区岸线、湿地资源基础数据，查明了潮汕海岸带地形地貌、底质类型、地层结构、地质灾害及海砂资源分布特征，编制了潮汕海岸带资源环境生态系列图件，并在此基础上综合研究了韩江三角洲滨海湿地第四纪沉积演化、潮汕海岸带重要生态系统健康状况、榕江等重要河口淤积机理、生态系统多圈层物质交换和相互作用等生态环境地质科学问题。

调查表明，潮汕地区自然岸线中砂质岸线占比最大，其次是基岩岸线；

人工岸线中防波堤和海港码头占比最大，其次是防潮堤和养殖海堤，人工岸线总体增长较快，自然岸线逐年递减，其中围填海工程是人工岸线扩张、自然岸线递减的主要原因。潮汕地区滨海湿地面积呈先增加后减少的变化规律，自然湿地面积呈减少趋势，湿地变迁主要驱动力为社会经济发展带来的土地、粮食及水产品需求量增加；围填海、水田和沟渠不断扩张，侵占了大片浅海水域和沼泽地，造成自然湿地流失。潮汕地区海底地貌类型主要包括海岸地貌以及大陆架和岛架地貌。海岸地貌分布在近岸30 km以内海域，发育有海湾堆积平原和水下堆积岸坡；大陆架和岛架地貌发育水下三角洲和侵蚀洼地。近海表层沉积物以砂质粉砂、粉砂、粉砂质砂及含砾泥质砂为主，局部区域零星分布有泥、含砾泥、砂。潮汕海岸带陆域地质灾害集中分布在南澳岛上，灾害类型以崩塌、滑坡为主，规模为中小型，在NE向和NW向断层交汇处及附近区域为地质灾害多发、频发区域；海域地质灾害破坏性较强的主要为断裂，受区域构造应力影响，海底断层广泛发育，部分断层延伸至陆域，其次是浅层气、埋藏古河道、浅埋基岩、底辟和洼地等，但分布范围有限，规模不大。

通过微体古生物化石、粒度和黏土矿物组合含量等多指标分析，结合前人的研究成果，在高分辨率、高精度AMS ^{14}C和OSL年龄框架约束下，获得该地区晚第四纪环境变迁、海平面和气候变化等信息。将研究区晚更新世以来的沉积地层划分为10个沉积单元，3个沉积旋回；将韩江三角洲地区第四纪最古老的地层约束在MIS5时期，并且分析了韩江全新世三角洲初始建造晚于国内主要河流三角洲的原因。建立了榕江口泥沙输运数值模型，基于河口水下地形、近岸水动力、河流输沙量、径流量、悬浮泥沙浓度等数据开展了泥沙淤积数值模拟，量化表达了榕江口淤积现状和形成机理。模拟了潮汕海岸带不同重现期风暴潮发生时海水在各区域流速变化和增水情况，并划定了南澳岛西北段及南段等风暴潮灾害的重点防御地段。

在红树林、河口、海湾等重要生态系统现状调查中发现，潮汕地区天然红树林退化严重，苏埃湾等天然红树林严重受损，义丰溪等人工红树林幼苗比例低、树种单一、底栖生物群落受损严重，且一定程度受到了氮、磷和石油的污染。针对天然林退化问题，提出了自然修复为主、人工修复为辅，重点关注重建型修复的措施。

本书从海岸带地质环境和生态系统融合的角度，综合考虑潮汕地区面临的生态、环境、资源和灾害问题，基于大量的基础调查监测数据，摸清了地质环境底数，提出了防治和修复对策，可以为环境治理、生态修复、防灾减灾、工程建设和相关科学研究提供基础地质资料和科学依据。

本次研究的室内分析测试及鉴定完成单位：水质分析(淡水)、海水化学全分析、粪大肠菌群、叶绿素a分析、沉积物有机氯等测试由深圳市深港联检测有限公司和广东宇南检测技术有限公司完成；沉积物主量、微量、稀土元素、有机碳、重金属地球化学测试由海口中心分析测试实验室完成；碎屑矿物鉴定、铅铯测年、沉积物石油类、硫化物、有机污染物、粒度、有孔虫介形虫、AMS ^{14}C 测年、光释光测年、放射性比活度等测试和鉴定由厦门大学完成；沉积物营养盐、矿物鉴定、岩石薄片鉴定、孢粉等测试和鉴定由中国地质大学(武汉)完成；稳定同位素分析、沉积物中叶绿素提取与分析、全氟化合物等测试由南京师范大学完成；疑难生物鉴定由中国科学院海洋研究所完成。

参与写作与制图人员：前言由王洋、万晓明完成；第1章由王洋、刘胜、黄诚完成；第2章由王万虎、王红兵、王洋、郭兴国、张云锺完成；第3章由义家吉、王万虎、王洋、沈成、常建宇完成；第4章由王洋、义家吉、周良、刘秀娟完成；第5章由义家吉、王万虎、左瀚穹、王奎博、唐钺诏、赵恩金完成；第6章由王红兵、王万虎、王洋、杜永芬完成；第7章由王红兵、王洋、王万虎、万晓明、杜永芬、董建玮完成。全书图件由王洋、王红兵、王万虎、义家吉、左瀚穹、周良、唐钺诏、沈成、常建宇、郭兴国等绘制。全书由王洋、万晓明、郭依群、刘胜、黄诚、王瑞统阅定稿。

本次地质调查工作的开展得到了中国地质调查局自然资源综合调查指挥中心海洋与海岸带调查处、规划计划处的大力支持。中国地质调查局天津地质调查中心肖国强首席研究员、青岛海洋地质研究所印萍首席研究员和烟台海岸带地质调查中心杨慧良首席研究员以及中国地质调查局广州海洋地质调查局黄永样总工、崔振昂博士、甘华阳博士为调查工作开展提供了大量帮助和悉心指导，在此一并谨致衷心谢忱！

由于本书涉及的调查范围大、调查内容广，方法手段多，部分调查研究存在资料不均衡和缺乏系统性的问题，有待今后进行深入研究，且由于作者水平有限，书中难免存在疏漏，敬请读者批评指正！

作　者

2022年10月

目　　录

第1章 绪　　论

1.1 研究背景

21世纪是海洋的世纪，随着陆域资源、能源和空间压力与日俱增，经济发展的热点逐步由陆地转向海洋。党的十八大以来，我国经济社会发展进入新时代，党的十九大提出了坚持陆海统筹，加快建设海洋强国，坚定实施区域协调发展战略，加快生态文明体制改革、推进绿色发展、建设美丽中国的战略部署。2018年5月，习近平总书记在全国生态环境保护大会上强调，绿水青山就是金山银山；加大力度推进生态文明建设、解决生态环境问题，坚决打好污染防治攻坚战；全面推动绿色发展；把解决突出生态环境问题作为民生优先领域。

《中华人民共和国国民经济和社会发展第十四个五年规划和2035年远景目标纲要》明确提出要坚持陆海统筹、人海和谐、合作共赢，协同推进海洋生态保护、海洋经济发展和海洋权益维护，加快建设海洋强国。统筹推进生态共建环境共治，优化城市群内部空间结构，构筑生态和安全屏障。探索建立沿海、流域、海域协同一体的综合治理体系。严格围填海管控，加强海岸带综合管理与滨海湿地保护。拓展入海污染物排放总量控制范围，保障入海河流断面水质。加快推进重点海域综合治理，构建流域—河口—近岸海域污染防治联动机制，推进美丽海湾保护与建设。提升应对海洋自然灾害和突发环境事件能力。完善海岸线保护、海域和无居民海岛有偿使用制度，探索海岸建筑退缩线制度和海洋生态环境损害赔偿制度，自然岸线保有率不低于35%。这一系列重大举措和远大目标给海岸带地质调查工作带来了新的机遇和挑战。

2020年6月，国家发展改革委、自然资源部联合印发《全国重要生态系统保护和修复重大工程总体规划(2021—2035年)》，明确提出海岸带主攻方向为：以海岸带生态系统结构恢复和服务功能提升为导向，综合开展岸线岸滩修复、生境保护修复、生态灾害防治、海堤生态化建设、防护林体系建设和海洋保护地建设。加强海岸带生态地质背景和生态环境问题调查，为海岸带保护修复提供支撑服务。

海岸带是陆地、海洋的交互作用地带，受全球气候变化、自然资源过度开发利用等影响，潮汕地区典型海洋生态系统显著退化，部分近岸海域生态功能受损、生物多样性降低、生态系统脆弱，调节和防灾减灾功能无法充分发挥。2021年,《汕头市国民经济和社会发展第十四个五年规划和二〇三五年远景目标纲要》强调，建设生态宜居城市，持续改善水生态系统。由此推进海湾整治，加强海岸线保护与管控，强化受损滨海湿地和珍稀濒危物种关键栖息地保护修复，构建生态廊道和生物多样性保护网络，保护和修

复红树林等典型海洋生态系统，提升防护林质量，建设人工鱼礁，实施海堤生态化建设，保护重要海洋生物繁育场，推进韩江三角洲水生态保护修复等工作是潮汕地区亟须解决的问题和重要任务。

鉴于此，研究期间，作者收集了大量潮汕地区水工环地质及海洋地质相关资料，全面了解潮汕地区环境现状和以往工作情况，走访了汕头市人民政府、汕头市自然资源局（海洋局）、汕头市生态环境局、汕头市南澳县自然资源局等部门，充分了解地方政府部门的迫切需求，在此基础上，有针对性地在潮汕地区开展海岸带资源、环境、生态综合地质调查。调查工作得到了相关部门的高度重视和关注，认为调查工作的开展可以为当地社会经济发展和生态文明建设提供强有力的数据支撑和理论依据。

通过对潮汕地区已有地质资料的综合分析研判和现场走访调研，结合政府部门实际需求，最终确定研究区陆域以汕头市、潮州市和汕尾市部分行政界线为边界，海域以20 m 等深线为界限，总面积约 6 490 km^2。通过 2020—2022 年的综合调查研究，对潮汕地区海岸带地质环境和生态系统有了全新的认识。

1.2　研究思路

1.2.1　研究方法

本次研究的总体工作思路为立足地质调查，拓展生态环境，坚持陆海统筹，依托科技创新，聚焦应用服务。坚持由点到面、由浅入深，从现状调查到规律总结的顺序，在完成研究区海岸带地质环境调查全覆盖的基础上，选择重点生态功能区开展生态系统现状调查（图 1-1）。

基于卫星遥感技术、海流观测技术、综合地球物理调查技术、海底取样及钻探技术、生物群落调查技术、生态环境要素调查技术和实验分析等技术，开展韩江、练江、榕江入海口及近岸海域地质环境调查、重点生态系统现状调查、重要生态功能区生态地质调查及海岸带地质灾害专项调查，基本查明海岸带近岸海域生态系统现状、基础地质特征、地质环境条件、海砂资源潜力和地质灾害分布特征。

针对研究区典型生态环境和重大科学问题，首先开展韩江三角洲滨海湿地晚第四纪沉积演化研究，尤其对全新世三角洲建造的主控因素和环境效应，人类活动加剧背景下入海水沙通量对岸线和水下地形演变的影响，以及韩江河口障壁岛的形成演化等问题开展重点研究。

其次，依托潮汕海岸带海洋区域水动力精细化模拟，探讨填海前后近岸海域水动力变化对岸线侵蚀淤积、湿地退化和水下地形的影响；通过加载泥沙输运模块，摸清榕江口（汕头港）等重点河口淤积现状和形成机理；依托水动力模型开展潮汕海岸带不同重现期风暴潮模拟，分析重大风暴潮灾害影响下潮汕各海域的增水情况，为海岸带防灾减灾工作提供理论支撑。

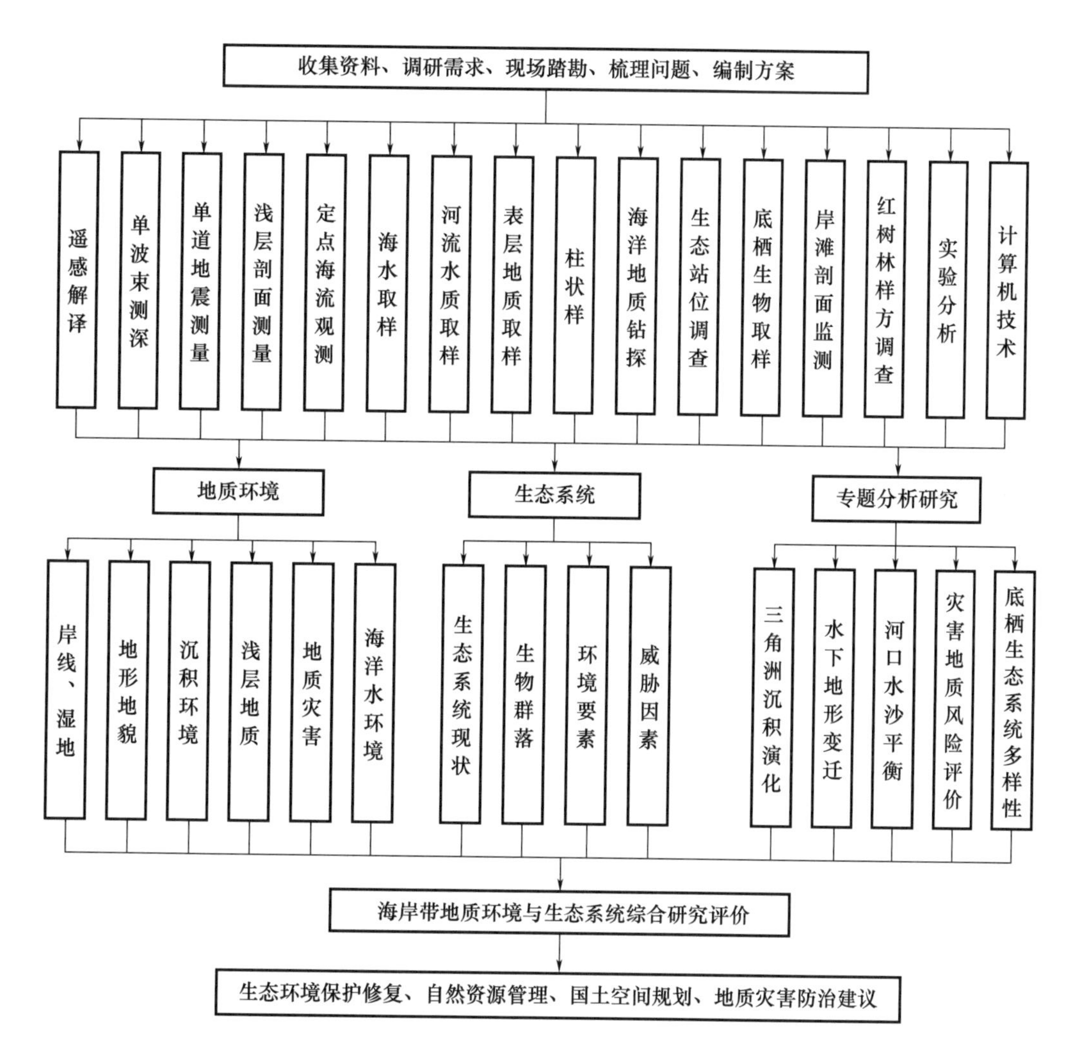

图1-1 韩江三角洲调查研究技术路线

最后，在对研究区地质环境、岸线类型、湿地变迁、海洋水文特征等有了基本认识的基础上，选择红树林、河口、砂质海岸及海湾四类重点生态系统开展生态系统现状和生态地质调查，对各生态系统的水环境、土壤环境、地质环境、生物群落和人类活动开展系统调查评估，查找制约生态环境修复的关键问题，有针对性地提出治理建议。其中，水环境主要包括海水、河水、孔隙水和地下水；土壤环境包括沉积物类型、底质污染情况、沉积环境和成土母质；地质环境主要包括地形地貌、重点岸段岸线变迁、海侵海退、地质环境演化过程和河口水沙平衡等；生物群落主要以底栖生物为主，辅助植物、藻类以及微生物的调查评价，将生物群落健康状况作为生态系统现状的指示剂开展生态评估；人类活动主要包括岸线工程修建、渔业养殖、水土污染和水利工程修建等方面。基于以上调查成果，选取典型地球化学要素开展重点生态系统多圈层物质交换和相互作用研究，为海岸带地球系统科学研究开辟新的视角。

在完成潮汕海岸带地质环境和生态系统综合调查研究的基础上，针对生态环境问题、自然资源潜力、地质环境现状和地质灾害隐患，提出海岸带生态环境保护修复、自然资源管理、国土空间规划和地质灾害防治建议，为汕头等沿海城市生态共建、环境共治，打造可持续海洋生态环境提供有力支撑。

1.2.2 野外工作

野外实地调查工作是获取数据信息的基础，本次调查总体是按 1:5 万比例尺布置测线和测站。数据采集工作的工作方法和设备主要包括以下几个方面。

(1)综合地球物理探测包括单波束测深、单道地震探测、浅地层剖面测量等方法。综合导航定位系统由 Hypack 综合导航软件系统、C-Nav 3050、DGPS 接收机组成。单波束测深仪选择的是中海达 HD-370 型测深仪；单道地震系统由美国 AAE 公司生产的水听器和 CSP-s 6000 电火花震源组成，主要针对海底沉积物结构调查及地震断裂探测；浅地层剖面测量采用德国 INNOMAR 公司所生产的 SES-2000 浅地层剖面仪，此系统由处理单元和传感器组成。

(2)地质取样主要包括表层地质取样、柱状样、钻探和水质取样。表层地质取样使用的是蚌式地质取样器；柱状样选用的是重力柱状取样器，采样直径为 70 mm，最大采样长度≥1.5 m；海洋地质钻探使用的是 XY-100型钻机，可钻孔深度为 70~120 m；水质取样器为卡盖式多功能水样采集器，容积为 5 L。

(3)海流观测采用美国 RDI 公司的流速剖面仪。该声学多普勒流速剖面仪(ADCP)是 RDI 公司的第三代声学多普勒海流流量测量系统，工作水深可达 300 m，频率为 2 MHz，剖面单元数为 1~128 个，测量单元厚度为 0.5 m、1 m、2 m、4 m、6 m、8 m、16 m、32 m等。

(4)遥感解译主要以 Landsat 系列影像为主，其中包括 MSS(60 m)、TM(30 m)、ETM +(15 m)、OLI(15 m)数据。对收集到的 1982 年、1986 年、1989 年、1995 年、2000 年、2005 年、2010 年、2015 年和 2020 年 9 个时期的遥感影像数据进行预处理后，通过监督分类得出结果，辅以目视解译修正，结合实地考察情况，得到潮汕地区海岸带湿地不同时期湿地面积、岸线长度和类型的动态变化影像图。收集并分析研究区气候人文因素及 40 年来潮汕地区海岸带湿地、岸线变化的驱动力，为海岸带湿地规划与修复利用、岸线侵蚀淤积治理提供决策依据。

(5)调查船主要租用适合研究区作业水深的船舶。综合物探调查船和地质取样船总吨位通常在 150 t 以内，吃水在 4 m 以浅，钻探船在 500 t 左右，船上安装有钻井平台。综合导航定位系统由中海达 Hi MAX 导航软件、Trimble SPS855 GNSS 接收机组成，该接收机能跟踪 L1C/A、L1/L2/L2C GPS 和QZSS 码，它的标称精度为水平位置小于 2.5 m。

根据工作部署，研究区遥感解译及实地验证在 2020 年 3—6 月完成；陆域地质灾害专项调查在 2020 年 4—9 月完成；广澳湾、海门湾和澄海-南澳近岸海域的海上资料采集在 2020 年 6—7 月完成；红树林、砂质海岸、河口和海湾生态系统现状调查在 2021 年 4—8 月完成；龙湖-惠来近岸海域的海上资料采集在 2021 年 6—7 月完成，具体工作量见表 1-1。

表 1-1 2020—2021 年主要工作量

工作内容		工作量	单位
地质调查	专项地质灾害调查	1 004.5	km^2
	生态系统现状调查	69	站位
	岸滩剖面监测	5	km
物探	单道地震测量	1 728.14	km
	单波束测量	1 728.14	km
	浅地层剖面测量	1 085	km
	定点海流观测	4	站次
化探	海水取样	53	件
	河流取样	20	件
	地质取样（表层样）	207	站位
	地质取样（柱状样）	26	站位
遥感	1∶5 万遥感解译	2 500	km^2
钻探	海洋地质钻探	408	m

1.2.3 实验测试及室内研究

实验测试内容主要包括海水样品实验分析、沉积物样品实验分析等，样品分析测试内容如表 1-2 所示。

表 1-2 样品分析测试

编号	项目	样品数量/个	方法	仪器	分析单位
海水分析					
1	水温	85	现场测试	水质综合分析仪/SX836	深圳市深港联检测有限公司
2	盐度	85	现场测试		
3	悬浮物	85	现场测试		
4	溶解氧	85	现场测试		
5	化学需氧量	55	碱性高锰酸钾法	滴定管	
6	无机氮	61	磷钼蓝分光光度法	紫外可见分光光度计/UV－8000	
7	活性磷酸盐	61	磷钼蓝分光光度法	紫外可见分光光度计/UV－8000	深圳市深港联检测有限公司
8	活性硅酸盐	61	硅钼蓝法		
9	总磷、总氮	40	过硫酸钾氧化法		
10	叶绿素 a	50	分光光度法		
11	重金属	61	火焰原子吸收分光光度法	原子吸收分光光度计/GFA－6880	
12	粪大肠菌群	50	发酵法	生化培养箱/GHP－9080N	

续表

编号	项目	样品数量/个	方法	仪器	分析单位
13	有机污染物	25	气相色谱法	气相色谱仪 GC2030	广东宇南检测技术有限公司
14	硫化物	25	亚甲基蓝分光光度法	紫外可见分光光度计	
15	石油类	61	紫外分光光度法		
16	全氟化合物	160	萃取富集液质联用方法	超高效液相色谱质谱联用仪	南京师范大学
沉积物分析					
17	主量元素	240	硅酸盐岩化学分析方法	X - 射线荧光光谱仪	海口中心
18	微量元素	240	电感耦合等离子体质谱法	电感耦合等离子体质谱仪	
19	稀土元素	190	电感耦合等离子体质谱法	电感耦合等离子体质谱仪	
20	有机碳	240	非色散红外吸收法	红外碳硫仪 Core - 205	
21	重金属	248	荧光光谱法	双道原子荧光光度计	
22	碎屑矿物	70	双目镜、偏光镜鉴定	粉末 X - 射线衍射仪	厦门大学
23	粒度	950	筛析法、激光法	Marvin Mastersizer 3000	
24	铅铯测年	285	γ 能谱法	高纯锗多道 γ 能谱仪	
25	光释光测年	15	单片再生剂量法	Lexsyg 释光仪	
26	AMS^{14}C 测年	45	碳定量转化为石墨碳	加速器质谱仪	
27	有孔虫介形虫	70	微体结构观察法	生物显微镜摄像系统	
28	放射性比活度	20	γ 能谱法	高纯锗多道 γ 能谱仪	
29	有机污染物	25	毛细管气相色谱测定法	气相色谱仪/GC - 2014C	
30	石油类	140	紫外分光光度法	紫外可见分光光度计	
31	硫化物	140	亚甲基蓝分光光度法	多功能酶标仪	
32	矿物鉴定	20	重液分离法	体式显微镜	中国地质大学（武汉）
33	岩石薄片鉴定	20	岩石薄片法	双目镜、偏光镜	
34	黏土矿物	50	X 射线衍射分析法	X - 射线衍射仪	
35	孢粉	50	离心分析鉴定法	孢粉鉴定仪	
36	营养盐	190	土壤元素测定法	元素分析仪	
37	稳定同位素分析	60	同位素比率质谱仪分析法	同位素质谱仪	南京师范大学
38	叶绿素提取与分析	70	荧光法	uv - 1750 分光光度计	
39	疑难生物鉴定	60	形态分类、分子鉴定	体式、扫描电子显微镜	中国科学院海洋研究所

第2章　区域自然环境

韩江是我国东南沿海重要的河流之一，也是广东省第二大河流。其上游为发源于广东紫金的梅江和福建宁化的汀江；两江在三坝河汇合后始称韩江，由北向南流经广东省的丰顺、潮安等县，至湖州市进入韩江三角洲河网区，分东、西、北溪流经汕头、潮州等市注入南海。韩江干流全长470 km，平均坡降0.40‰。韩江流域范围涉及广东、福建、江西3省22个市县，流域面积30 112 km^2。其年均降雨量1 600 mm，年均径流量250.95亿m^3，其中广东省境内年均径流量157.3亿m^3，潮安站实测流量最大13 300 m^3/s，最小33 m^3/s。

韩江在潮州以南发育了韩江三角洲。人们通常所指的韩江三角洲，其范围是以潮州为顶点，东北至盐灶与黄岗河口平原为界，西南隔桑浦山与榕江口为邻，三面被山丘环绕，东南面向南海敞开，呈喇叭形，总面积915.08 km^2，在我国的河流三角洲平原中居第6位。

韩江三角洲地理位置优越，交通便利，自然资源较丰富。近年来，随着经济增长、城市扩张，人类活动加剧对自然资源过度开发利用，使地质环境受到威胁。习近平总书记提出“绿水青山就是金山银山”的重要理念之后，各级地方政府对生态环境保护越来越重视，韩江三角洲的生态系统有了明显的好转。

2.1　气象水文

2.1.1　气象

韩江三角洲属南亚热带海洋性气候，全年气候温和。基本特征为：常年温和湿润，阳光充足，雨水充沛，春季潮湿，阴雨日多；初夏气温回升，冷暖多变，常有暴雨；盛夏虽高温而少酷暑，常受台风影响；秋季凉爽干燥，天气晴朗，气温下降明显；冬无严寒，但有短期寒冷。干季、雨季明显，冬春干旱，夏秋多雨，多热带气旋；光、热、水资源丰富，风及潮流等气候灾害频繁。

2.1.1.1　气压

韩江三角洲处于赤道低气压带和副热带高气压带之间，在东北信风带南缘，北回归线从此通过，由南向北气压为983~1 027 hPa，平均气压为1 009 hPa；冬半年由于受到大陆冷高压的影响，气压比夏半年高。

2.1.1.2　气温

根据2015—2020年汕头市年度气候公报记录：韩江三角洲的月平均气温15.1~29.9℃，其中汕头市月平均气温15.9~29.9℃，潮阳区月平均气温16.0~29.7℃，澄海区月平均气温15.1~28.7℃，南澳县月平均气温15.4~28.4℃（图2-1）；最低气温一般在1月，最高气温一般在6—8月，极端最高气温30.9℃，极端最低气温13.7℃，汕头市最低气温14.5℃，最高气温30.9℃，潮阳区最低气温14.6℃，最高气温30.6℃，澄海区最低气温13.7℃，最高气温29.2℃，南澳县最低气温13.8℃，最高气温28.8℃。

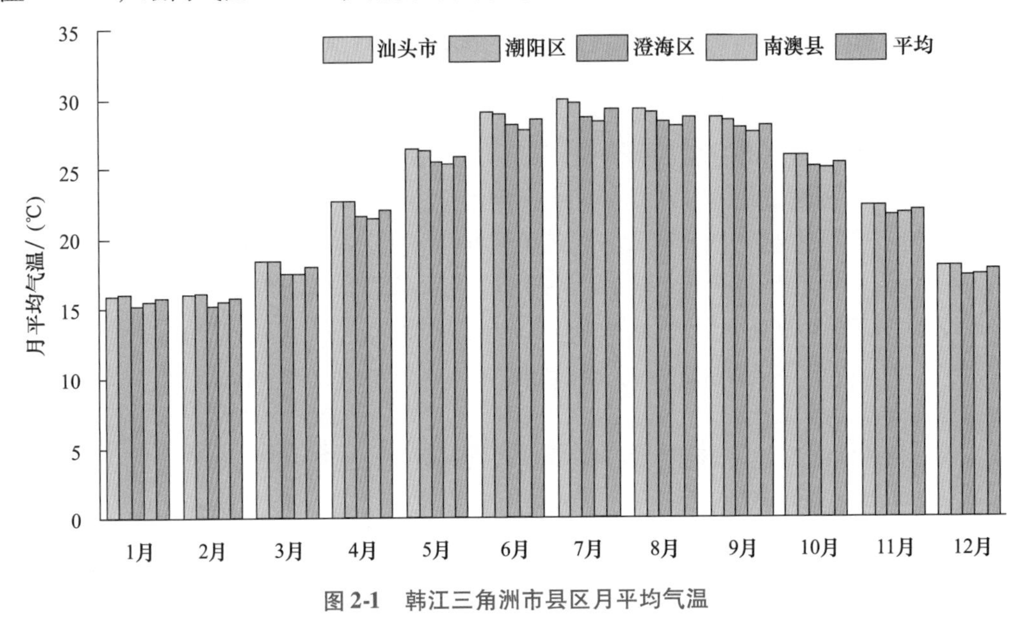

图2-1　韩江三角洲市县区月平均气温

2.1.1.3　日照

根据2015—2020年汕头市年度气候公报记录：韩江三角洲的月平均日照111.9~262.4h，其中汕头市月平均日照114.2~240.6h，潮阳区月平均日照111.9~218.9h，澄海区月平均日照134.2~262.4h，南澳县月平均日照132.4~252.3h(图2-2)；日照充沛，主要集中在5—10月，年平均日照2018.7~2235.3h，最近6年最大日照2426.4h，年最小日照1701h。

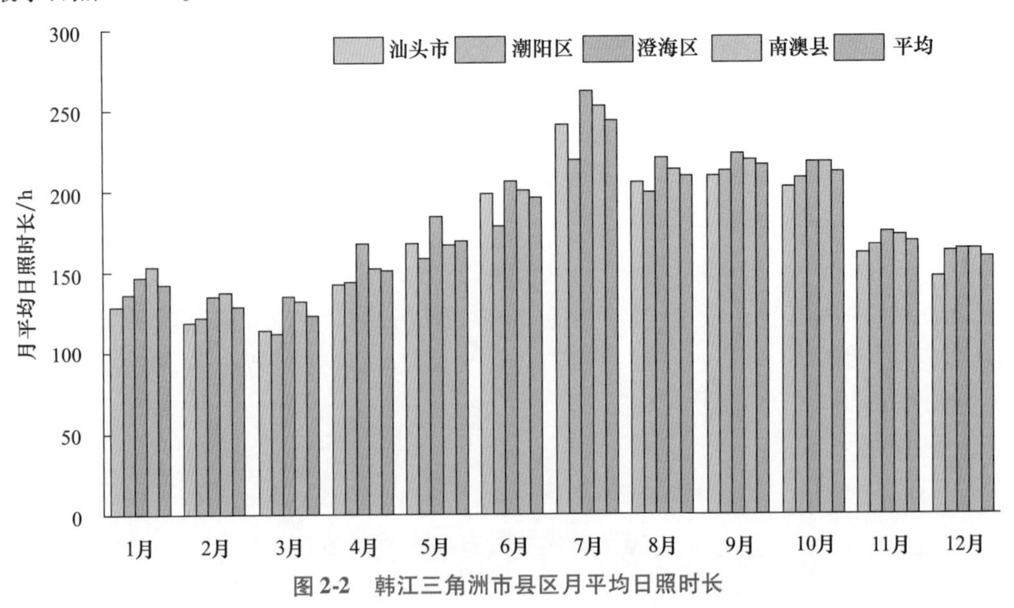

图2-2　韩江三角洲市县区月平均日照时长

2.1.1.4　降雨、蒸发和相对湿度

根据 2015—2020 年汕头市年度气候公报记录：韩江三角洲的月平均降雨 20.0~363.1 mm，其中汕头市月平均降雨 25.4~304.5 mm，潮阳区月平均降雨 25.5~363.1 mm，澄海区月平均降雨 27.0~274.4 mm，南澳县月平均降雨 20.0~297.6 mm（图 2-3）；雨量较为充沛，降雨主要集中在 4—9 月，年最大降雨量出现在 7 月，年最小降雨量出现在 2 月，平均为 24.5 mm；雨季始于 4 月上旬，终于 10 月上旬，其中平均最大降雨量出现在 8 月，为 309.9 mm。年平均蒸发量 1455~2047 mm，年平均相对湿度 78%~83%。

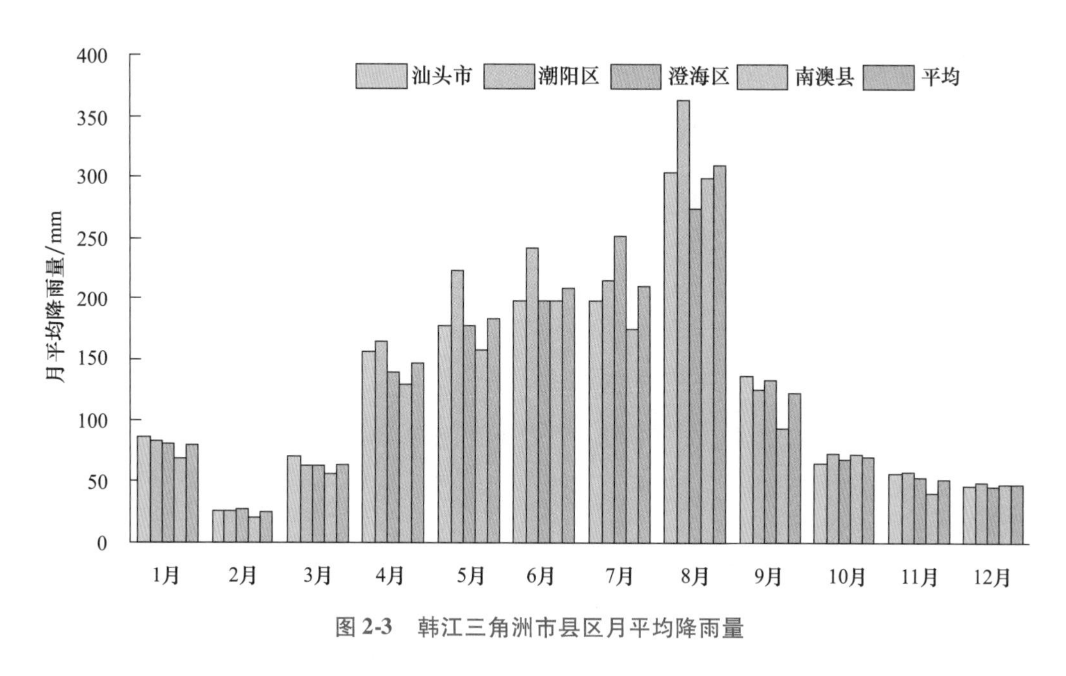

图 2-3　韩江三角洲市县区月平均降雨量

2.1.1.5　风

韩江三角洲为亚热带海洋季风影响区，气候主要受冷高压、副热带高压和热带气旋的影响。上半年以东北季风为主，下半年以西南季风为主。韩江三角洲冬季受到北方冷空气的影响较大。冷高压自 10 月至翌年 4 月影响韩江三角洲附近海域，故经常有强烈的东北大风。副热带高压主要在 5—9 月影响近岸海域，当副热带高压西伸入南海北部时，天气晴朗少云、炎热，海上为西南风所控制，常有偏南大风，大风由南向北扩展。台风对海岸影响加大，常年最大风力 10 级，台风季节最大风力 12 级以上。

汕头地区风向初夏偏东，盛夏偏南，冬天偏北（≥6 级大风，近海 120 d，陆上 86 d），5—8 月盛行西南风，9 月至翌年 4 月盛行东北风，7—10 月为受台风影响盛季，平均每年 5~6 次，年平均风速相对比较稳定，月平均风速 2.3~3.6 m/s（图 2-4）。

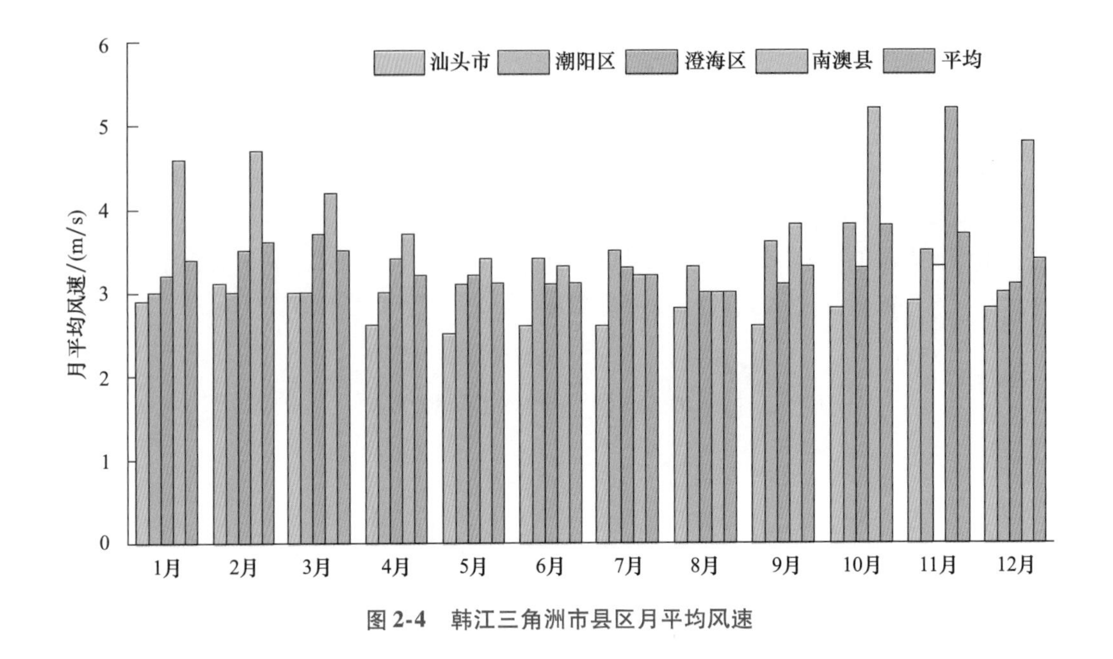

图 2-4 韩江三角洲市县区月平均风速

2.1.2 水文

汕头海域面向广阔南海，陆域岸线东北至西南走向。根据海域特征，将汕头海域分成北部和南部海域两部分，北部海域为广澳湾角至南澳海域，南部海域为广澳湾角至海门湾海域。

2.1.2.1 潮流类型和涨落历时

汕头北部海域的南澳岛周边潮流类型属正规半日潮，汕头南部海域的海门湾附近潮流类型属不正规半日潮。汕头北部海域表层潮流运动形式呈往复流，流速由陆至海逐渐减弱，涨潮平均流速 0.48 m/s，落潮平均流速 0.42 m/s，向内逐渐减弱；汕头南部海域以往复流为主，转流时流速明显减弱，涨潮流向近东向，落潮流向近西向，涨潮平均流速 0.47 m/s，落潮平均流速 0.38 m/s。

2.1.2.2 潮差和潮位

从平均潮差来看，粤东汕头地区平均潮差均在 1.50 m 以下，反映了该地区海岸带以弱潮区为主。粤东海域夏季平均潮差为 1.50 m 左右，平均潮差的分布特点与历史资料基本一致(黄良民 等，2017)。

根据 2018—2021 年的潮汐表数据：研究区潮位为 −0.18~2.74 m，平均潮差为 1.46 m，其中南澳岛最大潮差为 1.91~2.71 m，平均潮差为 2.31~2.39 m；汕头最大潮差为 1.45~2.10 m，平均潮差为 1.72~1.89 m；海门湾最大潮差为 1.35~1.98 m，平均潮差为 1.54~1.78 m；潮差由大到小依次为：南澳岛、汕头、海门湾；潮差分布特点由陆至海呈增大的规律，受潮汐控制的河口湾的潮差大于一般海湾。

2.1.2.3 潮流和余流

韩江三角洲海域以西南流向居多。其中河口周边海域因受径流影响，往复流性质不很明显，以下潮流为主；局部海域因受到沙堤的影响，旋转性质明显；汕头港内为往复流；其余近岸海域为略带旋转的往复流，流速2 kn左右，涨潮流速略大于落潮流速。汕头南部海域的广澳湾为弱流区，流速0.5~1.5 kn。向西的海门湾海域，涨潮流向北，落潮流向南偏东，涨、落潮平均流速0.2 kn左右；以南海域，涨潮流向东北，最大流速0.8 kn，落潮流向西偏南，最大流速1.3 kn。

汕头海域余流状况主要受沿岸流、风海流、径流及地形边界条件等因素制约。近岸海域的河口周边余流因受到径流影响，流速较大，为0.50~0.70 kn；海湾内因受地形影响，流向多为东南偏南向，流速为0.14~0.34 kn；其余近岸海域余流多为偏北向，流速较小，为0.14 kn左右。本海域余流呈夏强冬弱，表层余流变化主要受季风控制，底层余流受地形影响明显。南部海域在小潮期，湾口余流表层为西南向流，湾内为偏北向流，中层、底层由海门湾西侧流入，广澳湾东侧呈顺时针半封闭环流；表层流速为0.08~0.50 kn，中层流速为0.04~0.25 kn，底层流速为0.02~0.08 kn。中潮期，除岬角处外，其余海域表层均为偏北向流，中层、底层除海门湾为偏西流外，其余海域均为偏东向流；表层流速为0.07~0.49 kn，中层流速为0.04~0.22 kn，底层流速为0.01~0.13 kn。

2.1.2.4 海浪

韩江三角洲近岸海域波浪，冬季受东北季风影响，夏季受西南季风和热带气旋影响。云澳海洋站曾在台风经过时，测得海域最大波高为6.5 m，最大波高出现在夏、秋热带气旋季节。波高2.0 m以上的波浪占全年波浪的3.8%，主要分布在秋、春两季；波高1.0 m以上波浪占秋季波浪的27.0%、冬季的26.0%、春季的11.0%、夏季的10.0%。波高0.5~2.0 m的波浪占全年波浪的80%。韩江三角洲近岸海域因面向南海，热带气旋形成的偏南风大浪可直接传入。根据汕头近岸观测站资料统计，NE—SSE向波浪为主导波向，频率达70%以上，风浪和以风浪为主的混合浪是本海区主导波型。1985年交通部第四航务工程勘察设计院在湾口测得最大波高为7.1 m，平均周期为7.8 s，波向为SE向。

2.1.2.5 水温

韩江三角洲近岸海域的夏季水温最高，水平梯度较大；表层、中层和底层水温变化范围分别为23.7~30.9 ℃、21.5~30.7 ℃和21.5~30.6 ℃。冬季在东北季风及粤闽浙沿岸流的影响下，水温降至全年最低，各层水温分布均匀；表层、中层和底层水温变化范围分别为16.1~19.1 ℃、16.1~18.2 ℃和16.1~17.9 ℃。夏季南澳岛北部及西部表层水温为28.0~28.5 ℃；从南澳岛南部沿着西南方向至海门湾海域，水温由27.5 ℃逐渐增加至29.5 ℃，等温线呈现出与岸线垂直的特征。中层与底层等温线总体上的走势与岸线平行，与等深线大体一致，汕头港内的水温由内向外递减。冬季表层、中层、底层等温线分布大体一致，南澳岛以北水温由东南向西北递减；南澳岛以南水温由东北向西南递减；大部分海域水平温差不超过1 ℃。

水温垂向变化特征总体上表现为随着深度增加而递减，春、夏两季表层、底层温差较大，水温垂向变化梯度较大，为0~0.4 ℃/m；秋、冬两季海水混合充分，水温垂向梯度小，一般不超过0.02 ℃/m，表层、底层温差小，季节性温跃层出现在春季与夏季，多数分布在柘林湾一带海域，跃层一般在5~8 m的水深处，秋、冬季季节性温跃层消失。

秋、冬季年内各月水温变化呈单峰型，与太阳辐射相对应。夏半年，韩江三角洲附近海域河口区域表层水温最高，变化范围为28~30℃，底层较低，变化范围为23~25℃，表层、底层水平变化趋势相同。表层月平均最高水温出现在7月，局部可超过该值，最低水温出现在2月，春季升温较快，秋季开始逐渐降温。冬半年，由于东北风混合作用，水温垂直变化平缓，夏半年，在水深较深处会出现明显梯度。受到半日潮流影响，水温日变化常呈现两高两低的形态。

2.1.2.6　盐度

韩江三角洲近岸海域的夏季表层、中层和底层盐度的变化范围分别为6.71~32.18、8.13~33.95和9.19~34.05，在冬季盐度的变化范围分别为13.24~32.74、15.43~32.76和15.55~32.77，春、夏两季层结构较稳定，表层盐度较低，底层较高；秋、冬两季在东北风的作用下，湍流混合加强，破坏了稳定的层结，表层与底层盐度趋于均匀。受榕江、韩江等河流径流的影响，近岸海域一般盐度较低，在雨季更为明显。盐度的平面分布总体上表现为南澳岛向北至柘林湾近岸盐度逐渐降低，汕头港由牛田洋向河口门，直至外海盐度逐渐增加(黄良民 等，2017)。

总体上盐度随着深度的增加而增加，径流冲淡水与外海高盐水的混合水特征，近岸冲淡水与外海水交汇处，盐度梯度较大。夏季盐度梯度最大，一般为0.01~1.2 m^{-1}，最大盐度垂直梯度达6.69 m^{-1}，出现在汕头港门处。春、夏两季分层明显，有明显的盐跃层。秋、冬两季陆地径流变弱，外海高盐水入侵势力加强，海水对流混合充分，除受较弱径流影响的个别站位，多数海域垂直分布均匀，垂直梯度一般不超过0.2 m^{-1}，盐跃层在秋、冬季消失(黄良民 等，2017)。

2.1.2.7　台风风暴潮

台风风暴潮系指水位在气旋性台风影响下异常升降的自然现象，如强风或气压骤变（通常指热带气旋和温带气旋等灾害性天气系统）导致海水异常升高，使受其影响的海区的潮位大大超过平常潮位的现象(冯士筰 等，1994)，通过对1950—2012年影响韩江三角洲沿海的热带气旋和风暴潮增水情况进行统计分析，进入汕头影响区的热带气旋共201个，平均每年3.2个，气旋主要发生在每年的4—12月，其中7—9月最多，约占受影响热带气旋总数的74%，进入汕头影响区的热带气旋多数为台风和热带风暴，共计131个，约占总数的65%。影响风暴潮增水的主要因素是风、气压、热带气旋路径及其移动速度等，其中以风和气压为主要诱发因素。

2.1.2.8　径流和泥沙

韩江三角洲有以韩江、榕江、练江为主的3条河流，韩江为区域内最大河流，干流全长470 km，流域面积约30 112 km^2，根据潮安站(韩江水文站)统计，年入海水量250.95亿 m^3，年输沙量499.39万t；多年平均径流量774.54 m^3/s，多年平均含沙量24.79 kg/m^3。榕江是汕头市第二大河流，河长185 km，流域面积约4 408 km^2，根据东桥园站(榕江水文站)统计，年入海水量28.21亿 m^3，年输沙量47.31万t；多年平均径流量87.08 m^3/s，多年平均含沙量40.91 kg/m^3。练江是汕头市第三大河，也是汕头市污染相对较严重的河流，河长72 km，流域面积约1 353 km^2。3条河流径流均由降水产生，属降水补给类型，因降水量充沛，河流径流量相当丰富，由于存在蒸发的情况，多年平均年径流深略低于年降水量，韩江三角洲、榕江下游径流深为600~800 mm。

近几十年来河流上游不断修建挡水坝、蓄水工程，对河流的径流量和输沙量产生了较大影响，河流已被梯级化开发，枯水时经常出现断流，这也导致年径流量、输沙量逐渐减少。径流量的年内分配不均，以各自主要河流实测水量计算，多年平均月径流量（6 月）最大值约占全年径流量的 17%~26%，汛期（4—9 月）径流量约占全年径流量的 75%~85%，汛期径流量占比较大，说明该时期更易发生洪水，如榕江最大洪水发生于 1970 年 9 月 14 日，东桥园站实测最高水位 9.92 m，推算最大流量4 830 m^3/s。依据潮安站和东桥园站各年份径流量、输沙量数据，现对其水文数据特征分述如下。

1）韩江

从潮安站径流量和输沙量的年际变化看，1958 年以来韩江径流量下降趋势不明显，但输沙量呈显著减少的趋势。1958—2019 年韩江径流量变化趋势不明显，20 世纪 80 年代以来，流域内修建水库大坝及提高森林草地覆被率，对流域涵养水源、保持水土起着重要作用。1958—2019 年输沙量整体呈显著减少趋势，流域内输沙量显著下降，2000 年以来出现急剧下降趋势。

韩江流域多年平均年入海水量为 250.95 亿 m^3，最大年入海水量为 1983 年的478.0 亿 m^3，最小年入海水量为 1963 年的 112.0 亿 m^3，其中最大月平均入海水量出现在 6 月，最小月平均入海水量出现在 12 月；多年平均输沙量为 499.39 万 t，最大输沙量为 1983 年的 1768.6 万 t，最小输沙量为 2009 年的 21.5 万 t，其中最大月平均输沙量出现在6 月，最小月平均输沙量出现在 12 月。潮安站输沙量和径流量年内变化趋势基本一致，但输沙量和径流量年内分配不均匀，输沙量主要集中在 4—9 月的汛期，占全年输沙量的 87.0%，同期径流量占全年径流量的 73.4%（图 2-5）。

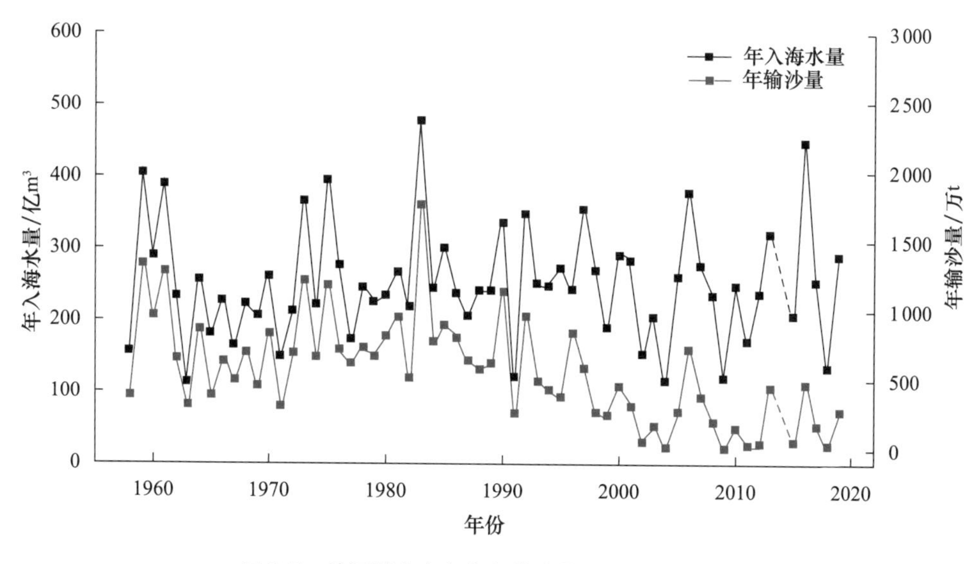

图 2-5　韩江近几十年年入海水量、年输沙量变化

2）榕江

从东桥园站径流量和输沙量的年际变化看，1964 年以来榕江径流量未发生显著变

化，但输沙量呈现显著减少的趋势。1964—2006 年榕江输沙量变化趋势不明显，少数年份输沙量变化较大，2006 年之后输沙量呈现下降的趋势，但仍有年份输沙量较大。

榕江流域多年平均年入海水量为 27.47 亿 m^3，最大年入海水量为 2008 年的 47.60 亿 m^3，最小年入海水量为 2009 年的 13.47 亿 m^3，其中最大月平均入海水量出现在 6 月，最小月平均入海水量出现在 12 月；多年平均输沙量为 47.6 万 t，最大输沙量为 1973 年的 119.87 万 t，最小输沙量为 2019 年的 7.09 万 t，其中最大月平均输沙量出现在 6 月，最小月平均输沙量出现在 12 月。榕江流域径流量和输沙量的年内分配基本上与降水的年内分配一致，汛期径流量和输沙量一般占全年的 70%~80%。榕江流域连续最大 5 个月径流量和输沙量出现月份为 5—9 月(图 2-6)。

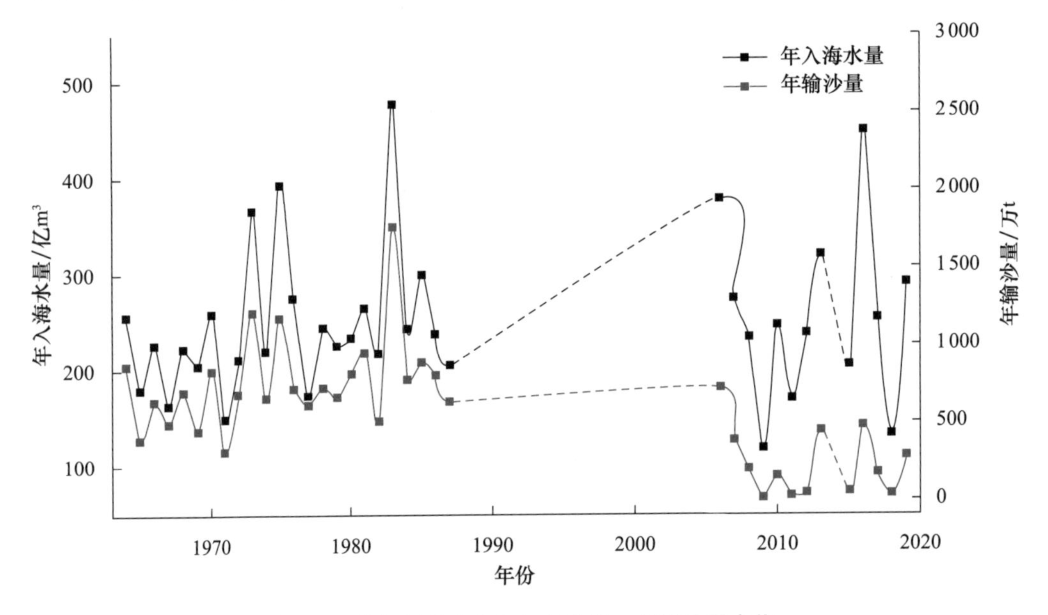

图 2-6　榕江近几十年年入海水量、年输沙量变化

3)练江

练江是广东省东南沿海一条独流入海的河流，流域形如葵扇，三面为高山丘陵，中间为冲积平原。原主河道长 99 km，20 世纪 80 年代河道整治后干流长 72 km，流域面积约 1 353 km^2。年入海水量 5.874 亿 m^3。练江支流繁多，原有主要一级支流 12 条，其上游均源流短浅，河槽陡急；下游弯曲狭窄，分流繁多，干流中游的支流多呈南北向，与主流垂直，水网扇状分布。左岸支流平缓均匀，右岸支流陡峭。

2.2　区域地质构造背景

韩江三角洲位于华夏构造隆起带的东南侧，南临南海，东碣台湾海峡。区内地层属华南地层区粤东沿海分区，汕头市陆域面积(除水域)约为 1 986.72 km^2。晚三叠世—中侏罗世(T_3–J_2)主要发育板缘裂陷槽砂质浊积岩，夹含煤碎屑及火山碎屑组合，晚侏罗世(J_3)发育陆相火山岩组合，白垩纪—第三纪(K–R)主要发育断陷盆地陆相沉积。第四纪在内陆发育河流相碎屑沉积，沿海岸带零星发育滨海碎屑沉积和海滩岩。区内岩浆活动频繁而强烈，以花岗岩类为主，火山岩以陆相安山岩-英安岩-流纹岩为主，局部见有碱性玄武岩。区内变质岩主要有区域动力变质岩、动力变质岩及构造变质岩。如莲花山断裂带之间绿片岩带、韧性剪切带产生的糜棱岩，及粤北始兴龙头峰陨石坑周围的构造角砾岩。

区内经历了加里东期、华力西期、印支期、燕山期和喜山期构造运动。以燕山期表现最为强烈，表现为断块造山为主的构造运动。受莲花山断裂带和环太平洋构造带影响，区内构造主要表现为 NNE 向，局部为 NW 向特点。研究区构造运动频繁、复杂，NE 向构造最为发育。区域性构造不仅控制地层的分布及展布、岩浆的侵入与喷发、河流的流向、山脊线和海岸线的走向等，而且与成矿关系也甚为密切。

2.2.1 地层

韩江三角洲地区的低山丘陵山地零星分布有前第四系地层。从 1959—2008 年相继有广东省地质局地质矿产研究所、广东省工程勘察院等多家单位对其进行划分，主要出露侏罗系上统凝灰岩、流纹岩，侏罗系下统粉砂岩、粉砂质页岩，三叠系上统石英粉砂岩、炭质页岩仅分布在测区北东侧丘陵山地，本书通过分析以最新的广东省工程勘察院的划分为依据。根据地层时代由老至新分述如下。

1)三叠系上统

分布面积 5.66 km^2，占总面积的 0.28%。银口群(T_3G)：分布范围很小，分布在莲花山东侧，岩性为中、细粒长石石英砂岩、粉砂岩、泥质粉砂岩互层，夹 3~7 层炭质泥岩和粉砂质泥岩，底部为含砾石英砂岩，是一套以海陆交互为主的砂泥质沉积建造。

2)侏罗系

分布面积 14.80 km^2，占总面积的 0.74%。主要包括下侏罗统银瓶山组(J_1y)、下侏罗统蓝塘群(J_1l)、中侏罗统麻笼组(J_2m)、上侏罗统高基坪群(J_3K_1G)。

下侏罗统银瓶山组(J_1y)：分布范围很小，分布在莲花山东侧，岩性为薄层泥质粉砂岩、粉砂质泥岩，夹厚层状长石石英砂岩，为海陆交互相碎屑岩建造。

下侏罗统蓝塘群(J_1l)：主要分布在北部关埠镇及西南部的雷岭镇，分布范围小，以砂岩、粉砂岩夹泥岩为主。

中侏罗统麻笼组(J_2m)：分布在莲花山最北端，主要为砾岩、砂砾岩、砂岩和泥岩。

上侏罗统高基坪群(J_3K_1G)，主要分布于南澳县深澳镇白牛村银厝岭一带，岩性主要是凝灰质粉砂岩、凝灰岩，厚度大于 180.4 m。

3)第四系全新统

韩江三角洲区内第四系全新统分布面积 1302.36 km^2，占总面积的 65.55%，北部三角洲平原厚度 28.2~54.4 m，平均厚度 39.24 m，南部海积平原沉积厚度 11~42.78 m，平均厚度 29.16 m，自下而上沉积物普遍由粗到细。综合前人的调查和划分方法，本书采用广东省工程勘察院的划分方法，将第四系分为上组和中组。

上组(Q_4^{3m}、Q_4^{3me}、Q_4^{3mc}、Q_4^{3pal})：区内非常发育，大面积分布在平原区前缘的沿海一带。主要岩性包括海积淤泥、海风积细砂、海陆交互堆积、冲洪积砂砾。

海积(Q_4^{3m})：分布于坝头镇-北港口一带，使莱芜岛与澄海区陆域相连接，呈 NE 向多列陇状沙堤展布，沉积厚度 3.5~8.75 m，主要岩性由灰黄-灰色细砂、中砂组成，含贝壳碎屑。

海风积(Q_4^{3me})：分布于广澳大山-广澳湾-海门湾一带，陇岗状或新月形沙丘，呈 NE 向排列，沉积厚度 2~17.94 m，主要岩性为灰黄-灰白色细砂、中砂及粗砂、砾砂，含贝壳碎片，粒径 0.1~0.5 mm，不均匀系数 1.91~2.73。

海陆交互堆积(Q_4^{3mc})：主要分布于韩江三角洲前缘的汕头市-盐鸿镇、榕江口的牛田洋及练江口的公温等地，在三角洲前缘岩性为灰黄色中细砂，含贝壳碎片，粒度往滨海变细，厚度 5~13 m；在河口平原的岩性多为灰绿色淤泥，含贝壳，厚度 5~8 m，^{14}C年龄测定，距今(720 ± 50) ~ (2485 ± 70)年。在澄海义丰溪及港口、汕头市金沙，见宋、明、清朝古墓及商船有铜器出土文物。据中山大学对月浦 ZK100-5 号孔放射性碳测定，年龄为(3820 ± 100)年。

冲洪积(Q_4^{3pal})：分布于南部丘陵谷地及北部三角洲平原沿河地带，主要岩性为灰黄色砂砾及杂色黏土质砾砂，砂为不等粒状，砾石成分多为石英，砾径 2~20 mm，厚度5~15 m。

中组(Q_4^{2mc}、Q_4^{2al})：区内非常发育，大面积分布在平原区的中前缘地带。主要以海陆交互堆积的淤泥、淤泥质黏土，冲积粉质黏土、含砾黏土为主。

海陆交互堆积(Q_4^{2mc})：广布全区，主要由灰黑-青灰色淤泥、淤泥质土、亚黏土、轻亚黏土、黏土及中砂粗砂组成，沉积厚度 10.06~31.14 m，放射性年龄测定为(7180 ± 150) ~ (8430 ± 170)年。含贝壳碎片，据前人资料鉴定为美叶雪蛤、樱蛤。

冲积(Q_4^{2al})：分布于南部丘陵谷地及其前沿地带，沉积厚度 6~8.9 m，主要岩性由浅灰-灰白色轻亚黏土、亚黏土、中砂、粗砂呈互层组成。

2.2.2 构造

韩江三角洲按构造划分处于新华夏构造第二复试隆起带的东南侧，隶属南岭 EW 向复杂构造带南部东段，属于闽粤东部沿海差异性明显的断块活动区，属于闽中-闽南-粤东上升带(蔡锋 等，2019)，区内广泛发育新华夏系构造。韩江三角洲平原地质构造以断裂为主，主要由燕山运动形成的规模巨大的 NNE 至 NE 向压扭性断裂为主体，NW 向张扭性断裂发育并切截、错断了其他所有方向断裂构造，EW 向断裂时隐时现，断续展布，形成网状格局控制全区。

区内的断裂形成于晚侏罗世，且晚第三纪以来多数仍有活动，活动最明显的效应是控制区内地貌类型的分界线与河流的流向和港湾的发育，主要包括 NE 向断裂、NW 向断裂以及 EW 向断裂等。现将收集的有关韩江三角洲的断裂构造分述如下。

1) NE 向断裂

NE 向断裂为区内的主要断裂，断裂面多数倾向 SE，局部 NW，沿走向、倾向均呈舒缓波状，力学性质为压扭性，后期常转化为张扭性。

(1)南澳断裂(编号 f_1)：主断裂南起惠来靖海，经南澳、福建的东山、厦门、长乐，往北延入浙江沿海，全长约 500 km，研究区内长约 50 km，宽约 20 km，总体呈 45°

方向延伸，略向 SE 凸出，断裂带有多条断裂组成，还有褶皱，断裂长一般 10~20 km，走向 30°~50°，有的倾向 SE，有的倾向 NW，倾角 50°~80°。上盘为 SE 盘，下盘为 NW 盘。力学性质为左旋压扭性，形成于晚侏罗世，晚第三纪以来仍有活动。南澳断裂与 NW 向黄冈河断裂交汇处 NW 面有柘林温泉出露(李平日，1987)。

(2)汕头-饶平断裂(编号 f_2)：也称潮阳-汕头饶平断裂，该断裂位于樟林、莲花山经苏南、下蓬延至牛田洋、潮阳一带，断续出露 50~60 km，宽 30 ~ 300 m，走向 60°~75°，倾向 SE，倾角 70°~85°。断裂带普遍发育有压碎花岗岩，糜棱岩化花岗岩和花岗糜棱岩，并出现矿物定向排列和岩石硅化现象。本断裂与 NW 向韩江断裂交汇附近的碧砂乡有中温热水出露，在莲下涂城南有隐伏热水分布。在澄海至汕头第四系覆盖段，据陆地卫星假彩色合成片中，呈现一条 NE 向的平直线。断裂于基岩裸露区，普遍可见断裂结构面和压碎花岗岩、花岗糜棱岩，片理或劈理发育。汕头-饶平断裂在澄海至汕头的平原区，经遥感卫星解译，第四系和水下线性特征十分明显。航磁测量的磁场强度变异带与该断裂延伸方向基本一致。

(3)潮安-普宁断裂(编号 f_3)：分布于潮安、普宁一带，断续出露 140 km，宽100~500 m，走向 30°~40°，倾向 SE，倾角 70°。断裂沿走向及倾向均呈舒缓波状。

(4)马头山断裂(编号 f_4)：分布于马头山、大坑一带，沿 NE 50°方向展布，倾向 NW 320°，倾角 55°，延伸长 7 km，硅化带宽 50~100 m，沿断裂有石英脉侵入。

2)NW 向断裂

NW 向断裂是伴随强大的 NE 向断裂而发育的，断裂活动强烈，普遍切割 NE 向、EW 向断裂，是区内形成最晚的断裂构造。因此，它控制着新生代盆地的形成与发展，河流的流向、海湾的形成。区内规模较大的断裂有 7 条，现分述如下。

(1)韩江断裂(编号 f_5)：该断裂位于韩江中游，往 NW 至鹿田一带。沿 NW 320°方向展布，规模较大，长约 70 km，宽约 2 km。根据航空磁测资料确定为一 NW 向断裂。钻孔资料进一步证明，沿 NW 方向存在破碎带。沿韩江中游两岸，NW 方向裂隙特别发育，断裂带宽约 2 km，见断层角砾岩。在樟林以北至潮安一带，地壳形变负异常线的长轴方向为 NW 向。第四纪沉积物沿断裂两侧的差异性也说明 NW 方向构造线不但存在，而且仍在活动。

(2)澄海-古巷断裂(编号 f_6)：该断裂北起古巷，经苏南至莱芜岛入海，长52 km，NW 段出露长 2~3 km，破碎带宽 5 m。带内岩石破碎，呈角砾状，有石英脉穿插。断层走向 305°，倾向 NE，倾角 50°~60°。

(3)玉滘-下蓬断裂(编号 f_7)：该断裂北起玉滘，经下蓬，南延于新津河口入海。断裂走向 305°，倾向 NE，倾角 75°~90°。断裂在卫星影像上反映明显，桑浦山东侧及玉滘以北均有清晰的线性形迹，以断裂为界，西侧为桑浦山区，东侧为第四纪平原，地貌反差强烈，在潮安金石宗山书院西侧人工渠道中，断裂破碎带约 20 m，可见硅化角砾岩，蚀变花岗岩角砾和大小不等的石英脉穿插及不规则石英团块分布。

(4)桑浦山断裂(编号 f_8)：该断裂北起桑浦山北端，向南延至蓬州西南侧，断裂走向 310°，倾向 SW，倾角 70°~78°，在鮀浦北侧采石场可见断裂带宽 2 m，带内岩石已绿泥石化、高岭土化，石英矿物被挤压拉长成透镜体，并有后期煌斑岩脉充填，断面平直，力学性质属压扭性，断裂往 SE 延伸入第四系，经汕头市区及汕头港、妈屿岛。

(5)东山湖断裂(编号 f_9)：该断裂北起东山湖，向南延至蓬州附近。断裂走向 310°，倾向 SE，倾角 80°。在东山湖有高温热矿泉出露，埔美一带有碳酸矿水分布。

(6)榕江断裂(编号 f_{10})：发育于榕江平原，断裂北起丰顺汤坑经揭阳至潮阳区，全长 70 km 以上。

(7)练江断裂(编号 f_{11})：从普宁流砂-潮阳两英一线以南的平原与山地交界地带通过，SW 盘为走向 40°~60°的低山丘陵，NE 盘为练江平原，且沿北 70°方向有汤坑、三坑等温泉。

3)EW 向断裂

(1)达濠断裂(编号 f_{12})：该断裂出露于达濠西北面，长 2.8 km，倾向南，倾角 65°~86°，破碎带宽 2~15 m，断面见斜冲擦痕，岩石受挤压多呈透镜体定向分布，带内见石英斑岩脉、石英脉侵入穿插，力学性质属压扭性断裂。

(2)蓬州断裂(编号 f_{13})：该断裂西起桑浦山 SW 角，经蓬州、坝头向东延伸入南海，倾向南，倾角 75°。

4)海域断裂

研究区海域的断裂相对较少，通过单道地震剖面解译出 4 条断裂：汕头深断断裂(编号 f_{14})、南澳-海门断裂(编号 f_{15})、海门北断裂(编号 f_{16})和海门东断裂(编号 f_{17})。

汕头深断断裂(编号 f_{14})：该断裂出露于汕头市近岸海域，北起南澳县西部，南至海门湾，全长 49 km，走向近 SN 向，为正断层，断裂宽度 10~50 m，单道地震剖面的特征为同相轴上下两盘有明显的错动，断裂处有拖曳构造。

南澳-海门断裂(编号 f_{15})：该断裂出露于南澳岛南部的汕头近岸海域，北起南澳岛南部，南至海门湾，全长 63 km，走向 NE 向，初步判断正断层，断裂宽度 10~80 m。

海门北断裂(编号 f_{16})：该断裂出露于海门湾北部，全长 18 km，走向近 SN 向，初步判断正断层，断裂宽度 5~10 m。

海门东断裂(编号 f_{17})：该断裂出露于海门湾东部，全长 21 km，走向 NE 向，初步判断正断层，断裂宽度 5~10 m。

总的来看，研究区构造运动频繁、复杂，NE 向构造最为发育，其次为 NW 向、EW 向，SN 向构造运动最弱。区域性构造不仅控制地层的分布及展布、岩浆的侵入与喷发、河流的流向、山脊线和海岸线的走向等，与成矿关系也甚为密切。区域性构造往往控制成矿带的分布及展布，而派生构造多控制矿区范围，更低级构造则为容矿构造；不同方向的断裂交汇处则是成矿的有利场所。

2.2.3 岩浆岩

韩江三角洲地区内岩浆岩的发育受断裂影响，其中主要以 EW 向和 NE—NNE、NW—NNW 向断裂控制，形成时代为晚侏罗世—中白垩世，侵入的期次以燕山晚期第三、第四期侵入的规模最大，第五期以小岩体的形式侵入，以及喜山期基性岩浆侵入。区内岩浆岩分布较广，以侵入岩最多，其次为潜火山岩，主要分布于潮南区南部、潮阳区中部、达濠岛北部及东部岬角、金平区北部、澄海区莲花山附近、莱芜岛及南澳岛大部分地区，出露面积约757.5 km^2。

1)第三期侵入岩浆岩

区内出露的有广澳岩体，面积298.2 km^2，占总面积的15.01%，主要分布在莲花山西侧，潮阳区谷饶镇，潮南区红场镇、雷岭镇附近，出露不全，大多被第四系掩盖和海水淹没，部分出露于南澳岛东部金交椅至长山尾一带，岩性有二长花岗岩($J_3\eta\gamma$)、黑云母花岗岩($J_3\gamma$)，形成莱芜岛、广澳、龙溪等岩体。

二长花岗岩：岩石呈灰白色，风化后呈浅黄褐色，块状构造，似斑状结构，主要矿物有微斜长石，含量为15%~45%，环带斜长石含量为20%~40%，石英含量为23%~35%，黑云母含量为3%~10%，角闪石含量为3%。化学成分为：二氧化硅(SiO_2)为70%~72%，氧化铝(Al_2O_3)为13.47%~14.49%，氧化钾(K_2O)为4.3%~4.65%，氧化钠(Na_2O)为2.98%~3.36%，氧化亚铁(FeO)为2.34%~2.79%，氧化钙(CaO)为1.7%~2.39%，氧化铁(Fe_2O_3)为0.34%~0.62%，氧化镁(MgO)为0.41%~0.6%，还有少量二氧化钛(TiO_2)、氧化锰(MnO)，属查氏分类的Ⅱ类4科硅酸过饱和碱性岩石，形成时代为晚侏罗世晚期。

黑云母花岗岩：岩石呈灰白色-肉红色，块状构造，不等粒花岗结构，主要矿物有钾长石含量为38%~42%、斜长石含量为20%~25%、石英含量为35%、黑云母含量为3%~4%，过度相为中粒及中粒斑状黑云母花岗岩，边缘相为细粒及细粒斑状黑云母花岗岩。

2)第四期侵入岩浆岩

本期侵入岩出露面积342.38 km^2，占总面积的17.23%，分布在龙坑山西侧，濠江区北部及西部，潮阳区铜盂-河溪镇之间，潮南区胪岗镇-成田镇-沙陇镇-田心镇一带，岩性有石英闪长岩($K_1\delta o$)、花岗闪长岩($K_1\gamma\delta$)、二长花岗岩($K_1 g\gamma$)、钾长花岗岩($K_1\xi\gamma$)、黑云母花岗岩($K_1\gamma$)，形成莲花山、南畔山、香炉山、岩头山、五尖山岩体，总体呈NW向展布。

可分为两次侵入活动，第一次侵入是本期一次大规模的岩浆侵入，主要岩性为石英闪长岩、花岗闪长岩，岩石为浅红色、浅肉红色，等粒结构，风化后呈灰白色，岩石类型属查氏分类的Ⅱ类3科，为硅酸饱和碱性岩石，岩体的锆石测龄值为90 Ma，相当于晚白垩世。第二次侵入规模较小，形成下埔园、东湖岩体，多呈NE向展布，少数为NW向，以小岩株、岩墙、岩枝产出，本次侵入岩岩性单一，结构均匀，相带不发育，主要岩性为二长花岗岩、钾长花岗岩、黑云母花岗岩。

石英闪长岩：由斜长石、普通角闪石及少量黑云母、金属矿物组成，化学成分：SiO_2为70%，Al_2O_3为14.49%，含有少量K_2O、Na_2O和CaO。

3)第五期侵入岩浆岩

本期侵入岩是燕山最后一次岩浆活动产物，出露面积23.32 km^2，占总面积的1.17%，主要分布在潮南区西南部五实山-狮母棚，以及南澳岛黄花山林场一带，主要岩性为花岗斑岩($K_2\gamma\pi$)，形成的岩体有龟塘、烟墩山、达濠-棣头岩体。

花岗斑岩：岩石为灰白色-肉红色，块状构造，斑晶以钾长石为主，晶体自形程度好，具双锥斑晶，晶径1~2 mm，含量10%，钾长石斑晶具文象结构，基质具微粒结构，

粒径0.05~0.2 mm，化学成分：SiO_2为76.66%，Al_2O_3为12.6%，K_2O为4.39%，Na_2O为3.98%，为硅酸过饱和碱性岩石。

4）喜山期岩浆岩

喜山期(β_6)的岩浆活动表现为基性岩浆的侵入或喷溢，形成辉长岩和次玄武岩，它们呈岩枝、小岩体、岩筒产于断裂带中，分布于桑浦山花岗岩体、莲花山花岗岩体中，单个岩筒出露面积不足0.2 km^2，从岩筒中心至边缘依次为：橄榄玄武岩-含角砾橄榄玄武岩-玄武质火山角砾岩-围岩（粗中粒黑云母花岗岩），岩筒横向宽度约150 m，玄武岩节理发育，易风化而形成暗红色的风化土，植被特别茂盛，在花岗岩中形成特殊的火山颈地貌。

橄榄玄武岩：灰黑绿色，致密块状，斑状结构、粒状的翠绿色橄榄石为6%~7%、普通辉石为1%~2%，晶径为0.5~2 mm，基质由斜长石（45%）、普通辉石（40%）、磁铁矿（5%~8%）组成，化学成分：SiO_2为45.6%，Al_2O_3为13.39%，FeO为10%，MgO为9.6%，CaO为8.67%，K_2O+Na_2O为5.5%，为硅酸不饱和碱性岩石。

2.2.4 新构造运动

区内新构造运动比较活跃，在地貌上有很多新构造迹象，其主要特征是：区域性地壳升降运动、断裂与断块运动、地震活动。

1）区域性地壳升降运动

据有关资料，区内在这段时间内，有过明显的3次海侵海退。其中第一次海侵大约发生在晚更新世末期，使韩江三角洲平原普遍沉降了一套上部以滨海相、下部以海陆相为主的碎屑层，厚度8.39~29.08 m，然后海退，区内经历漫长风化剥蚀，根据收集的资料，古红壤型风化壳，其层位埋深近40 m；第二次海侵大约发生在全新世中期，在此期间普遍沉积一套以三角洲为主的碎屑层；第三次海侵大约发生在3000多年以前。海侵与海退的控制因素一是与冰期和间冰期有关，二是与区内的地壳升降运动有关，其表现为基底的活动性断裂构造。

在低山丘陵区往往有三级夷平面，在残丘地台一般有四级侵蚀剥蚀台地，在冲洪积平原常有二级阶地，在海岸带往往有四级海蚀平台，在平原区，第四系等厚线长轴的方向多呈NW向，具三级明显的沉积旋回和海平面的升降。

近代地形也有蠕动，据1966—1970年广东省测绘局水准测量资料，区内主要表现为隆起，以汕头市为中心，速率为7 mm/a。海岸线在全新世早期到达潮州市，全新世中期可能到达樟林、澄海、汕头金砂一带。区内经历了多次地壳升降运动，表现为多级层状地形发育，第四纪沉积差异和海岸变迁。

2）断裂与断块运动

区内互动断裂主要为汕头断裂带，主要活动标志如下。

（1）地貌对照性强烈，在区内断裂通过之处形成韩江第二次河道的分叉，东溪河道及榕江口均沿着澄海-莱芜岛及榕江断裂分布。

（2）断裂线与地下咸淡水界线近一致，澄海-潮阳断裂，澄海-莱芜岛断裂时地下淡水及咸水（肥水）分界线与断裂两盘差异性升降有关。

（3）在断裂两盘第四纪沉积厚度，速率差异明显，澄海-潮阳断裂NW两盘为隆坳，出现线状残丘，第四纪沉积中心在远离断层的彩塘，现代沉积中心转移到龙湖，说明断裂有右旋平移活动，平均沉积速率在晚更新世为2.41 mm/a，全新世早中期为1.4 mm/a；SE盘为坳陷，沉降中心在澄海-凤州，现代沉积中心转移到华新，平均沉积速率在晚更新世为4.76 mm/a，全新世早中期为1.4 mm/a。区内断块以NW向为主，它们的差异活动形成了山地、平原相间的地貌景观。

（4）地壳升降对海岸变迁的影响，受地震与断裂构造影响，南澳岛地壳有下沉现象，南澳岛沿岸峻峭，南面山坡以40°~70°坡度直插海中，没有任何阶梯存在，海滩不发育，1918年大地震时，一些靠近海边的村庄都陷入海中。

3）地震活动

研究区在地震区划上属于华南地震区的东南沿海地震亚区，属汕头-南澳岛地震活动带，是全省唯一的地震烈度Ⅷ度区。研究区比邻欧亚板块和太平洋板块，菲律宾板块与欧亚板块的边界，明显地受板块边缘构造作用的影响，特别是菲律宾板块与欧亚板块在台湾东部的碰撞，间接地引起研究区地壳弹塑性变形的加剧，能量的积累和释放频繁的交替发生。潮汕地区以及相距60 km的南澎列岛海域一带，历史上曾发生过多次破坏性地震，最大震级7级。地震在空间分布上与断裂带密切相关，地震震中往往位于规模巨大的NE向断裂与活动强烈的NW向断裂交接部位及其附近。据南澳县县志历史资料记载，1067—1973年潮汕地区发生有感地震215次，其中汕头市澄海区附近84次，最大震级7级。

第3章　海洋水文与海洋化学

3.1　海洋水文特征

3.1.1　海流

3.1.1.1　概述

本次采用声学多普勒流速剖面仪（ADCP）在韩江三角洲近岸海域进行了4个站位（DDHY01~DDHY04，图3-1）的定点海流观测，各测点采用同一批仪器开展现场观测，工作频率均为600 kHz。将实测海流资料进行滤波修正后，分别按表层、中层、底层相应绘制了经过处理后的各测点的流速、流向图以及垂向平均流速玫瑰图（图3-2至图3-9）。

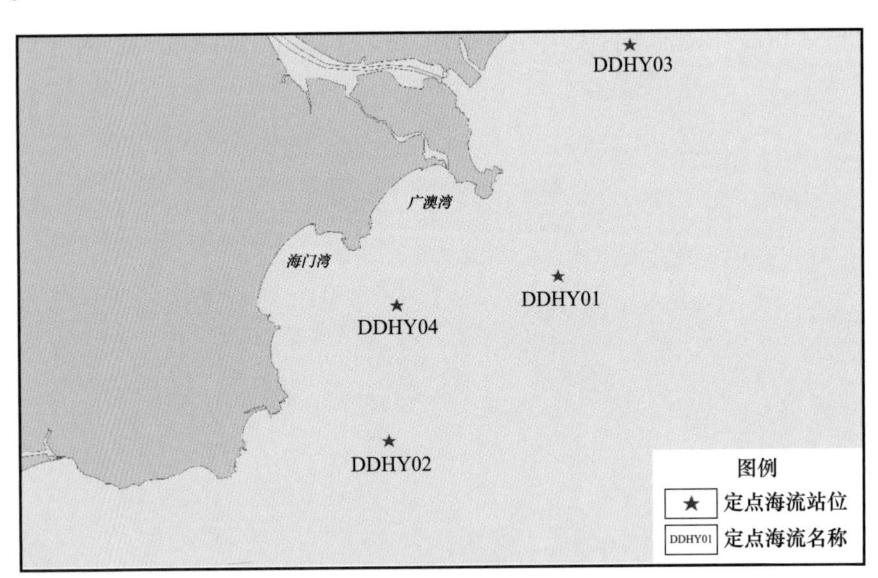

图3-1　韩江三角洲定点海流观测站位分布示意

3.1.1.2　潮流性质

潮流类型以主要全日分潮流与主要半日分潮流椭圆长轴的比值 F'（潮流类型判别系数）来判别，定义如下：

$$F' = (W_{K1} + W_{O1}) / W_{M2}$$

$0.00 < F' < 0.50$　　正规半日潮。

$0.50 \leq F' < 2.00$　　不正规半日潮。

根据历史资料分析，潮汕海岸带海域潮汐性质主要为不正规半日潮和正规半日潮。通过海流数据显示：韩江三角洲北部海域（DDHY01、DDHY03、DDHY04）表层、中层、底层 F'值范围均为0.15~0.46，垂线平均为0.15~0.18，属正规半日潮；韩江三角洲南部海域（DDHY02）表层、中层、底层 F′值范围为0.59~1.08，垂线平均为0.64，属不正规半日潮。

3.1.1.3　潮流运动形式

韩江三角洲近岸海域以半日潮流为主，故以 M_2分潮流的椭圆率 $|K|$ 值来判断潮流的运动形式，$|K|$ 值越小，说明往复流形式越显著；反之，说明旋转流特征越强烈。同时当 K 值为正时，潮流呈逆时针方向旋转；当 K 值为负时，潮流呈顺时针方向旋转。

位于韩江三角洲北部海域的 DDHY01 和 DDHY03 测点，$|K|$ 值相对较小，为0.015~0.087，平均为0.039~0.066，表明往复流形式显著，且 K 值表层为负值，分别为 −0.045和 −0.087，说明潮流以顺时针方向旋转为主。位于韩江三角洲南部海域的 DDHY02 测点，$|K|$ 值相对较大，为0.014~0.119，平均为0.034~0.075，表明旋转流特征强烈，且表层、中层、底层 K 值均为正值，说明潮流以逆时针方向旋转为主。北部海域由于受到南澳岛的阻碍更靠近于近岸，另外受到韩江、榕江径流的影响较大，以近岸的往复流为主，南部海域的濠江与练江的径流明显弱于韩江与榕江，且距离相对较远，因此往复流倾向相对弱于北部海域。

3.1.1.4　流速、流向

根据每个测点的流速、流向图可知：韩江三角洲属正规半日潮和不正规半日潮类型；测区内潮流呈明显往复流运动，且往复流近海区域相对弱于近岸。

DDHY01 测点在大潮时测量，其中表层流速为4~75 cm/s，平均流速为37 cm/s，流向为37.9°~196.4°；中层流速为1~55 cm/s，平均流速为29 cm/s，流向为13.4°~354°；底层流速为2~40 cm/s，平均流速为21 cm/s，流向为5.4°~271.2°。总体平均流速为26 cm/s，根据垂向平均流速玫瑰图显示主流向为 NE 向（图3-2、图3-3）。

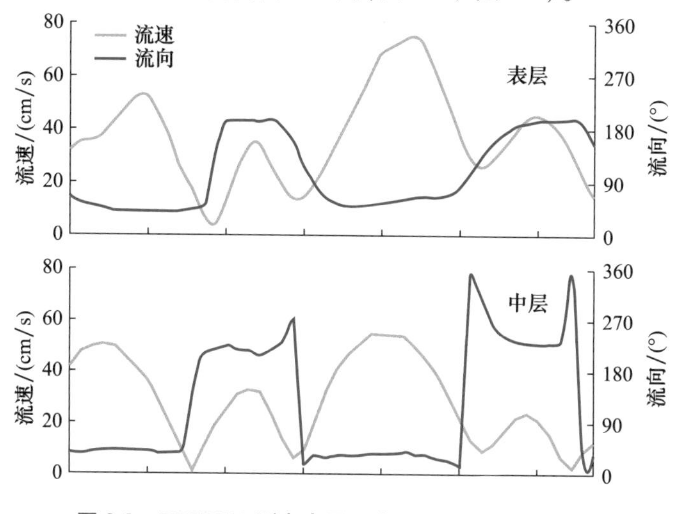

图3-2　DDHY01 测点表层、中层、底层流速、流向

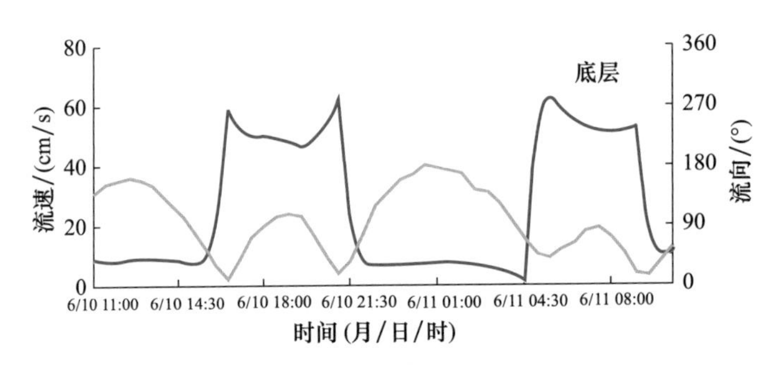

图 3-2 DDHY01 测点表层、中层、底层流速、流向(续图)

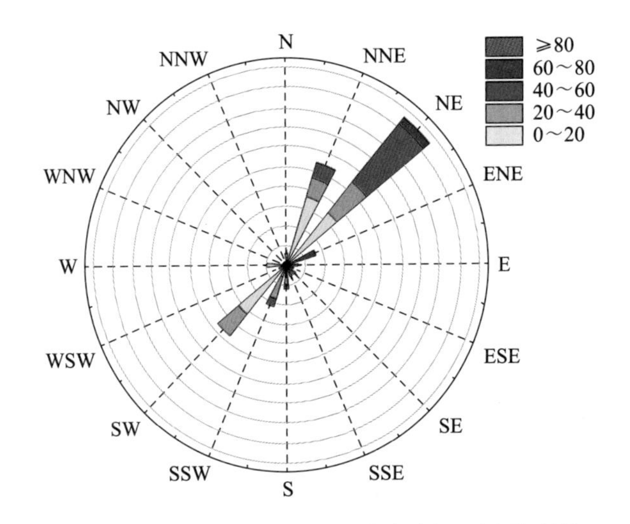

图 3-3 DDHY01 测点垂向平均流速(cm/s)玫瑰图

DDHY02 测点在小潮时测量，但是受到台风影响变化较大，其中表层流速为 7~92 cm/s，平均流速为 59 cm/s，流向为 49.4°~120.3°；中层流速为 0~54 cm/s，平均流速为 27 cm/s，流向为 7.9°~351°；底层流速为 3~40 cm/s，平均流速为 20 cm/s，流向为 4.1°~352.2°。总体平均流速为 24 cm/s，根据垂向平均流速玫瑰图显示主流向为 NE 向(图 3-4、图 3-5)。

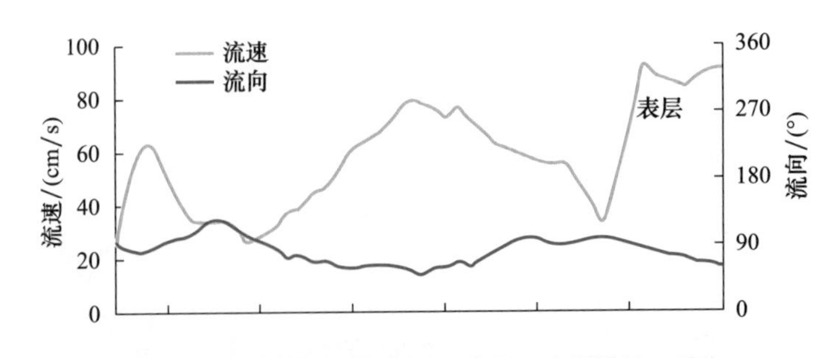

图 3-4 DDHY02 测点表层、中层、底层流速、流向

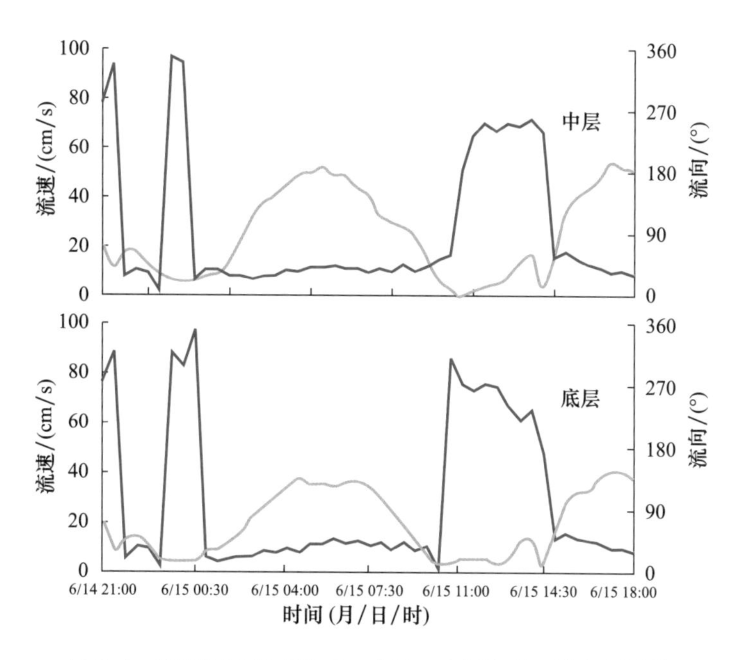

图 3-4　DDHY02 测点表层、中层、底层流速、流向(续图)

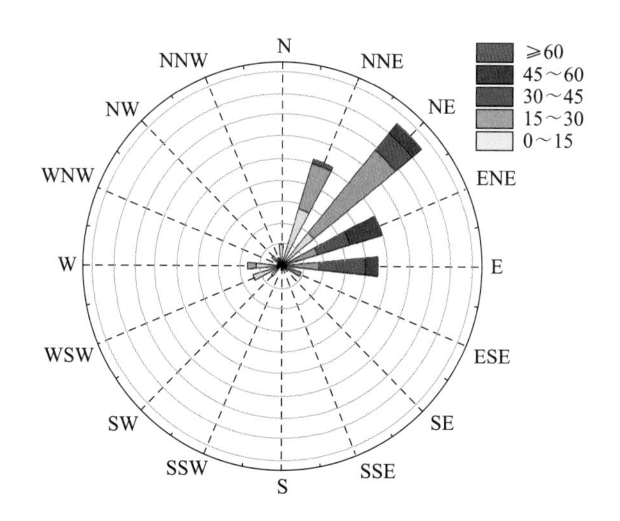

图 3-5　DDHY02 测点垂向平均流速(cm/s)玫瑰图

DDHY03 测点在中潮时测量，其中表层流速为 5~44 cm/s，平均流速为 23 cm/s，流向为 4. 1°~177°；中层流速为 3~39 cm/s，平均流速为 17 cm/s，流向为3. 4°~341°；底层流速为 2~30 cm/s，平均流速为 13 cm/s，流向为 2. 9°~273. 4°。总体平均流速为 15 cm/s，根据垂向平均流速玫瑰图显示主流向为 NNE 向(图 3-6、图 3-7)。

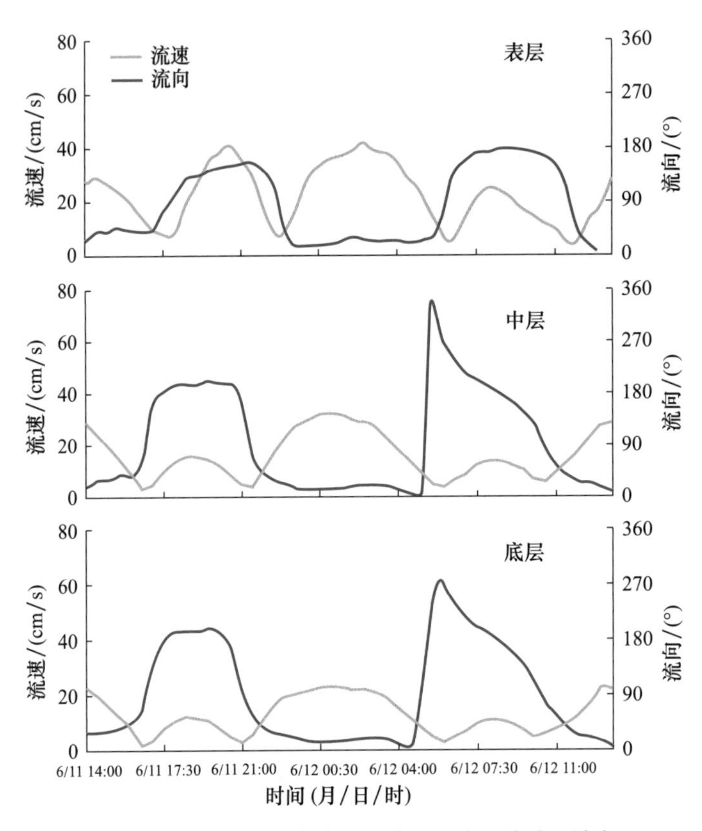

图 3-6　DDHY03 测点表层、中层、底层流速、流向

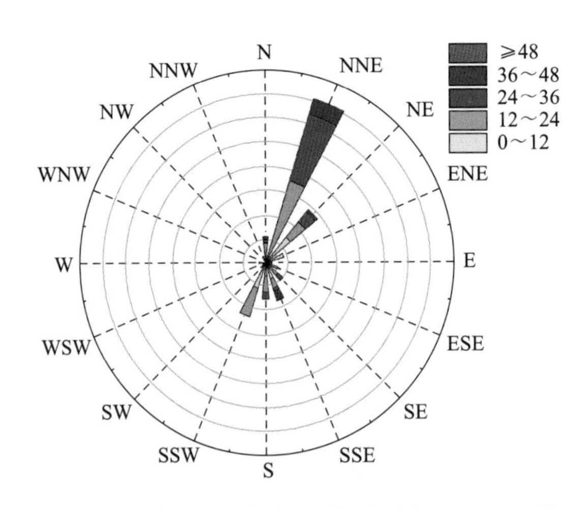

图 3-7　DDHY03 测点垂向平均流速(cm/s)玫瑰图

DDHY04 测点在中潮时测量，其中表层流速为 1~54 cm/s，平均流速为 26 cm/s，流向为 0. 2°~355°；中层流速为 2~44 cm/s，平均流速为 21 cm/s，流向为 32°~197°；底层流速为 2~33 cm/s，平均流速为 17 cm/s，流向为 10. 8°~235°。总体平均流速为 19 cm/s，根据垂向平均流速玫瑰图显示主流向为 NE 向(图 3-8、图 3-9)。

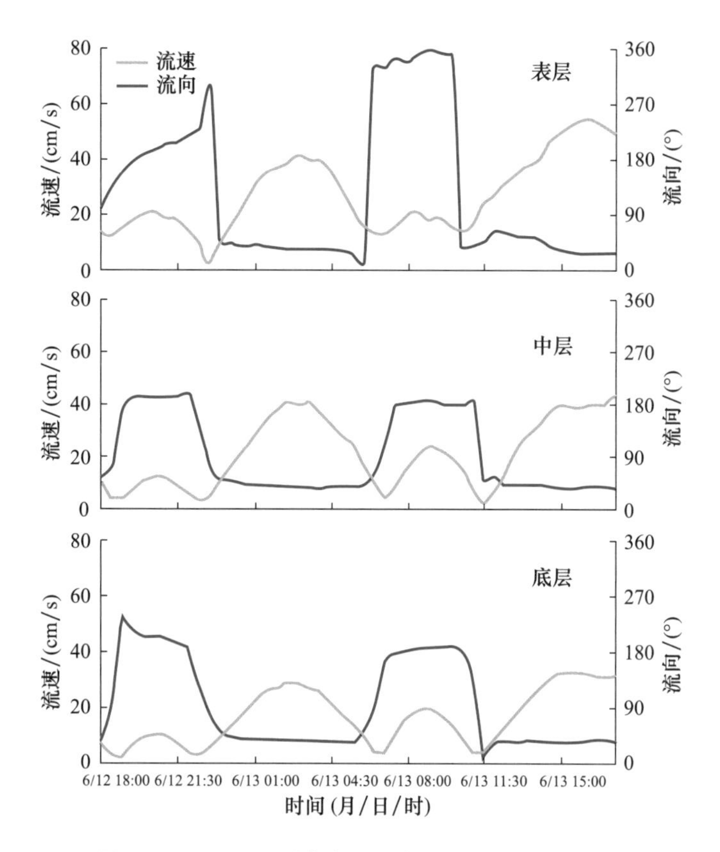

图 3-8　DDHY04 测点表层、中层、底层流速、流向

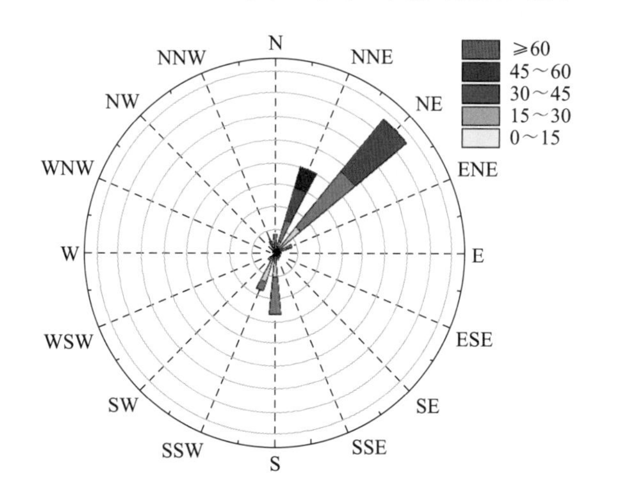

图 3-9　DDHY04 测点垂向平均流速(cm/s)玫瑰图

综上可知，每个测点垂向上从表层到底层流速呈明显的递减趋势，总体平均流速为 15~26 cm/s，流向跨度变化较大，总体主流向为 NE—NNE 向。

3.1.2　水温

调查期内，研究区表层水温的变化范围为 22.89~31.57 ℃，均值为 26.78 ℃，极差为 8.68℃；中层水温的变化范围为 20.84~31.14℃，均值为 24.35℃，极差为 10.30℃；底层水温的变化范围为 20.74~29.58℃，均值为 23.59℃，极差为 8.84℃。总的来说，表层、中层、底层的统计值差别并不大，中层的温度极差略高。研究区水温在区域上表现出一定的差异性，其中表层与中层、底层水温分布略有差异，表层水温高值区域分布范围比中层、底层更大。中层、底层水温高值区域主要分布在研究区的几个入海河口及其近岸海域，另外南澳岛周边海域也相对较高。而表层水温高值区域除了分布在上述区域外，还从练江和濠江入海口延伸到了广澳湾湾外区域。

3.1.3 盐度

调查期内，研究区表层盐度范围为 9.48~35.00，均值为 30.94，极差为 25.52；中层盐度范围为 13.62~34.72，均值为 32.74，极差为 21.10；底层盐度范围为 16.12~34.71，均值为 33.37，极差为 18.59。总体来讲，表层、中层、底层盐度的变化范围逐渐增大。表层盐度低值区分布范围较中层、底层广，低值区主要位于研究区的几个入海河口及其近岸海域，越靠近岸线，盐度越低，这与陆域河流淡水输入稀释有关。

3.1.4 悬浮物

悬浮泥沙浓度(SSC)是海洋环境监测的重要水质参数之一，它不仅直接影响水体的透明度、浊度等光学性质，同时对河口的冲淤变化、沿海地区的水土保持也会产生影响(栾奎峰 等，2022；伊兆晗 等，2021)。

通过多时像遥感数据反演获得研究区 1988 年、1996 年、2000 年、2005 年、2013 年、2015 年和 2017 年洪、枯季悬浮泥沙浓度(图 3-10)。结果表明，近 30 年来，韩江河口及近岸海域洪季悬浮泥沙浓度低值区面积的增加趋势明显，且对大洪水事件响应明显，枯季悬浮泥沙浓度大小和分布范围变化较小。来自韩江和榕江的泥沙，通过韩江各口门和榕江口进入韩江河口区域，部分悬浮于汕头港内，大部分悬浮在韩江河口外2 m 水深以内海域，还有小部分被潮流携带进入韩江河口外的陆架浅海。

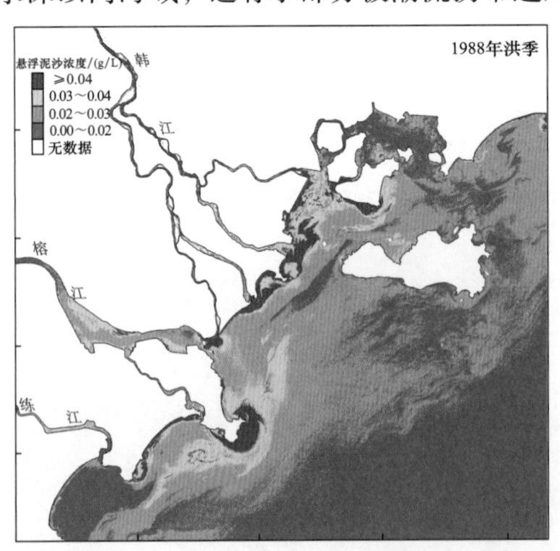

图 3-10 研究区不同年份洪、枯季悬浮泥沙浓度反演结果

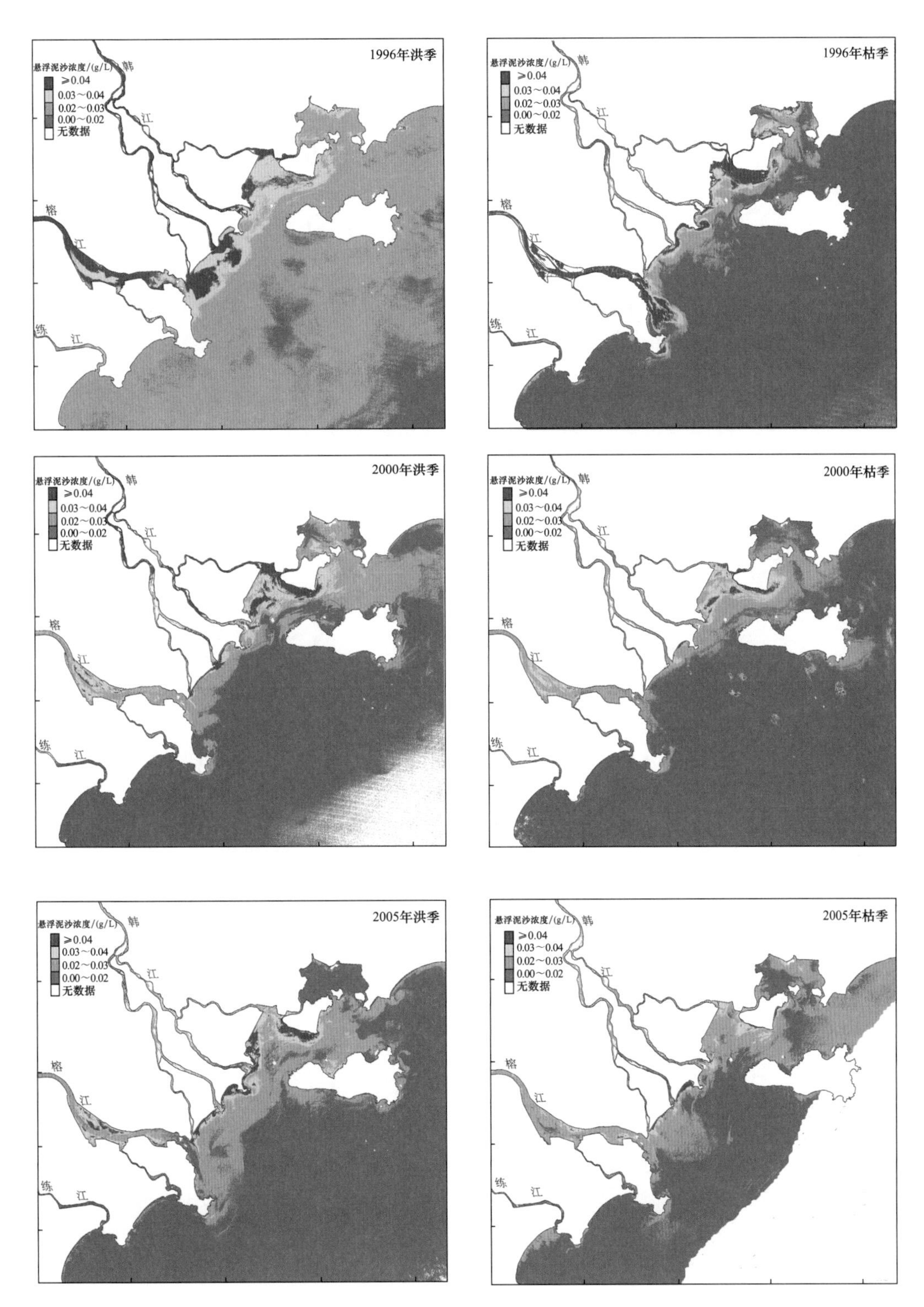

图 3-10　研究区不同年份洪、枯季悬浮泥沙浓度反演结果(续图)

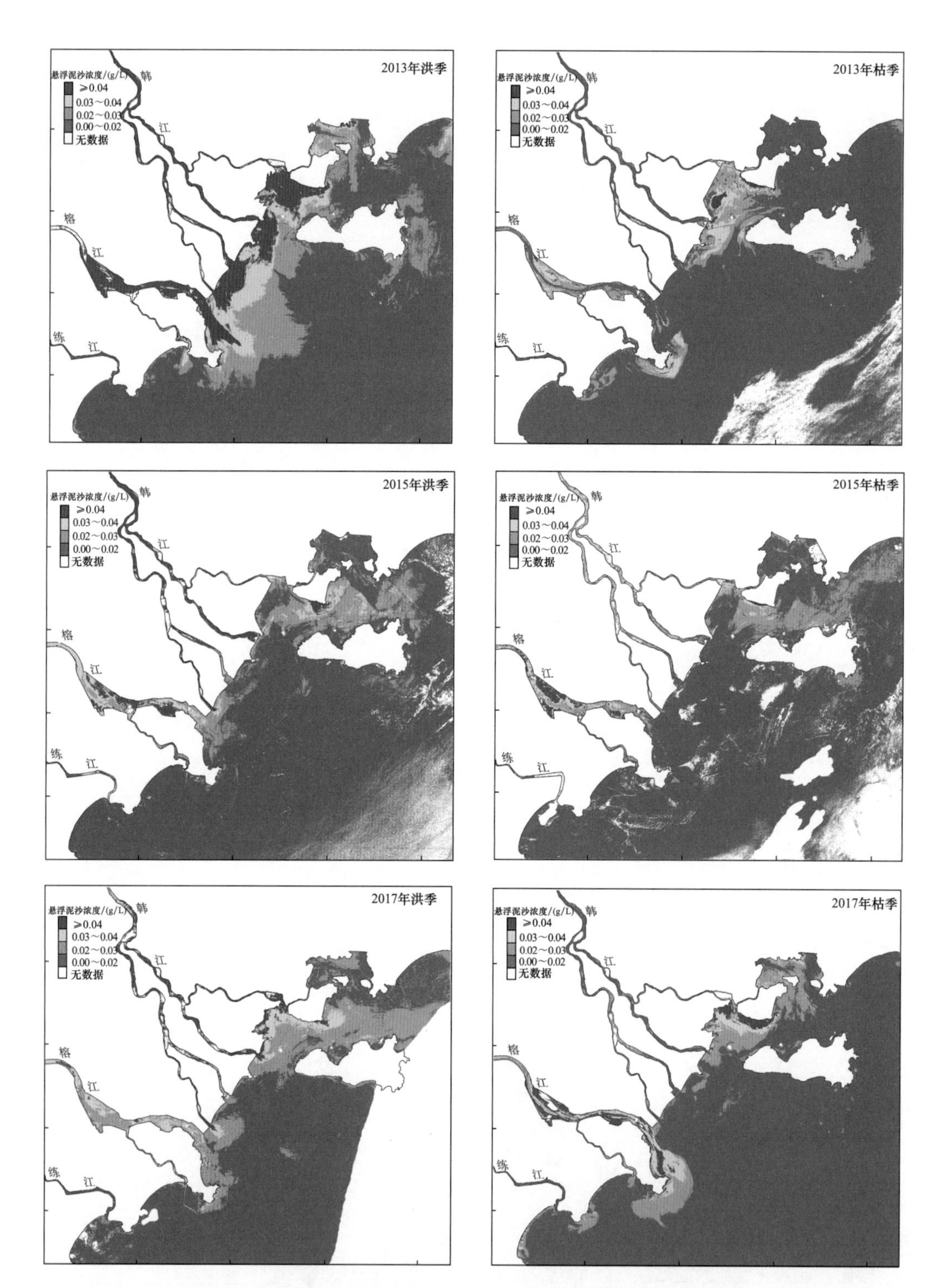

图 3-10　研究区不同年份洪、枯季悬浮泥沙浓度反演结果(续图)

最大浑浊带是指河口区含沙量浓度明显高于上游及下游，且在一定范围内有规律迁移的高含沙量水域(万远扬 等，2021)，对于河口最大浑浊带成因普遍认为是由于盐淡水混合、泥沙絮凝、河口环流、底沙再悬浮等因素综合作用的结果(于上 等，2021；叶涛焱 等，2019)。由于最大浑浊带的高悬沙特性，在底层容易形成浮泥，浑浊带的中央部位沙洲较为发育，往往形成拦门沙(朱春燕，2021)，此外，最大浑浊带也是浮游动物的富集区，可以提供鱼类繁殖的环境(于欣 等，2012)。韩江河口最大浑浊带发育明显，主要分布在北溪河口，海山岛以南的海域，最大浑浊带形成因素主要是潮流运动和盐淡水混合，在不同部位的影响程度不同，最大浑浊带的泥沙来源主要有流域来沙、海域来沙和河口区的泥沙交换，其中流域来沙是浑浊带形成过程中的主要来源。

3.2　海水化学要素

3.2.1　检出率

研究区水体所含成分或元素的检出限及检出率如表3-1所示。

表3-1　研究区水体所含成分或元素检出限及检出率

检测项目	检出限	检出率/%	检测项目	检出限/(μg/L)	检出率/%
溶解氧	0.1 mg/L	100.00	石油类	3.5	29.03
化学需氧量	0.15 mg/L	100.00	汞	0.007	100.00
生物需氧量	0.1 mg/L	100.00	镉	0.01	100.00
硝酸盐	0.003 mg/L	80.82	铅	0.03	100.00
亚硝酸盐	0.001 mg/L	87.67	铬	0.4	0.00
氨氮	0.005 mg/L	90.41	砷	0.5	100.00
活性磷酸盐	0.001 mg/L	100.00	铜	0.2	100.00
挥发性酚	1.1 μg/L	100.00	锌	3.1	100.00
硫化物	0.2 μg/L	88.00	—	—	—

3.2.2　平面分布

3.2.2.1　氧平衡因子

1)溶解氧

研究区表层海水溶解氧含量为3.80~8.90 mg/L，平均值为6.73 mg/L。高值区主要分布于外砂河至义丰溪河口及其近岸海域一带、南澳岛西部近岸海域和研究区东南边缘海域。低值区则主要位于榕江口及其近岸海域一带以及南澳岛东侧近岸海域。87.72%的站位溶解氧含量达到一类海水水质标准(溶解氧含量>6 mg/L)，8.77%的站位溶解氧含量为二类海水水质标准(溶解氧含量>5 mg/L)，各有1个站位溶解氧含量为三类海水水质标准(溶解氧含量>4 mg/L)和四类海水水质标准(溶解氧含量>3 mg/L)。

2)化学需氧量

研究区表层海水化学需氧量为0.32~4.31 mg/L，平均值为1.83 mg/L。高值区主要分布于榕江和练江口、海门湾和广澳湾及其湾外海域。63.16%的站位化学需氧量达到一类海水水质标准(化学需氧量≤2 mg/L)，19.30%的站位化学需氧量为二类海水水质标准(化学需氧量≤3 mg/L)，12.28%的站位化学需氧量为三类海水水质标准(化学需氧量≤4 mg/L)，其余站位化学需氧量为四类海水水质标准(化学需氧量≤5 mg/L)。

3.2.2.2 营养盐

1)无机氮

(1)硝酸盐。研究区表层海水硝酸盐含量变化较大，含量为0.003~0.919 mg/L，平均含量为0.173 mg/L。全区以低值分布为主，高值区仅分布于榕江、莲阳河、外砂河口及其近岸海域。

(2)亚硝酸盐。研究区表层海水亚硝酸盐含量为0.001~0.235 mg/L，平均含量为0.025 mg/L。全区以低值分布为主，高值区仅在练江口、榕江口及其近岸海域有分布。

(3)氨氮。研究区表层海水氨氮含量为0.005~0.356 mg/L，平均含量为0.05 mg/L。研究区表层海水氨氮含量高值区主要位于榕江-义丰溪河口及其近岸海域一带，全区以低值分布为主，呈近岸高、远岸低的分布特征。

2)活性磷酸盐

活性磷酸盐又称正磷酸盐，主要来源于农业化肥。活性磷酸盐容易被植物、细菌和藻类所利用，被认为是湖泊、河流以及海洋水体中的一种限制性营养盐(王年斌 等，2004)。研究区表层海水活性磷酸盐含量为0.001~0.085 mg/L，平均含量为0.021 mg/L。高值区主要位于练江口、榕江口及其近岸海域，南澳岛南侧近岸海域也有一个高值区。42.11%的站位表层海水活性磷酸盐含量达到一类海水水质标准(含量≤0.015 mg/L)，38.6%的站位表层海水活性磷酸盐含量达到二类海水水质标准(含量≤0.030 mg/L)，其余站位表层海水活性磷酸盐含量均为四类海水水质标准(含量≤0.045 mg/L)(图3-18)。

3.2.2.3 重金属

重金属是水生环境中一种稳定、持久、不可生物降解的有毒污染物，对水生生物和生态系统的健康具有潜在的威胁，且易于富集并能随食物链逐级放大，进而通过食物链威胁着人类的健康(青尚敏 等，2021；唐俊逸 等，2022；钟硕良 等，1986)。在研究区环境污染相对较严重的区域布设9个站位，采集表层、中层、底层3个层位共25件海水样品，检测了6项有害金属元素(汞、镉、铅、铬、铜、锌)及1项有害元素砷的含量。

(1)汞(Hg)。重点区所有站位海水表层、中层、底层汞含量都在0.05 μg/L以下，低于我国一类海水水质标准(≤0.05 μg/L)，说明重点区内海水中汞的含量均未超标，一类海水达标率为100%。

(2)镉(Cd)。重点区内9个站位表层、中层、底层共25个水质测试样品，所有样品镉含量均在1.0 μg/L以下，低于我国一类海水水质标准(≤1.0 μg/L)，说明重点区内海水中镉的含量均未超标，一类海水达标率为100%。

(3)铅(Pb)。重点区所有站位海水表层、中层、底层铅含量都在1.0 μg/L以下，低于我国一类海水水质标准(≤1.0 μg/L)，说明重点区内海水中铅的含量均未超标，一类海水达标率为 100%。

(4)铬(Cr)。重点区内 9 个站位表层、中层、底层共 25 个水质测试样品，所有样品均未检出铬，说明重点区内海水中铬的含量均未超过 0.40 μg/L，同时也远远低于我国一类海水水质标准(≤50.0 μg/L)，一类海水达标率为 100%。

(5)砷(As)。重点区所有站位海水表层、中层、底层砷含量为 1.1~1.5 μg/L，平均含量为 1.34 μg/L，所有站位每个层位海水砷含量均低于我国一类海水水质标准(≤20.0 μg/L)，说明重点区内海水中砷的含量均未超标，一类海水达标率为 100%。

(6)铜(Cu)。重点区所有站位海水表层、中层、底层铜含量为 1.4~3.6 μg/L，平均含量为 2.52 μg/L，所有站位每个层位海水铜含量均低于我国一类海水水质标准(≤5.0 μg/L)，说明重点区内海水中铜的含量均未超标，一类海水达标率为 100%。

(7)锌(Zn)。重点区所有站位海水表层、中层、底层锌含量较高，为 21.3~43.1 μg/L，平均含量为 28.5 μg/L，所有站位每个层位海水锌含量均高于我国一类海水水质标准(≤20.0 μg/L)，但均没有超过我国二类海水水质标准(≤50.0 μg/L)，二类海水达标率为 100%。

3.3　海水质量评价

海水质量评价主要从富营养化状态、有机污染状态，以及根据国家《海水水质标准》(GB 3097—1997)，将理化项目、有害金属、有机污染物和营养盐等评价因子纳入进行水质综合评价。

3.3.1　富营养化评价

富营养化是指水体重氮、磷等营养盐含量超标而引起的水质污染现象(马迎群 等，2022；陈豪 等，2022)，其实质是由于人口数量增加，城市规模不断扩大，生活污水排放增加且处理水平低，过度的海水养殖和农业面源污染增加使营养盐的输入输出失衡，进而导致水生生态系统物种分布失衡，物种疯长，影响了系统的物质与能量的流动，使整个海洋水体生态系统遭到破坏(郭康丽 等，2022)。目前，富营养化已成为困扰许多国家的水环境污染问题之一，我国也不例外。富营养化不仅会使水体丧失应有的功能，而且会使生态环境向不利的方面演变。因此及时开展海水富营养化评价，对于海洋环境监测与保护有着重要的意义(戚劲，2021；王凤霞 等，2022)。目前，主要用富营养化综合指数法来确定富营养化阈值，其计算公式如下：

$$E = \frac{COD \times DIN \times DIP}{4\,500} \times 10^6$$

式中，E 为富营养化指数；COD 为水体中化学需氧量(mg/L)；DIN 为水体中溶解态无机氮(硝酸盐、亚硝酸盐、氨氮) 含量(mg/L)；DIP 为水体中溶解态磷酸盐(活性磷酸盐)含量(mg/L)。当 $E \geqslant 1$ 时，表明水体呈富营养化状态，E 值越高，说明水体富营养化程度越严重。E 值与富营养化等级的对应关系见表 3-2。

表 3-2 海水富营养化等级划分指标

水质等级	贫营养	轻度富营养	中度富营养	重度富营养	严重富营养
富营养化指数	$E<1$	$1\leq E<2.0$	$2.0\leq E<5.0$	$5.0\leq E<15.0$	$E\geq 15.0$

研究区表层海水富营养化指数 E 的变化范围为 0.004~98.86，平均值为 5.35，最高值站位位于榕江口，研究区一共有 17 个站位表层海水 E 值大于等于 1，占比 29.82%，其余站位表层海水 E 值小于 1，表明研究区表层海水富营养化程度不高，大多数海域表层海水营养状态为贫营养级。河口区的富营养化程度要显著大于海域区，近岸区要大于远岸区，重度富营养以上的站位主要位于练江、榕江、外砂河以及莲阳河口。

3.3.2 有机污染评价

水体有机污染主要是指由城市污水、工业生产等排放含有大量有机物的废水所造成的污染(郑钦华，2019)，这些污染物在水中进行生物氧化分解过程中，需消耗大量溶解氧，一旦水体中氧气供应不足，会使氧化作用停止，水体的自我净化能力同时也会减弱甚至消失(阚文静 等，2010)。同时还会引起有机物的厌氧发酵，散发出恶臭，污染环境，毒害水生生物(戴文芳 等，2017)。有机污染状态评价主要使用有机污染指数法，其计算公式如下：

$$A=\frac{COD}{COD'}+\frac{DIN}{DIN'}+\frac{DIP}{DIP'}-\frac{DO}{DO'}$$

式中，A 为有机污染指数；COD 为水体中化学需氧量(mg/L)；DIN 为水体中溶解态无机氮(硝酸盐、亚硝酸盐、氨氮)含量(mg/L)；DIP 为水体中溶解态磷酸盐(活性磷酸盐)含量(mg/L)；DO 为水体中溶解氧的实测浓度(mg/L)。COD'、DIN'、DIP'和 DO'分别为水体的上述各项指标所选用的评价标准，本书采用国家一类海水水质标准。水体有机污染评价按表 3-3 分级。

表 3-3 海水有机污染评价分级

A 值	<0	[0, 1)	[1, 2)	[2, 3)	[3, 4)	≥4
污染程度分级	0	1	2	3	4	5
水质评价	良好	较好	受到污染	轻度污染	中度污染	严重污染

研究区表层海水有机污染指数 A 的变化范围为 -0.85~14.73，平均值为 2.30，研究区一共有 34 个站位表层海水 A 值大于等于 1，占比 59.65%，其余站位表层海水 A 值小于 1，表明研究区超过半数海域表层海水已经受到不同程度有机污染。河口区的污染程度要显著大于海域区，近岸区要大于远岸区，中度以上的污染区域主要位于练江、榕江、外砂河以及莲阳河口，另外，南澳岛南侧近岸海域污染程度也较高，其他区域污染程度相对较低。

3.3.3　综合评价

3.3.3.1　评价标准

评价标准采用《海水水质标准》(GB 3097—1997)，按照海域的不同使用功能和保护目标，海水水质分为四类。其中第一类适用于海洋渔业水域，海上自然保护区和珍稀濒危海洋生物保护区；第二类适用于水产养殖区，海水浴场，人体直接接触海水的海上运动或娱乐区，以及与人类食用直接有关的工业用水区；第三类适用于一般工业用水区，滨海风景旅游区；第四类适用于海洋港口水域，海洋开发作业区。

3.3.3.2　评价方法

1)单因子指数法和综合指数法

水质综合指数法是对每个站位 j，利用如下公式计算其综合指数：

单因子指数：

$$Q_{i,j} = C_{i,j}/C_{i,n}$$

综合指数：

$$WQI_j = \frac{1}{m}\sum_{j=1}^{m} Q_{i,j}$$

式中，m 为每个站位参与评价的因子数；$Q_{i,j}$为 j 站位因子 i 的单因子指数；$C_{i,j}$为 j 站位因子 i 的实测含量；$C_{i,n}$为因子 i 的评价标准；WQI_j为站位 j 的水质综合指数。

2)特殊水质因子评价方法

由于溶解氧的评价方式较为特殊，根据溶解氧的特点，采用内梅罗指数公式计算溶解氧因子污染指数：

$$P_j = \frac{C_{jm} - C_j}{C_{jm} - C_{jo}}$$

式中，P_j为溶解氧污染指数；C_j为溶解氧实测值；C_{jm}为本次调查中实测溶解氧含量最大值；C_{jo}为溶解氧评价标准值。

3.3.3.3　水质等级划分

根据综合指数 *WQI* 值，结合研究区实际情况，将海水水质等级划分为 4 个等级，*WQI* 值与水质等级对应关系见表 3-4。

表 3-4　研究区海水水质等级划分

WQI	≤0.75	(0.75，1.00]	(1.00，1.25]	>1.25
水质等级	Ⅰ	Ⅱ	Ⅲ	Ⅳ
水质评价	清洁级	轻污染级	中污染级	重污染级

3.3.3.4　评价结果和分析

重点区表层水质综合指数 *WQI* 为 0.56~0.86，平均值为 0.72；中层水质综合指数 *WQI* 为 0.58~0.69，平均值为 0.62；底层水质综合指数 *WQI* 为 0.50~0.71，平均值为 0.65。由表 3-5 可知，共有 24 个表层、中层、底层海水样 *WQI*≤0.75，只有 1 个表层海

水样 *WQI* 为 0.75~1.00，表明重点区绝大部分海域海水水质为清洁级，占比 96.0%，重点区仅有 1 个站位的表层海水水质为轻污染级。

表 3-5　重点区站位海水水质综合指数达标统计

WQI	≤0.75	(0.75，1.00]	(1.00，1.25]	>1.25
表层样/个	8	1	0	0
中层样/个	7	0	0	0
底层样/个	9	0	0	0
百分比/%	96.0	4.0	0	0

表 3-6 列出了重点区海水各项因子一类海水达标率，可见，重点区海水各项因子一类海水达标率差异较大。化学需氧量、生物需氧量、无机氮、活性磷酸盐、硫化物、汞、铅、铬、砷、铜、镉的一类海水达标率均为 100%；溶解氧和石油类的一类海水达标率分别为 88% 和 96%；挥发性酚和锌的一类海水达标率均为 0，表明挥发性酚和重金属锌是区内主要的污染因子。

表 3-6　重点区站位水质单因子一类海水达标率统计

因子	达标率/%	因子	达标率/%	因子	达标率/%
溶解氧	88	挥发性酚	0	铅	100
化学需氧量	100	硫化物	100	铬	100
生物需氧量	100	石油类	96	砷	100
无机氮	100	汞	100	铜	100
活性磷酸盐	100	镉	100	锌	0

第4章　地形地貌及沉积环境演变

4.1　地形地貌

4.1.1　海底地形特征

本次海底地形的调查采用单波束测深仪完成，共计完成单波束水深测量1600 km。水深数据均经过异常值剔除、潮汐校正等处理，潮汐校正主要利用调查期间在研究区布设的4个验潮仪采集的潮汐数据进行。校正后的水深数据以黄海平均海平面为水深基准面。水深数据校准后，利用公式进行均方差计算，其计算公式如下：

$$\delta = \{[(x_1 - y_1)^2 + (x_2 - y_2)^2 + \cdots + (x_n - y_n)^2]/(2n)\}^{1/2}$$

式中，δ为均方差；x_n为交点处主测线的水深值；y_n为交点处联络测线的水深值。本次测量工作测线交点处水深值均方差计算结果为± 0.29 m，表明本次水深测量误差符合相关规范，满足地形分析要求。

本次调查的实测水深范围为3.7~32.9 m，最大水深(32.9 m)处位于研究区东南部，最小水深(3.7 m)处位于榕江口附近水域。研究区海底地形受海岸制约明显，等深线沿岸排列，大体走向为NE—SW向，水深总体趋势为自NW—SE逐渐增大。

从等深线的分布来看，地形变化差异明显，研究区西南部以及中部海底地势比较平缓，地形较为平坦；而东北部受水动力以及基岩起伏影响，海底地形局部变化较为强烈，等深线表现为密集而不规则的特征。

西南部地形表现为随着离岸距离的增大，地形变化逐渐变缓的特征，该区平均坡降为1.21×10^{-3}，离岸2 km的海湾内，地形变化比较剧烈，等深线沿岸排列，平均坡降为2.34×10^{-3}。湾外地形变化趋于平缓，等深线大致走向为NE—SW向，平均坡降为0.76×10^{-3}。

中部地形特征与西南部较为相似，等深线密集区位于好望角近岸海域，走向与岸线方向大致相当，平均坡降为4.23×10^{-3}。榕江口至莱芜岛一带，地形变化差异不明显，地形自岸向海倾斜，平均坡降为1.10×10^{-3}。

东北部南澳岛岸线曲折多变，小型港湾众多，主要的港湾有前江湾、云澳湾、青澳湾以及竹栖肚湾，小于10 m的等深线主要受岸线影响，等深线主要沿岸排列。南澳岛西北部枕状的等深线显示该处为后江水道，水道呈月牙状，NE走向，分布于莱芜岛-凤屿-虎屿西侧，南澳岛东南部密集环形等深线揭示该区海底地形起伏不平，岛屿、明礁、暗礁较多。

4.1.2 研究区地貌特征

4.1.2.1 陆域地貌

汕头市贯穿韩江三角洲平原中前缘、榕江平原前缘、练江平原中前缘，各平原均呈 NW 向延伸，平原上河网纵横，沟渠密布。城区(金平区、龙湖区)处潮汕平原前沿，榕江及红莲池河、鮀济河等横贯市区，榕江口有妈屿岛、德州屿等岛屿。平原间有 NW 向低山丘陵分隔。海岸线曲折，多为平坦砂岸，局部为陡峻岩岸。汕头市区主要地貌有低山高丘陵、低山台地、孤山残丘、山前冲洪积平原、三角洲及河口平原和滨海沙堤沙地(李平日 等，1987b)。

韩江三角洲、榕江平原、练江平原主要构成区内地貌框架，三角洲及平原间有低山高丘陵、低山台地间隔。区内最高山峰位于西南侧的大山，标高 521.0 m，平原区高程为 0.5~3.0 m(宗永强，1987b)。

4.1.2.2 海域地貌

地貌是各种内、外营力长期共同作用的结果，内力作用使地表出现高差悬殊和崎岖不平的地貌景观，外力作用则是高低不平的地形，使地表渐趋平缓(黎兵，2020)。根据地貌形态反映成因和成因控制形态的内在联系，采用形态-成因的分类原则和分类-分级相结合的综合分类方法是合适的(吴承强，2011；吴一琼，2018)。成因是导致地貌发育的方向和趋势，形态是组成物质、结构和外部几何图形的集合体，也是地貌分类的最简明标志(裘善文 等，1982)。分类和分级相结合是制定地貌单元和类型划分的有效方法。根据形态-成因、分类-分级相结合的综合分类方法，并参照《海洋调查规范第 10 部分：海底地形地貌调查》(GB/T 12763.10—2007)有关规定，将区内各种海域地貌体按其形态变化和组合特征分为 4 级。

研究区一级地貌为大陆地貌和大陆边缘地貌；二级地貌为海岸地貌和陆架地貌；三级地貌有海滩、水下堆积岸坡、大型水下浅滩、水下三角洲、侵蚀-堆积平原、大型侵蚀浅洼地等；在三级地貌的基础上，由于动力作用的差异，又形成四级地貌，其类型包括砾石滩、岩滩、沙滩、泥滩、红树林滩、沙坝以及潮流冲刷槽等。现就三级地貌和四级地貌展开论述。

1)海滩

研究区海滩广泛发育，沿海岸呈带状分布，一般为 0.3~1.0 km，较窄处不足百米，较宽处可达 2~3 km。海滩由于受波浪和潮汐水动力作用，形成了一定斜度向海缓慢倾斜，受侵蚀岸段坡降最高可达 3.5×10^{-2}；淤积岸段坡度较缓，坡降在 7.7×10^{-3} 左右，总的来说，研究区海滩较为狭窄，坡度变化较大。海滩受入海河流、沿岸流、近岸潮流以及波浪水动力影响，其沉积物的粒径从低潮滩至高潮滩逐渐变细，泥质含量逐渐增多，分选性一般。按沉积物类型可以分为 5 类，即砾石滩、泥滩、沙滩、岩滩以及红树林滩。

砾石滩多分布于海湾岬角以及基岩海岸处，在海门莲花峰、广澳大山、莱芜岛以及南澳岛北部岸线均有分布，滩宽基本在几米至几十米，砾石粒径变化较大，磨圆度一般。

泥滩主要分布于莲阳河口至黄厝草溪河口岸段的潮间带，义丰溪河口潮间带也有分布。沉积物以黏土为主，粉砂次之，宽度为0.3~0.4km，低潮时大面积露出水面，泥滩上发育有大面积的草甸，部分还生长有红树植物。

沙滩主要分布于区内大小海湾内，较大的沙滩有海门湾、广澳湾、云澳湾、青澳湾、九溪澳湾、竹栖肚湾等潮控型沙滩；莲阳河口两侧也有较大范围的沙滩分布。区内沙滩的宽度一般为0.1~0.4km，长度最长可达13km，底质成分多为细砂和细中砂，夹少量生物贝壳碎屑和小砾石，粒径由岸向海逐渐变粗。

岩滩主要分布于海湾岬角之间的地带，在南澳岛西南侧以及东侧、广澳大山、莲花峰有大量分布，由于受到波浪的冲刷侵蚀，形成了大量陡崖，所占的面积较小。

红树林滩主要见于莲阳河口至义丰溪河口一带，在河口处多块状分布，岸滩边缘则多呈条带状分布，其生长密度和长势状况在各滩之间无明显的差异，大部分地带生长较为茂密，其红树植物以人工引种为主，多有潮沟发育。底质与泥滩相近。

2）水下堆积岸坡

研究区沿岸水下堆积岸坡宽度不等，范围为0.4~12km，南澳岛周边较窄，海门湾区域较宽，东部水深大，西部水深小。南澳岛周边水下堆积岸坡较陡，主要沉积粉砂质砂、粉砂、砂质粉砂以及含砾泥；海门湾区域坡度相对较缓，主要沉积含砾泥、粉砂和砂质粉砂，近岸发育有小型沙坝，水深为2~5m，长度在几十到上百米不等，坝高为2~3m，低潮时露出水面，沉积物主要为砾质砂、含砾砂、粉砂质砂。

3）大型水下浅滩

大型水下浅滩分布于黄厝草溪至义丰溪河口离岸3km左右范围内，水深为2~5m，部分区域低潮时露出水面，主要沉积砂质沉积物，发育有小型沟槽。

4）水下三角洲

韩江及榕江两河口外形成有水下三角洲沉积体（谢以萱，1983），属韩江三角洲的水下部分。整个三角洲水下部分呈舌状向海突出，水深3~20m，面积约占整个研究区的1/3，曾昭璇（1957）认为韩江口外水下三角洲地形和分布特征与陆上三角洲相似，南澳岛、勒门列岛以及南澎列岛等岛屿是水下三角洲顶部。水下三角洲沉积物主要以砂质粉砂为主，还有泥、砂质泥、砂、粉砂以及粉砂质砂等。近岸区及汕头港外底质含泥较多，滨海岛屿南侧及西南侧的沉积物为泥质粉砂等陆源沉积物。

5）侵蚀-堆积平原

侵蚀-堆积平原分布于水下三角洲前缘和水下岸坡外缘至研究区边缘水深20~30m的区域，呈条带状，中间宽，两边窄，宽度在几千米至十几千米不等，海底表层主要覆盖含砾砂、砾泥质砂和粉砂质砂，局部覆盖有砂和砾质砂。

6）大型侵蚀浅洼地

大型侵蚀浅洼地分布于莲阳河口至南澳岛中部海域，呈条带状分布，条带长度超过17km，宽约2.8km，水深为8~12m，坡降为3.32×10^{-3}~4.97×10^{-3}，因其为区内主要的潮流通道，水动力较强，受潮流水动力长期作用，形成有潮流冲刷槽，其表层沉积物粒径较大，主要为砂和砂质粉砂。

4.2 沉积物特征

4.2.1 表层沉积物特征

表层沉积物特征主要包括粒度特征、碎屑矿物特征和黏土矿物特征，本节数据来源于潮汕海域的表层沉积物样品。

粒度数据158个，用激光粒度仪进行分析，粗颗粒部分用传统筛分法分析(1φ间隔)，两部分数据利用粒度分析仪仿真程序合并获得完整的粒度分布，粒级标准采用尤登-温德华氏等比制φ值粒级标准，粒度参数计算采用福克-沃德公式计算。

碎屑矿物、黏土矿物鉴定数据33个，黏土矿物分析方法采用沉降法提取粒径小于2 μm的黏土颗粒，制成定向样后，进行X射线衍射分析，衍射图谱出来后对黏土矿物进行半定量分析，黏土矿物相对含量半定量计算依据Biscaye方法。

4.2.1.1 粒度组分特征

潮汕地区近岸海域表层沉积物颗粒按粒径大小主要分为砂(-1φ~4φ，2~0.063 mm)、粉砂(4φ~8φ，0.063~0.004 mm)和黏土(>8φ，<0.004 mm)3个粒级组分，三者相对百分比分别为40.56%、46.70%和12.04%，另外还有少量的砾石，占0.70%。在砂粒级中，以极细砂(3φ~4φ)、细砂(2φ~3φ)、中砂(1φ~2φ)为主，占比分别为10.21%、15.09%、9.82%，粗砂、极粗砂含量较少，占比分别为3.65%、1.79%；在粉砂粒级中，细粉砂(6φ~7φ)含量最高，为25.14%，极细粉砂、中粉砂、粗粉砂含量相当，分别为7.85%、5.09%、8.62%(图4-1)。

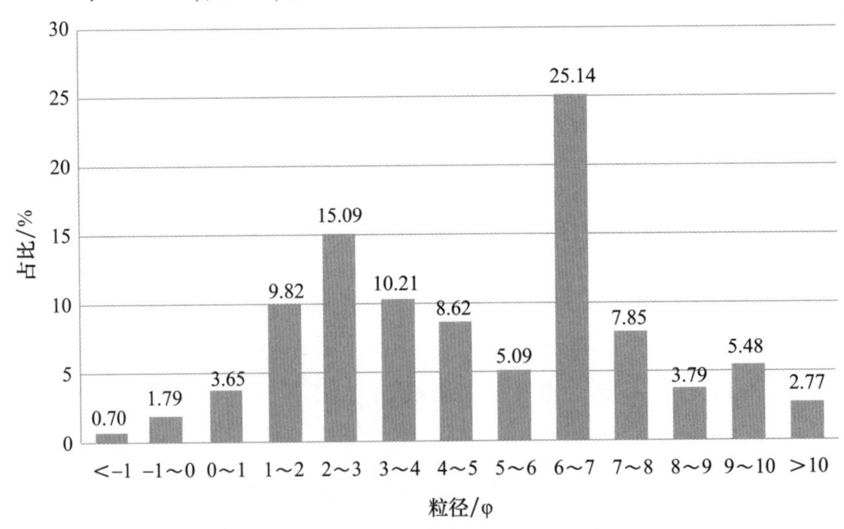

图4-1 表层沉积物粒度组分含量统计

1)砾石粒级组分

砾石粒级组分的粒径区间为小于-1φ(>2 mm)，89.2%的样品砾石含量小于1%，7.6%的样品砾石含量为1%~5%，仅5个样品砾石含量大于5%。

区内整体砾石粒级含量很低，平均0.7%，相对高值主要分布在海门湾岬角处，含量在18%以上，练江、濠江出海口处，含量为2%~5%，南澳岛南侧澎岛和西北侧后江水道附近，含量为2%~10%，30 m等深线东南侧附近，含量为0.01%~2%，说明这些地区目前处于侵蚀状态，尤其是海门湾岬角处、南澳岛后江水道和南侧澎岛地区处于中度侵蚀状态，而练江、濠江出海口和30 m等深线附近则处于轻微侵蚀状态。

2）砂粒级组分

砂粒级组分的粒径区间为 -1φ~4φ（2~0.063 mm），砂含量大于50%的样品数有53个，占比33.5%，砂含量小于30%的样品数有81个，占比51.3%，区内砂含量整体较高，平均砂含量为39.57%，砂粒级中又以极细砂、细砂、中砂为主。

区内砂含量变化幅度较大，高值区主要分布于南澳岛后江水道-外砂河口，含量基本上为70%~100%，广澳湾、海门湾含量为70%~90%，近岸地区距岸线20 km以上区域，含量基本在60%以上，由NW向SE呈逐渐递增的趋势。低值区主要呈条带状由南澳岛北侧至南侧-榕江出海口-靖海湾，砂含量基本小于20%，南澳岛北侧含量在5%以内，砂含量的高值区与侵蚀淤积区基本吻合，说明侵蚀淤积状态影响砂含量比值，后江水道-外砂河区域与水道冲刷和东海岸围填海有关，距岸线20 km以上区域，主要是由于河流泥沙无法到达该区域，故以砂质为主。低值区多分布在河口出海口及近岸地区，说明河流泥沙主要沉积到该区域。

3）粉砂粒级组分

粉砂粒级组分的粒径区间为 4φ~8φ（0.063~0.004 mm），粉砂含量大于35%的样品数有113个，占比达71.5%，粉砂含量小于1%的样品数有18个，占比11.4%，从整个区域来看，粉砂平均含量最高，达46.69%，在粉砂粒级中，细粉砂含量最高，极细粉砂、中粉砂、粗粉砂含量相当。

区内高值区主要分布在南澳岛北侧和南侧，含量基本都在70%以上；榕江出海口处，含量为50%~65%，广澳湾、海门湾近岸海域，含量基本在60%~75%，莱芜岛和义丰溪河口处也为高值区，范围较小，含量为50%~60%。整体的分布特征与水动力因素有关，南澳岛南北两侧水流较缓，粉砂质较易淤积，而从南澳岛南侧一直到海门湾、靖海湾近岸海域，其粉砂粒级高值含量区域呈NE—SW向，与波浪和等深线方向一致，说明粉砂粒级的沉积主要是由于波浪潮汐作用，所有河流河口段、口外海滨段含量基本为30%~50%，说明粉砂粒级在河口处沉积仅为少量。

4）黏土粒级组分

黏土粒级组分的粒径区间为大于 8φ（<0.004 mm），黏土含量平均值为12.03%，黏土含量小于5%的样品数有48个，占比30.4%，其中含量为0的样品数有28个，占比17.7%，大部分样品含量为5%~25%，数量达92个，占比58.2%。

区内黏土含量最高值在榕江入海口拦沙坝处，含量达45%，沿榕江出海口至其东南侧-达濠岛南侧附近海域，黏土含量均较高，为15%~25%；另一个高值区在莲阳河-莱芜岛，含量为20%~35%；各河流河口段黏土含量均较高，含量为20%~30%，南澳岛北侧也是一个高值区，含量为15%~25%；从南澳岛南侧-海门湾-广澳湾-靖海湾，黏土含量为5%~15%，呈条带状展布，由NW—SE向黏土含量逐渐降低，距岸线20 km以上，

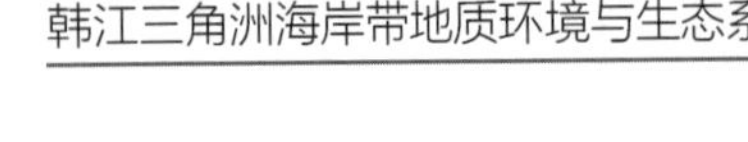

黏土含量基本在5%以内，且逐渐降低至0；从南澳岛西北侧后江水道-外砂河口处为一个低值区，黏土含量基本为0，说明该区域水动力较强，细粒沉积物无法在此处沉积。

4. 2. 1. 2　粒度参数特征

粒度参数是以一定的数值定量地表示碎屑物质的粒度特征。单个粒度参数及其组合特征可作为判别沉积水动力条件及沉积环境的依据，常用的参数有平均粒径、分选系数和偏态。

1）平均粒径分布特征

平均粒径代表沉积物粒度分布的集中趋势，即碎屑物质的粒度一般是趋向于围绕着一个平均的数值分布，可以用来反映沉积介质的平均动能。碎屑颗粒在搬运过程中，随着搬运能力的减弱，粗颗粒物质首先沉降，细粒物质被搬运到静水低能的环境中沉积下来，其高值区(>7φ)代表静水、低能等沉积环境，平均粒径的低值区(<5φ)代表动荡、高能的水动力环境，而介于两者之间的中值区(5φ~7φ)则代表过渡区域。

根据平均粒径频率分布图(图4-2)，平均粒径均值为4. 94φ，平均粒径小于5φ 的样品数有67 个，占比42. 4%，平均粒径为5φ~7φ 的样品数有81 个，占比达51. 3%，平均粒径大于7φ 的样品数有10 个，占比6. 3%，说明一半的区域属于过渡区域，较多区域属于动荡、高能的水动力环境，极少区域属于静水、低能环境。区内高值区(>7φ 的低能环境)主要分布在南澳岛北侧、莲阳河口段和义丰溪出海口处，其分布与黏土粒级组分百分比含量高的区域范围一致；区内的相对高能环境(<5φ)区域主要分布在后江水道-外砂河口、广澳湾、海门湾及距岸线18 km 以上海域，与砂粒级含量的高值区相对应，各潮汐水道均表现出由口门向开敞水域沉积物粒径由粗到细的变化特征。

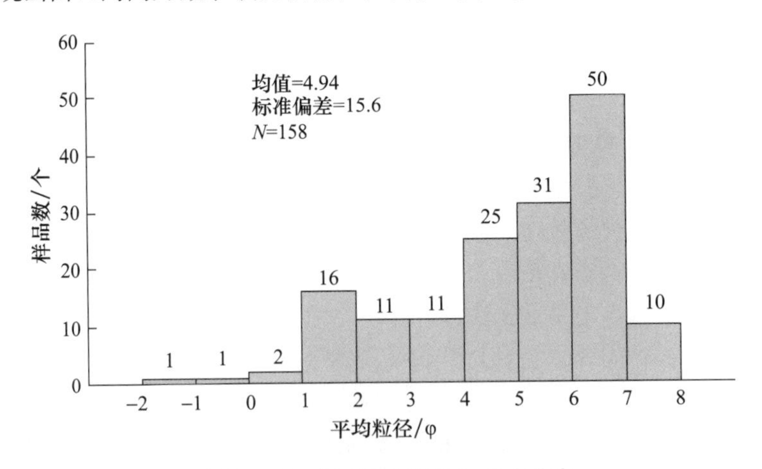

图4-2　表层沉积物平均粒径频率分布

2）分选系数分布特征

分选系数反映的是沉积物颗粒大小的均匀性，常常用作环境指标，能够较好地区分各种沉积环境，与水动力条件有密切关系。区域内样品分选系数为0. 44~3. 78，根据福克-沃德对分选系数的分级标准(表4-1)，分选系数在0. 35~0. 71 的样品数有18 个，占比11. 39%，分选系数为0. 71~1、1. 5~2. 5 的样品数有11 个，占比6. 96%，分选系数为1~4 的样品数有129 个，占比81. 65%，说明大部分样品分选差，少量样品分选好。

表 4-1　分选程度等级

分选等级	分选系数/σ_i
分选极好	<0.35
分选好	[0.35，0.71)
分选中等	[0.71，1.00)
分选差	[1.00，4.00)
分选极差	≥4.00

分选中等和分选好的区域有广澳湾、海门湾、靖海湾、榕江口外拦沙坝处、东海岸附近、外砂河口，说明这些区域水动力环境较为复杂，对底质改造能力较强，离岸越远处水动力环境也相对增强；其他近岸海域水流流速较小，对底部沉积物的分选改造能力减弱，各粒级的沉积物均能发生沉积，使沉积分选性变差。

3)偏态分布特征

偏态可用来判别粒度分布的对称性，实质上反映粒度分布的不对称程度，并表明平均粒径和中值粒径的相对位置，它是分析研究沉积环境的常用粒度参数之一，频率曲线按其对称形态特征可分为 3 类，正态：峰两侧粗细粒径的百分比含量互相对应地减少，形成以峰态为对称轴的对称曲线，此时说明沉积物分选好；正偏态：曲线形态不对称，峰偏向粗粒度一侧，细粒一侧有一低的尾部，说明沉积物以粗组分为主，分选性变差；负偏态：曲线形态不对称，峰偏向细粒度一侧，粗粒一侧有一低的尾部，说明沉积物以细组分为主，分选性变差，它反映沉积过程中的能量变异。研究偏态对了解沉积物的成因有一定的作用，研究区内偏态分布范围为 -0.34~0.67，根据偏态分级(表 4-2)，近对称的样品数有 79 个，占比 50.0%，正偏的样品数有 47 个，占比 29.7%，负偏的样品数有 32 个，占比 20.3%。

表 4-2　偏态分级

偏态分级	偏态(Sk_i)
很负偏	-1~-0.3
负偏	-0.3~-0.1
近对称	-0.1~+0.1
正偏	+0.1~+0.3
很正偏	+0.3~+1

近对称的区域有南澳岛北侧-义丰溪河口、后江水道-东海岸、榕江口外海滨-广澳湾-靖海湾，很正偏-正偏的区域有莲阳河口门外-六合围、南澳岛东侧-南侧、海门湾内大部分区域、距岸线 20km 外海域，整体呈近岸低、外海高的趋势；很负偏-负偏的区域有南澳岛南侧云澳湾部分区域、莱芜岛附近区域、榕江口外海滨和广澳湾码头，基本和黏土粒级沉积区域相对应。

4.2.1.3　主要沉积物类型及分布特征

目前，比较主流的沉积物分类方法主要是谢帕德沉积物分类方法和福克分类法。2007 年修订的《海洋调查规范第 8 部分：海洋地质地球物理调查》(GB/T 12763.8—2007)中规定了浅海沉积物的命名主要采用谢帕德分类命名，也可以使用福克分类命名。

由此可以看出这两种分类方法被广大海洋地质学者普遍接受。

谢帕德分类的优点在于以砂、粉砂和黏土为主的分类三端元等价，描述性强，分类简明，但它未考虑沉积物的动力学特性，缺乏动力环境意义的解释。福克分类是通过利用沉积物的组分比来进行沉积物类型的划分，可以反映沉积过程中的沉积动力变化。福克分类强调了沉积物搬运和沉积方式在分类中的意义。砂一般为推移和跃移组分，黏土和粉砂为悬浮组分，砂泥比值反映了两种不同组分量比，因此，福克分类更具沉积动力学解释意义，本节采用福克分类法对沉积物进行分类。

研究区内沉积物类型主要为含砾砂[(g)S]、含砾泥质砂[(g)mS]、含砾泥[(g)M]、砂(S)、粉砂质砂(zS)、砂质粉砂(sZ)和粉砂(Z)7种类型，还有少量砾质砂(gS)、砾质泥(gM)、砂质泥(sM)、泥(M)。

(1)砾质砂。该沉积物类型在样品中占2.5%，主要分布于海门岬角、练江出海口、南澳岛南侧澎岛附近，在水动力较强区域分布，其主成分为砾石粒级和砂粒级，平均含量分别为20.62%、75.66%，整体分选差。

(2)砾质泥。该沉积物类型在样品中仅有1个，位于南澳岛西北侧后江水道附近，该地处于南澳岛北侧-后江水道侵蚀区的过渡区域，其主成分为粉砂粒级，平均含量为49.37%，砾石平均含量为9.69%，分选差。

(3)含砾砂。该沉积物类型在样品中占6.96%，主要分布于海门湾、濠江出海口、南澳岛南侧澎岛附近及研究区东南角区域，说明该沉积物类型分布区域水动力较强，其主成分为砂粒级，平均含量为93.24%，砾石平均含量为1.49%，整体分选差。

(4)含砾泥质砂。该类型沉积物在样品中占5.06%，主要分布于研究区东南侧，呈NE向条带状分布，其主要成分为砂粒级，平均含量为64.48%，其次为粉砂粒级，平均含量为30.80%，整体分选差。

(5)含砾泥。该类型沉积物在样品中占6.96%，主要分布于榕江、外砂河、濠江出海口处，及南澳岛东南侧和广澳湾，说明此分布区域水动力较弱，其主成分为粉砂粒级，平均含量为57.77%，分选差。

(6)砂。该类型沉积物在样品中占8.23%，主要分布于后江水道-外砂河口、广澳湾，零星分布于六合围及研究区东南角部分区域，均属于水动力较强，波浪冲刷较频繁区域，其主成分为砂粒级，平均含量为98.90%，整体分选好。

(7)粉砂质砂。该类型沉积物在样品中占11.39%，主要分布于南澳岛E—SE侧、莲阳河口、新津河口、榕江中段及研究区东南角部分区域，呈NE向条带状展布，水动力较砂偏弱，其主成分为砂粒级，平均含量为66.05%，次级成分为粉砂粒级，平均含量为28.56%，整体分选差。

(8)砂质粉砂。该类型沉积物在样品中占37.34%，是整个研究区分布最广泛的沉积物类型，主要分布于莲阳河口外海滨、南澳岛南侧-榕江口外海滨-广澳湾-海门湾-靖海湾近岸海域大部分区域，呈NE—SW向连片状展布，基本在距岸线20 km以内区域，属于水动力较弱区域，也是大量河流泥沙淤积区域，其主成分为粉砂粒级，平均含量为60.18%，次级成分为砂粒级，平均含量为25.84%，整体分选差。

(9)粉砂。该类型沉积物在样品中占17.08%，是研究区分布次广泛的沉积物类型，主要分布于南澳岛北侧大部分区域、南澳岛南侧部分区域、榕江牛田洋、广澳湾湾内部分区域，以及由靖海湾-广澳大山呈 NE 向条带状部分区域，说明水动力环境较为平静，其主成分为粉砂粒级，平均含量为73.72%，次级成分为黏土粒级，平均含量为20.15%，整体分选差。

(10)砂质泥。该类型沉积物在样品中占2.5%，主要分布于练江河口段和榕江拦沙坝出海口处，说明水动力较为复杂，尤其是在榕江口处，由于拦沙坝的作用，水流紊乱，导致河流泥沙在此处加速淤积，其主成分为粉砂粒级，平均含量为48.47%，次级成分为黏土粒级，平均含量为30.82%，最少成分为砂粒级，平均含量为20.69%，三者含量相差不大，说明在水动力复杂区域，三种粒级沉积物均会大量沉积，整体分选差。

(11)泥。该类型沉积物仅有2个，分布于莲阳河及榕江外航道中段，其主成分为粉砂粒级，平均含量为56.58%，次级成分为黏土粒级，平均含量为39%，说明这两处水动力环境较弱，粉砂和黏土质易沉积，尤其是榕江口段，属于拦沙坝中段，波浪和潮汐作用减弱，河流细颗粒沉积物大量淤积在此，整体分选差。

4.2.1.4　表层沉积物运移趋势分析

研究表明，受韩江口冲淡水次级锋面和南海沿岸流输沙的影响，韩江来沙是韩江三角洲长期以来缓慢淤积的主要来源。韩江泥沙入海后，由于受 NE—SW 向潮汐和波浪作用，在近岸海域地区沉积(陈翰 等，2014)，由 NE—SW 向沿岸流携带泥沙在南澳岛北侧和海门湾、广澳湾近岸海域沉积，逐步形成泥沙由岸向陆逐渐变粗的趋势，受沿岸流的影响，形成了沉积中心向 SE 偏移的格局。

沉积物粒度参数在颗粒搬运过程中，由于物理化学作用常发生沿程变化，所以通过对研究区粒度空间分布信息进行提取和分析，可反演沉积物的净输运趋势。Mclaren 等(1985)提出，由于选择性起动、搬运和堆积，沿沉积物搬运方向，其平均粒径将变得更细，分选更好，偏态更正偏；或平均粒径将变得更粗，分选更好，偏态更负偏，即满足表4-3的情况。

表4-3　用平均粒径、分选系数和偏态三参数所构成的粒径趋势类型

粒径趋势类型	定义		
1	$\sigma_A < \sigma_B$	$Mz_A < Mz_B$	$Sk_A > Sk_B$
2	$\sigma_A < \sigma_B$	$Mz_A > Mz_B$	$Sk_A < Sk_B$

其中 Mz、σ 和 Sk 分别为平均粒径(φ值)、分选系数和偏态。高抒(2009)在此基础上提出了二维的分析方法：首先，将每个采样点的粒度参数与其周围直接相邻的各点进行比较，如果采样点1与其直接相邻的某个采样点2之间的粒度参数满足上述两种情形之一，则定义一个从采样点1指向采样点2的单位矢量；其次，对每个采样点得到的矢量进行合成，得到该采样点在平面上的粒径趋势矢量；最后，矢量合成消除噪声，从而得到研究区沉积物的搬运趋势。该方法已被应用于海湾、潮间带、海峡、洪泛平原、海岸以及其他陆架地区，其结果与流场观测、示踪砂实验和地貌特征所显示的沉积物输运

格局较为吻合。

本次沉积物取样深度主要在表层 10 cm 以内，以韩江口及邻近海域长期沉积速率(1~6 cm/a)的最小值来计，研究区的沉积物主要代表 10 年以内的时间尺度。采用粒度趋势分析方法时，在采样点位置和数量给定的情况下，计算结果主要受特征距离(D_{cr})大小的影响。在具体计算过程中，往往采用多个可能的比较距离逐一计算，对比各个结果选出最清晰的作为最终计算结果。经过反复比较不同距离下的计算结果，得出特征距离为 6 km 时杂乱无序的矢量个数最少。表层沉积物运移趋势显著，在南澳岛北侧呈由东向西方向，主要是 NE—SW 向沿岸流和 NW 向潮流致使表层沉积物从南澳岛 SE 侧向后江水道输运，一部分沉积物在南澳岛北侧宽阔水域处沉积，这里运移趋势也相对较小；由义丰溪河口输出的泥沙，一部分因莲阳河口水动力作用，在莲阳河口沙嘴处沉积，另一部分输运至后江水道，与南澳岛北侧沉积物汇合，向南输运；由莲阳河口输出的泥沙，一部分在河口两侧沉积外，大部分进入后江水道，三个方向的沉积物汇合至后江水道后向南输运。

在后江水道向南输运后，沉积物运移路线较为复杂，一部分通过沿岸流运输至南澳岛南侧，大部分沉积物穿过后江水道后向 SE 向运移，且运移趋势相对显著，直至20 m 等深线处运移趋势逐渐缩小，另有少部分沉积物向莱芜岛-榕江口岸线处运移，这是由于榕江口建设拦沙坝，致使在水流作用下，泥沙向拦沙坝北侧及北侧岸线处运移，这段岸线在人工填海前也是砂质岸线，人工填海造陆后，受莱芜岛和榕江拦沙坝的双重影响，沉积物也在该段岸线处加速沉积；从后江水道、外砂河、新津河输运泥沙，大部分与 SE 向海域运输沉积路线较为一致。

榕江沉积物输运方向由牛田洋-榕江口门外，在经过拦沙坝后，沉积物向东运移，部分向南运移，少部分向北运移，由榕江和外砂河向南输出的泥沙，因达濠岛的阻隔和影响向 SE 向运移，直至 30 m 等深线运移趋势逐渐减小。

广澳湾内表层沉积物运移较为复杂，濠江内沉积物运移方向由河流向海方向，在入海口处方向指向 SE，这主要与广澳码头的建设有关，因该处的水动力发生改变，河水沿着码头防潮堤入海，其西侧海水在河水牵引下，携带泥沙由西向东输送，使得该处沉积物的运移方向发生变化；广澳湾另一个岬角处，沉积物沿 S—SW 向运移；海门湾内沉积物运移方向较为一致，整体呈 NE—SW 向，运移至 SW 向岬角时，开始向南侧运移；从两个湾内运移而出的沉积物，至 20 m 等深线时，基本上向 SE 向运移，20~30 m 等深线区域方向未发生大的变化，30 m 等深线之后，研究区东南角区域表层沉积物沿 SE—E 向开始运移，此时沿岸流和河流对沉积物的影响变小，更多是受潮流、风浪的影响，在外海时潮流、风浪基本呈 SE—NW 向，因此，在 30 m 等深线处沉积物运移方向会发生变化。

4.2.1.5 矿物特征及分布

1)矿物组成

本次对研究区 33 个沉积物样品进行矿物分析，共鉴定出重矿物 7 种，主要包括透闪石、文石、白云石、黄铁矿、赤铁矿、锆石和菱镁矿；轻矿物 6 种，主要包括石英、钾长石、斜长石、方解石、生物碎屑和岩屑；黏土矿物 3 种，有伊利石、绿泥石、高岭石，碎屑矿物、黏土矿物基本统计数据见表 4-4。

表 4-4　研究区表层沉积物碎屑矿物、黏土矿物基本统计数据

		重矿物				轻矿物						黏土矿物		
		透闪石	文石	白云石	黄铁矿、赤铁矿、锆石、菱镁矿	石英	钾长石	斜长石	方解石	岩屑	生物碎屑	伊利石	绿泥石	高岭石
样品数/个		33	33	33	33	33	33	33	33	33	33	33	33	33
平均值/%		0.56	2	0.13	2.77	58.7	11.2	9.46	1.83	3.52	2.31	7.39	3.99	2.92
最大值/%		4.78	20.39	0.8	20.4	92.42	35.1	30.9	9.84	14.7	12.8	25.7	14.65	13.6
最小值/%		0	0	0	0	39.7	0	0	0	0	0	0	0	0
累计百分含量/%	15	0	0	0	0.02	41.89	0.28	0.15	0.02	0	0	0	0	0
	25	0	0	0	0.08	44.32	1.19	0.74	0.17	0	0	0.58	0	0
	50	0	0	0	0.31	48.76	4.45	2.31	0.55	0	0	3.38	0.27	0
	75	0.01	0.30	0.02	0.91	52.37	7.28	5.07	1.06	0.87	0.16	6.06	1.83	0.68
	85	0.16	0.66	0.07	1.41	54.28	8.52	6.73	1.30	2.25	0.97	7.85	2.79	1.55

研究区沉积物碎屑矿物主要以轻矿物为主，重矿物质量分数较低，多在 5% 以下，沉积物成熟度低。矿物表面特征及含量变化较为明显，重矿物以透闪石、文石为主，局部富集片状矿物：其中透闪石多为浅灰色，颜色较普通角闪石较淡，呈细长柱状，多碎片、有轻微风化蚀变；抗风化能力强、比重较大的矿物如锆石等质量分数很低。轻矿物以石英、长石及片状矿物为主，其中石英多为碎粒、次棱角状，长石表面多磨蚀，以半透明颗粒为主。

通过分析黏土矿物半定量的含量，黏土矿物以伊利石为主，平均含量为 7.39%，其次为绿泥石、高岭石，二者含量相近，平均含量分别为 3.99%、2.92%，伊利石标准差系数为 0.33，说明研究区黏土矿物含量分布不均匀，绿泥石和高岭石标准差系数均为 0.18，说明其分布较均匀。

2）主要矿物分布特征

矿物含量划分等级决定了研究精度，也影响对矿物分布规律的全面了解。本次沉积物碎屑矿物含量等级以累积百分频率分割的方法进行多级划分，以有效编制矿物含量分布图，明确表明矿物分布的规律，划分的主要目的是突出高、低质量分数区，表现背景值，划分原则：①全部数据按含量从低到高统计累积频率；将累积频率分为 7 个等级：最小值、15%、25%、50%、75%、85% 和最大值。②各级所反映的矿物学含义为：0%~15% 为极低值，15%~25% 为低值，其分布区称为低含量区；25%~50% 为低中值（低背景值），50%~75% 为高中值（高背景值），其分布区称为中含量区；75%~85% 为高值，85%~100% 为极高值，其分布区称为高含量区。

单以轻、重矿物而言，研究区重矿物质量平均含量为 2.77%，高含量区（>0.91%）主要分布于南澳岛南侧澎岛附近区域、海门湾与广澳湾之间的岬角及该岬角垂直岸线 30m 等

深线范围内区域，榕江口、后江水道有少量中含量区，低含量区(<0.06%)占研究区大部分海域，主要分布于研究区的近岸，重矿物高值分布区与砾石含量分布区大体一致，这也说明砾石含量较高区域重矿物含量也相对较高。

透闪石：多为浅灰色、浅绿色，次棱角状，多碎片，有轻微风化蚀变，颗粒表面有磨蚀。平均含量为0.56%，变化范围为0%~4.78%。高含量区主要分布于榕江的泥湾-出海口处，新津河-外砂河出海口处以及海门湾、广澳湾外海20~30 m等深线区域内，整体分布趋势与粉砂粒级含量分布大体一致，主要受河流泥沙沉积影响，其他大部分区域属于中-低含量区。

金属矿物：包括赤铁矿、黄铁矿、菱镁矿，其中以前两种为主。赤铁矿，黑色、暗黑色的铁氧化物，多为颗粒；黄铁矿，隐晶质矿物，通常呈粒状、块状等，强金属光泽，浅黄色、黄褐色；菱镁矿，隐晶质矿物，通常呈粒状、致密块状，多呈白色、灰白色，部分呈黄褐色。金属矿物平均含量为0.06%，变化范围为0%~0.91%。

白云母：为无色-淡黄色，透明片状，主要产于变质岩类的片岩中，片状矿物在粉砂中含量最高。区内片状矿物平均含量为12.02%，最高含量为43.7%，整体上呈中间高，近岸及远海含量降低的趋势，南澳岛北部含量也相对较高，低含量区主要分布于后江水道-外砂河口，海门湾两侧岬角处。

文石：多为白色、黄白色，呈豆状、球粒状，平均含量为2%，变化范围为0%~20.39%，高值区(>0.3%)主要分布于南澳岛南侧澎岛附近及广澳湾岬角处，其他地区均为中-低含量区。

方解石：多为白色、浅灰白色，呈粒状、纤维状，平均含量为1.83%，变化范围为0%~9.84%，高含量区(>1.06%)主要分布于莲阳河口、南澳岛北侧、靖海湾附近海域以及南澳岛南侧较大区域，榕江-海门湾-广澳湾等近岸海域及外海区域为中-低含量区。

长石：包括斜长石和钾长石，以前者为主。斜长石以淡黄、灰白、灰绿的颗粒状为主，表面混浊，光泽暗淡，磨蚀较重；钾长石多为红色、褐色、浅褐色颗粒状，硬度较大，风化磨蚀较重。区内钾长石平均含量为11.2%，变化范围为0%~35.1%，斜长石平均含量为9.46%，变化范围为0%~30.9%。斜长石高含量区(>5.07%)主要分布于榕江牛田洋、外砂河口、达濠岛东侧及研究区东南侧较大面积区域，呈近岸低外海高的趋势；钾长石高含量区(>7.28%)主要分布于南澳岛周边海域、榕江出海口附近及南澳岛南侧-榕江口区域，另有少量高含量区分布于榕江内泥湾及研究区东南角海域，外海30 m水深以上区域均为低含量区。

石英：为海砂的主要成分，主要来自于变质岩、火山岩、岩浆岩。形态以粒状、次棱角、次圆状为主，有磨蚀。区内石英平均含量为58.7%，变化范围为39.7%~92.42%，高含量区(>52.37%)主要分布于南澳岛东侧、南澳岛后江水道附近区域及海门湾-广澳湾两个湾内大部分区域，与砂粒级含量分布区域相同，这说明该地区砂含量中石英含量较高。

伊利石：黏土矿物主要成分，对称性好，强度较大，表明结晶程度好。电镜下晶体主要为小薄片状，轮廓清晰，厚度均匀，在研究区普遍分布。其含量分布比较均匀，含量变化为0%~25.7%，低含量区(<0.58%)主要分布于南澳岛南侧、海门湾-广澳湾-达濠

岛一带，高含量区(>6.06%)主要分布于榕江妈屿岛-鹿岛附近区域、东海岸-莲阳河口一带近岸海域及南澳岛东南侧，中含量区集中分布于研究区东南角一带。

绿泥石：在电镜下为接近于等厚的片状颗粒，颗粒边缘似有稍微卷曲的现象，轮廓清楚。研究区内绿泥石含量变化较小，平均含量为 3.99%，变化范围为 0%~14.65%，高含量区(>1.83%)主要分布于莲阳河、外砂河、新津河、榕江、濠江等河流河口段及河流出海口处，另有一高含量区分布于海门湾岬角及研究区东南角部分外海区域。

高岭石：其在黏土矿物中含量最低，在电镜下有两种形态，一种是结晶良好的高岭石，以规则的六边形晶体存在；另一种是结晶状况不良或经搬运磨损的高岭石，六边形鳞片状轮廓清晰，鳞片边缘残缺或不规则，平均含量为 2.92%，变化范围为 0%~13.6%，高含量区(>0.68%)主要分布于莲阳河口、榕江口、南澳岛东南侧及靖海湾等区域，中含量区分布于南澳岛北侧、榕江出海口东侧 10~20 m 等深线部分区域内。

4.2.2　元素地球化学

4.2.2.1　稀土元素的分布特征

稀土元素在地壳岩石中分布广泛，在表生环境中具有相似及相对稳定的地球化学性质，其分布模式在一般的沉积、变质作用等过程中保持不变，可以利用其组成特征来示踪沉积物的物源区性质和气候环境变化。海底沉积物的丰度、配分模式及一些重要参数对于探讨沉积物的形成条件、物源区性质和气候环境变化等具有重要意义(周国华 等，2012；张从伟 等，2021；远继东 等，2022)。研究区表层沉积物 16 种稀土元素的分布特征如下。

La、Ce、Pr、Nd、Sm、Gd、Tb、Dy、Ho、Er、Tm、Yb、Lu 的含量在空间分布上高度相似，高值区主要位于海门湾以及广澳湾近岸海域、外砂河口至莲阳河口近岸海域一带，低值区则主要分布于外砂河口至南澳岛中部后江水道以及研究区东南边缘区域。La 的含量为 10.40~101.00 μg/g，平均含量为 51.69 μg/g，高值区含量均在82.55 μg/g以上，低值区含量则多在 55.40 μg/g 以下。Ce 的含量为 17.70~228.00 μg/g，平均含量为 106.17 μg/g，高值区含量均在 164.50 μg/g 以上，低值区含量多在 122.73 μg/g 以下。Pr 的含量为 2.27~22.30 μg/g，平均含量为 11.29 μg/g，高值区含量均在16.25 μg/g以上，低值区含量多在 12.26 μg/g 以下。Nd 的含量为 8.09~81.50 μg/g，平均含量为 42.26 μg/g，高值区含量均在 59.31 μg/g 以上，低值区含量多在 44.71 μg/g 以下。Sm 的含量为 1.41~15.00 μg/g，平均含量为 7.92 μg/g，高值区含量均在 10.77 μg/g 以上，低值区含量则多在 7.99 μg/g 以下。Gd 的含量为 1.53~11.50 μg/g，平均含量为 6.42 μg/g，高值区含量均在 7.50 μg/g 以上，低值区含量多在 5.51 μg/g 以下。Tb 的含量为 0.24~1.80 μg/g，平均含量为0.96 μg/g，高值区含量均在 1.33 μg/g 以上，低值区含量多在 1.02 μg/g 以下。Dy 的含量为 1.67~8.98 μg/g，平均含量为 5.42 μg/g，高值区含量均在 6.79 μg/g 以上，低值区含量多在 4.60 μg/g 以下。Ho 的含量为 0.31~1.71 μg/g，平均含量为 1.03 μg/g，高值区含量均在 1.14 μg/g 以上，低值区含量多在 0.86 μg/g 以下。Er 的含量为 1.02~5.54 μg/g，平均含量为 2.94 μg/g，高值区含量均在 4.17 μg/g 以上，低值区含量多在 3.27 μg/g 以下。Tm 的含量为 0.16~0.78 μg/g，平均含量为0.45 μg/g，高值区含量均在

0.59 μg/g 以上，低值区含量多在 0.41 μg/g 以下。Yb 的含量为 1.00~5.40 μg/g，平均含量为 2.99 μg/g，高值区含量均在 4.08 μg/g 以上，低值区含量多在 2.76 μg/g 以下。Lu 的含量为 0.15~0.93 μg/g，平均含量为 0.47 μg/g，高值区含量均在 0.70 μg/g 以上，低值区含量多在 0.54 μg/g 以下。

Eu 的含量为 0.26~2.00 μg/g，平均含量为 1.23 μg/g。高值区主要位于濠江-榕江-义丰溪河近岸海域一带，含量均在 1.10 μg/g 以上，另外南澳岛北侧近岸海域含量也较高，外砂河口至南澳岛中部后江水道以及研究区东南边缘区域含量较低，含量多在 0.87 μg/g 以下。

Sc 的含量为 0.53~28.50 μg/g，平均含量为 10.98 μg/g。区域以高值为主，高值区涵盖了研究区的大部分区域，含量均在 8.08 μg/g 以上，低值区少有分布，主要在外砂河口至南澳岛中部后江水道以及研究区东南边缘区域，含量多在 5.07 μg/g 以下。

Y 的含量为 9.91~45.50 μg/g，平均含量为 27.39 μg/g。高值区主要位于濠江-榕江-义丰溪河近岸海域一带，含量均在 34.82 μg/g 以上，另外南澳岛北侧近岸海域、榕江口中部、濠江以及练江口含量也较高，外砂河口至南澳岛中部后江水道以及研究区东南边缘区域含量较低，含量多在 24.17 μg/g 以下。

4.2.2.2 主量元素的分布特征

主量元素的化学性质较为稳定，在风化剥蚀、搬运、沉积过程中不发生明显的化学分异，在物源区和沉积物之间的组成特征具有可比性，故而可作为良好的物源指示元素(Singh，2009)。此外，沉积物元素地球化学组成还是源区岩石的风化作用特征(如风化作用类型、化学风化程度等)的反映，是区域与风化作用有关的气候变化和构造演化的重要依据。另外，沉积物形成过程中的水动力搬运，引起矿物的分选，也是控制沉积物元素地球化学组成的重要因素(陈丹婷 等，2021)。因此，对海洋沉积物进行主量元素地球化学分析，这对于判别沉积物的物质来源、源区岩石的风化特征以及沉积物形成的水动力条件等具有重要的理论意义和实际应用价值。研究区表层沉积物中 10 种主量元素质量分数分布如下。

SiO_2的质量分数为 46.00%~79.20%，平均值为 58.81%，高值区主要分布于海门湾及广澳湾近岸海域、外砂河口至南澳岛中部后江水道以及榕江口外至研究区边缘的中部区域，这些区域质量分数均高于 62.59%。低值区则主要分布于莲阳河至外砂河入海口近岸海域一带以及南澳岛北侧近岸海域，质量分数大部分低于 59.27%。

Al_2O_3的质量分数为 4.20%~24.50%，平均值为 15.41%，高值区主要分布于区内主要的入海河流河口、榕江至义丰溪入海口近岸海域一带以及南澳岛西北侧近岸海域，这些区域质量分数均高于 16.37%。低值区则主要分布于外砂河口至南澳岛中部后江水道以及研究区东南边缘区域，质量分数多在 10.30% 以下。

Fe_2O_3的质量分数为 1.21%~6.88%，平均值为 4.85%，其空间分布特征与 Al_2O_3 相似，高值区主要分布于区内主要的入海河流河口、榕江至义丰溪入海口近岸海域一带以及南澳岛西北侧近岸海域，这些区域质量分数均高于 4.61%。低值区则主要分布于外砂河口至南澳岛中部后江水道以及研究区东南边缘区域，质量分数多在 2.92% 以下。

CaO 的质量分数为 0.65%~14.00%，平均值为 2.44%，其空间分布以低值为主，研究区绝大多数区域质量分数在7.29%以下，高值区主要分布于外砂河口至南澳岛中部后江水道以及研究区东南边缘区域，这些区域质量分数均高于11.27%。

MgO的质量分数为0.20%~2.42%，平均值为1.59%，其空间分布以高值为主，研究区绝大多数区域质量分数在1.09%以上。低值区主要分布于外砂河口至南澳岛中部后江水道一带以及海门湾近岸海域，这些区域质量分数均不高于0.87%。

K_2O的质量分数为1.28%~3.07%，平均值为2.51%，其高值区主要分布于区内主要的入海河流河口、榕江口外至研究区边缘的中部区域以及南澳岛东南侧近岸海域，这些区域质量分数均高于2.00%。低值区则主要分布于外砂河口至南澳岛中部后江水道内，质量分数多在1.64%以下。

Na_2O的质量分数为0.82%~3.55%，平均值为1.68%，其高值区主要分布于南澳岛南北两侧近岸海域以及研究区东南边缘海域，这些区域质量分数均高于2.71%。区内主要的入海河流河口、榕江口外至研究区边缘的中部区域以及广澳湾和海门湾近岸海域为低值区，质量分数多在2.17%以下。

MnO的质量分数为0.007%~0.24%，平均值为0.079%，其高值区主要分布于区内主要的入海河流河口、榕江至义丰溪入海口近岸海域一带，这些区域质量分数均高于0.168%，另外南澳岛西南侧近岸海域以及榕江口外海区域也较高。低值区则主要分布于南澳岛南北两侧以及濠江口至惠来一带近岸海域，质量分数多在0.12%以下。

TiO_2的质量分数为0.10%~2.73%，平均值为0.77%，区内以高值分布为主，绝大部分区域质量分数在1.91%以上。低值区的分布范围较小，主要分布于外砂河口至南澳岛中部后江水道以及研究区东南边缘海域，质量分数多在0.90%以下。

P_2O_5的质量分数为0.03%~0.21%，平均值为0.12%，区内以高值分布为主，绝大部分区域质量分数在0.12%以上，最高值区域在榕江口。低值区主要分布于外砂河口至南澳岛中部后江水道、海门湾近岸海域以及研究区东南边缘海域，质量分数多在0.10%以下。

4.2.2.3　微量元素的统计特征

研究区表层沉积物中Zn、Cr和Pb含量相对较高，平均值分别为94.96 μg/g、64.24 μg/g和44.45 μg/g；Hg、Cd和硒(Se)的含量相对较低，均值都在1.00 μg/g以下，其中Hg最低，均值仅为0.045 μg/g；其他元素含量为1.05~21.71 μg/g。Hg、Cd和Se的波动程度最大，其变异系数均大于0.5，体现出高度变异性，其他元素波动程度较小，变易系数在0.26~0.47(表4-5)。

表4-5　表层沉积物中微量元素含量的统计特征

统计项目	Cu	Zn	Cd	Cr	Pb	Hg	As	Co	Be	Mo	Se
统计数/个	153	153	153	147	153	150	153	153	153	153	153
最小值/(μg/g)	3.17	10.90	0.06	11.10	13.20	0.003	1.99	1.97	0.37	0.15	0.05
最大值/(μg/g)	54.70	191.00	0.68	116.00	112.65	0.176	21.60	14.90	4.27	2.25	0.88
平均值/(μg/g)	21.71	94.96	0.14	64.24	44.45	0.045	10.03	10.40	2.63	1.05	0.26

续表

统计项目	Cu	Zn	Cd	Cr	Pb	Hg	As	Co	Be	Mo	Se
中位数	20. 40	91. 10	0. 12	64. 30	42. 05	0. 043	9. 93	10. 90	2. 68	1. 01	0. 23
标准差	10. 20	41. 10	0. 08	23. 85	14. 69	0. 029	3. 77	2. 66	0. 74	0. 43	0. 13
变异系数	0. 47	0. 43	0. 58	0. 37	0. 33	0. 63	0. 38	0. 26	0. 28	0. 41	0. 51

4. 2. 2. 4 微量元素的分布特征

研究区表层沉积物中 11 种微量元素含量分布如下。

Cu 的含量为 3. 17~54. 70 μg/g，平均含量为 21. 71 μg/g。高值区主要位于练江、濠江口以及榕江入海口至义丰溪入海口近岸海域一带，其中最高值区位于榕江口中部。其余大部分区域含量均低于 40 μg/g。

Zn 的含量为 10. 90~191. 00 μg/g，平均含量为 94. 96 μg/g。空间分布上表现为由岸至海含量逐渐降低，由南至北，含量逐渐升高的特征，高值区主要位于区内主要几条河流入海河口以及其近岸海域一带，另外，南澳岛南北两侧近岸海域含量也较高，其他区域含量均在 100. 00 μg/g 以下。

Cd 含量为 0. 06~0. 68 μg/g，平均含量为 0. 14 μg/g。高值区主要位于练江、濠江、榕江以及莲阳河口处，南澳岛西北侧近岸海域以及研究区东南侧边缘区域，含量也在 0. 50 μg/g，其他区域含量则普遍在 0. 40 μg/g 以下。

Cr 的含量为 11. 10~116. 00 μg/g，平均含量为 64. 24 μg/g。域内 Cr 含量普遍较高，大部分区域含量均在 70. 00 μg/g 以上，最高值在榕江口中部区域，低值区零散分布濠江、练江口以及研究区的东南边缘处。

Pb 的含量为 13. 20~112. 65 μg/g，平均含量为 44. 45 μg/g。其含量分布特征与 Cu 相似，高值区主要位于练江、濠江口以及榕江入海口至义丰溪入海口近岸海域一带，含量在 80 μg/g 以上。其余大部分区域含量在 60 μg/g 以下。

Hg 的含量为 0. 003~0. 176 μg/g，平均含量为 0. 045 μg/g。高值区主要分布于外砂河口至义丰溪河口近岸海域一带，榕江以及海门湾、广澳湾湾外含量也在0. 120 μg/g以上，外砂河口至南澳岛中部后江水道以及研究区东南边缘区域含量较低，大部分在 0. 090 μg/g 以下。

As 的含量为 1. 99~21. 60 μg/g，平均含量为 10. 03 μg/g。高值区主要分布于榕江口中部以及榕江入海口至南澳岛西北一侧近岸海域，另外海门湾、广澳湾湾外的含量也较高。

钴(Co)的含量为 1. 97~14. 90 μg/g，平均含量为 10. 40 μg/g。高值区主要分布于南澳岛东、南、北一侧近岸海域以及濠江入海口至义丰溪入海口近岸海域一带，另外，海门湾、广澳湾湾外含量也较高，低值区主要位于南澳岛西南狭长的后江水道、海门湾近岸海域以及研究区东南边缘海域，含量均在 5. 87 μg/g 以下。

铍(Be)的含量为 0. 37~4. 27 μg/g，平均含量为 2. 63 μg/g。其含量分布与 Co 相似，高值区主要分布于南澳岛东、南、北一侧近岸海域以及濠江入海口至义丰溪入海口近岸海域一带，另外，海门湾、广澳湾湾外含量也较高，低值区主要位于南澳岛西南狭长的后江水道、海门湾近岸海域以及研究区东南边缘海域，含量均在1.93 μg/g以下。

钼(Mo)的含量为0.15~2.25 μg/g，平均含量为1.05 μg/g。高值区主要分布在外砂河入海口至义丰溪入海口近岸海域一带，另外，南澳岛西北侧近岸海域、榕江口、濠江口、练江口以及广澳湾内也有零星分布，低值区主要位于南澳岛西南狭长的后江水道、海门湾近岸海域以及研究区东南边缘海域，含量均在0.56 μg/g以下。

Se的含量为0.05~0.88 μg/g，平均含量为0.26 μg/g。高值区主要分布于南澳岛北侧近岸海域，另外，榕江口的中部、练江以及濠江口的含量也较高，其他区域含量普遍较低，均为0.05~0.55 μg/g。

4.2.2.5 生源要素的分布特征

研究区表层沉积物有机碳、总氮和总磷3种生源要素的质量分数分布特征如下。

有机碳的质量分数为0.05%~1.36%，平均值为0.54%，高值区主要分布于南澳岛南北两侧近岸海域，且南侧近岸海域要略低于北侧近岸海域，另外，榕江口中部以及莲阳河、外砂河、濠江口的质量分数也较高。低值区则主要位于海门湾、广澳湾近岸海域以及湾外区域。

总氮的质量分数为0.015%~0.172%，平均值为0.062%，高值区主要分布于义丰溪河口近岸海域、南澳岛东南侧近岸海域、榕江口中部以及海门湾湾外至外砂河口远岸海域一带，质量分数均在0.124%以上。低值区则主要位于新津河口至莲阳河口近岸海域一带，另外，海门湾近岸海域的质量分数也较低。

总磷的质量分数为0.006%~0.206%，平均值为0.066%，高值区主要分布于榕江入海口至义丰溪入海口近岸海域一带、南澳岛北侧近岸海域以及研究区主要的入海河流河口。低值区则主要位于海门湾、广澳湾湾外海域，另外，南澳岛西南侧的后江水道质量分数也较低。

4.2.2.6 表层沉积物质量现状评价

海底表层沉积物中的重金属元素主要来源于自然过程和人类排放，具有易累积、高毒性、不易降解以及可以随食物链转移富集等特性，过量的重金属元素使生态环境受到影响，给生物和人类健康带来不利影响(刘丽华，2022)。碳、氮、磷是重要的生源要素，沉积物中过量的碳、氮、磷可以影响海洋的富营养化状态。依据《海洋沉积物质量》(GB 18668—2002)和《第二次全国海洋污染基线调查技术规程》，对站位海底表层沉积物中Cu、Zn、Cd、Cr、Pb、Hg、As、总磷、总氮以及有机碳共10项进行质量评价，采用的是第一类海洋沉积物质量标准。

Cu的超标率为9.65%，超标站位主要分布在韩江的义丰溪河口、莲阳河口、榕江、濠江以及练江口。

Zn的超标率达82.46%，污染较严重的站位主要分布于韩江的义丰溪、莲阳河、榕江、濠江、练江口口门近岸海域以及南澳岛南侧的前江湾和云澳湾近岸海域，只有分布在南澳岛-澄海之间的后江水道和少部分离岸较远区域的站位没有超标。

Cd的超标率为2.63%，超标的站位主要集中在榕江和濠江入海口口门近岸海域以及海门湾近岸区域。

Cr 的超标率为 7.89%，超标站位主要集中在义丰溪河口、外砂河口、榕江内海湾以及海门湾等区域。

Pb 的超标率为 16.67%，超标站位主要分布于义丰溪、外砂河、莲阳河入海口口门近岸海域以及榕江口处。

Hg 所有站位均未超过一类海洋沉积物质量标准，高值区主要位于义丰溪、外砂河、榕江、濠江以及练江入海口口门处。

As 所有站位均未超过一类海洋沉积物质量标准，高值区主要位于榕江入海口口门处至南澳岛南侧近岸海域一带。

总磷的超标率为 47.37%，超标站位主要分布于榕江入海口口门处至南澳岛南侧近岸海域一带以及义丰溪、莲阳河、外砂河、榕江、濠江、练江入海口近岸海域。

总氮的超标率为 49.12%，超标站位主要分布于广澳湾和海门湾湾外海域，南澳岛的前江湾、云澳湾以及青澳湾海域，榕江和外砂河口以及义丰溪入海口近岸海域。

有机碳所有站位均未超过一类海洋沉积物质量标准，高值区主要分布于义丰溪、外砂河、榕江、濠江入海口口门处以及南澳岛南侧近岸海域、青澳湾海域。

4.3 沉积环境演变

4.3.1 晚更新世以来古环境变化的沉积记录

4.3.1.1 沉积单元

本次调查在研究区共施工了 9 个钻孔，其中韩江入海口 3 个钻孔(ZK01~ZK03)，广澳湾和海门湾 6 个钻孔(HK01~HK06)。从沉积构造、粒度分布、沉积厚度等方面分析了韩江三角洲前缘以 ZK01 钻孔、ZK03 钻孔和 HK01 钻孔为代表的主要沉积单元和沉积相。经过对 3 个钻孔的仔细观察和评价，将 ZK01 钻孔大体分为 11 个主要岩性单元，ZK03 钻孔分为 15 个主要岩性单元，HK01 钻孔划分为 10 个主要岩性单元。

ZK01 钻孔自下而上的岩性单元如下。

50.8~52.4 m：粉砂和砂质粉砂互层，深灰色-灰褐色，硬塑，土质均匀，干强度低。

46.6~50.8 m：砾质砂，灰黄色-黄褐色，密实，饱和，分选性差，砾石含量为 5.3%~9.4%，大小为 2~6 mm，呈次圆状-次棱角状，分选差。

37~46.6 m：以砂质粉砂为主，夹少量粉砂和粉砂质砂，整体呈青灰色，硬塑，饱和，稍有光泽，干强度低，砂质不纯净。

34.7~37 m：下部为含砾砂，其上为粉砂和粉砂质砂，含砾砂呈黄褐色，砂质分选性一般，磨圆较好，砾石含量为 1.5%，大小为 2~6 mm，呈次棱角状-次圆状，粉砂呈灰褐色，密实，饱和，由下至上，粒度逐渐变细。

24.4~34.7 m：粉砂、砂质粉砂与泥互层，灰绿色，硬塑，土质较均匀，切面光滑，干强度中等，韧性中等，由下至上颜色逐渐变浅。

21.8~24.4 m：砾质砂，青灰色，饱和，砂质不纯净，分选性差，磨圆较好，呈次圆状-圆状，砾石含量为 5.6%~7.2%，次圆状-次棱角状，大小为 2~5 mm。

14. 5~21. 8 m：砂质粉砂与粉砂互层，青灰色，软塑，部分含有机质，略有腥臭味，稍有光泽，干强度低。

11. 3~14. 5 m：以粉砂质砂为主，夹砂质粉砂，浅灰绿色，硬塑，土质不均匀，与上一层在颜色方面属于突变接触。

9~11. 3 m：下部为粉砂质砂，其上可见泥，整体呈灰褐色。

2. 5~9 m：主要岩性为粉砂、砂质粉砂，呈反向粒序沉积，整体呈青灰色，流塑，泥质较均匀，手捏易变形，闻起来有臭味，约含 2% 的贝壳碎屑，在 3. 9~6. 2 m 处可见灰黑色、红褐色腐殖质。

0~2. 5 m：下部为 0. 5 m 深砾质砂层，灰褐色，稍密，饱和，含 25%~30% 的贝壳碎屑，其上为砂质粉砂和粉砂，灰褐色，流塑，约含 2% 的贝壳碎屑，有微臭味。

ZK03 钻孔自下而上的岩性单元如下。

71. 7~75. 8 m：以砂质粉砂为主，夹少量粉砂质砂和粉砂，青灰色，硬塑，土质均匀，可见平行层理，偶夹贝壳，含量为 1%~4%。

67. 3~71. 7 m：砾质砂，灰黄色，密实，饱和，其主要成分为石英、长石，其中砾石含量为 6%~21%，大小为 2~40 mm，分选差，磨圆较好，主要成分为石英、硅质岩，在 69 m 处夹少量浅灰色砂质粉砂。

61. 7~67. 3 m：以砂质粉砂为主，夹少量粉砂质砂和粉砂，灰色，硬塑，土质不均匀。

54. 2~61. 7 m：以砾质砂、含砾砂为主，黄褐色，密实，饱和，其主要成分为石英、长石，砂质纯净，级配差，其中砾石含量为 3%~14%，大小为 2~6 mm，分选差，磨圆差，其中 59 m 处夹少量砂质粉砂。

46. 3~54. 2 m：粉砂质砂，黄褐色，密实，饱和，主要成分为石英、长石，砂质纯净，级配好，50 m 处夹粉砂。

43. 4~46. 3 m：砾质砂，灰褐色-黄褐色，砾石含量约 13%，大小为 2~5 mm，主要成分为石英、长石，由下至上粒度逐渐变细。

39. 8~43. 4 m：以粉砂质砂为主，夹少量砂质粉砂，深灰色，硬塑，黏性一般，含有机质，土质均匀。

32. 4~39. 8 m：以砂质粉砂、粉砂为主，深灰色，硬塑，土质较均匀，切面稍光滑，黏性强，手搓可成条，局部见腐殖质，在 35. 7 m 处可见贝壳碎片，含量为 5%~10%，37. 3~37. 5 m 处可见贝壳层，牡蛎壳。

32~32. 4 m：黄褐色含砾砂，砾石含量为 1%~4%，大小为 2~5 mm，呈次棱角状。

19. 5~32 m：粉砂与泥互层，中部夹少量砂质粉砂，深灰色，硬塑，稍见光泽，黏性强，手搓成条；在 24. 4~24. 8 m 处可见贝壳，含量为 10%~15%，在 23. 6~24 m 处夹有粉砂质砂。

14. 8~19. 5 m：以砂质粉砂为主，夹少量粉砂和泥，深灰色，硬塑，手搓成条，在 15. 8~16. 5 m 处可见贝壳碎片，含量为 10%~15%。

7~14. 8 m：以粉砂质砂为主，夹少量砂质粉砂，深灰色，中等密度，饱和，其主要成分为石英、长石，砂质纯净，约含 5% 的黏性土。

5.3~7 m：以粉砂为主，夹少量泥和粉砂质砂，青灰色-灰褐色，硬塑土质不均匀。

2.9~5.3 m：下部为砾质砂，中上部岩性较为复杂，以粉砂、砂为主，颜色整体呈黄褐色，夹灰色，砾石含量为5%~7%，大小为2~5 mm。

0~2.9 m：以砂质粉砂为主，夹粉砂，下部灰黄色，中上部深灰色，闻起来有臭味，流塑，手捏易变形。

HK01 钻孔自下而上的岩性单元如下。

36.4~38.8 m：灰黄色粗砂，其主要成分为石英长石，砂质不纯净，局部夹有少量粉砂质砂和含砾砂，与下伏层位呈冲刷接触关系。

30.7~36.4 m：粉砂质砂，深灰色，硬塑，土质不均匀，磨圆较好，分选较好。

28.8~30.7 m：粗砂，灰黄色，密实，饱和，级配差，分选差，其主要成分为石英长石，砂质不纯净，局部含有砾砂。

26.4~28.8 m：黏土质粉砂，黄褐色，硬塑，切面光滑，见灰色条纹和黑色斑点，干强度中等，韧性中等。

25.1~26.4 m：中砂，浅灰色，密实，饱和，主要成分为石英、长石，砂质纯净，级配好。

21.8~25.1 m：黏土质粉砂，黄褐色，硬塑，土质均匀，切面光滑见黑色斑点，干强度中等，韧性中等。

19.2~21.8 m：中砂，灰褐色，硬塑，土质不均匀，约含 20% 的粗砂。

14.2~19.2 m：粉砂质砂，浅灰色-灰黄色，中密，饱和，其主要成分为石英长石，砂质较纯净，级配好，磨圆一般，约含 5% 的细砂，中间夹有少量黏土质砂。

8.7~14.2 m：粉砂，青灰色，中密，饱和，其主要成分为石英长石，砂质较纯净，级配好。

0~8.7 m：黏土质粉砂夹砂质粉砂，青灰色，软塑，强黏性，手捏易变形，闻起来有臭味，局部含有贝壳碎屑，其中局部夹有少量的粉砂。

4.3.1.2 地层年代

^{14}C 和光释光(OSL)的测年结果大体都显示了地层年代随地层埋深的增大而逐渐变老的趋势(表 4-6、表 4-7)。ZK03 钻孔底部两处沉积物的光释光测年数据出现了倒转现象，推测可能是取样过程中样品受到了污染所致。钻孔上部全新世沉积物年代基本限定在约 10 ka BP 之内，其下部末次冰期河流环境或暴露风化沉积物年代大致为 17~30 ka BP，研究区第四纪沉积底部最老地层年代被光释光测年手段大致约束在了 90 ka BP。

表 4-6　^{14}C 测年结果

钻孔编号	深度/m	测年材料	平均日历年龄/(ka BP)	误差/ka
ZK03	34.5	淤泥	24.1	±0.18
ZK03	37.5	淤泥	27.9	±0.26
ZK03	39.7	淤泥	37.4	±0.70
HK01	2	有孔虫	2.4	±0.03

续表

钻孔编号	深度/m	测年材料	平均日历年龄/(ka BP)	误差/ka
HK01	8.5	淤泥	8.1	±0.05
HK01	24.3	淤泥	30.2	±0.31
HK03	3	有孔虫	3.2	±0.04
HK03	5.2	有孔虫	5.0	±0.04

表 4-7　光释光测年结果

钻孔编号	深度/m	测年材料	年龄/(ka BP)	误差/ka
ZK03	40.9	青灰色中细砂	55.8	±5.8
ZK03	64.7	深灰色泥质细砂	96.7	±13
ZK03	74.1	青灰色泥质粉砂	74.2	±8.2
ZK01	38.0	灰黄色中砂	52.6	±7.5
HK01	26.1	深灰色中砂	17.3	±2.3
HK01	33.1	深灰色砂质黏土	55.9	±6.1
ZK02	21.8	深灰色中细砂	67.2	±5.3
HK05	13.5	灰黄色砂质黏土	16.2	±1.9

4.3.1.3　有孔虫和介形虫丰度

底栖有孔虫和介形虫亚纲生物主要分为近岸性的物种(生活在河口和附近的潮滩环境中，盐度为 1~31)、内陆架性的物种(生活在 50 m 水深以下的大陆架水域，盐度为 20~31)和广盐性的物种(生活在 50 m 水深以上的开阔水域，盐度 >31)。经镜下挑样，各钻孔中均有少量层位含有数量不等的有孔虫化石；介形虫丰度较低，总体上保存程度为一般至良好。

1)有孔虫

ZK03 钻孔送测样品 22 件，有孔虫主要出现于中段层位(17 m、25~29 m、34.5 m)，均为底栖类型，共发现 18 种，以钙质透明壳类型为主，见有 13 种；其次为瓷质壳，见有 5 种；未见胶结壳类型。本钻孔所见有孔虫动物群优势属种为 *Asterorotalia substrispinosa*、*Ammonia* spp.，其中以 25~27 m 的层位中丰度最高，平均可达 100 枚/(50 克干样)。该动物群属种组成为典型的近岸浅水组合，以暖水型分子为主，且含有一定比例的广盐性海陆过渡相分子。

HK03 钻孔送测样品 9 件，有孔虫仅出现于最上部层位(3 m、5.2 m)，均为底栖类型，共发现 23 种，以钙质透明壳类型为主，见有 16 种；其次为瓷质壳，见有 6 种；胶结壳仅见 1 属 2 种，总体上丰度一般，平均为 115 枚/(50 克干样)。本钻孔所见有孔虫动物群优势属种为 *Rotalidium annectens*，占全群的 40%~50%；其次为瓷质壳类型，主要以 *Quinqueloculina lamarckiana* 为代表，数量可达 10% 以上，另有较多瓷质壳壳体破碎磨损较严重，难以进一步鉴定到种一级。钙质透明壳中含量较高的还有 *Pseudorotalia schroeteriana*，这是典型的大型暖水浅水类型的底栖有孔虫。该动物群属种组成为典型的近岸浅水组合，以暖水型分子为主。壳体保存程度较差，碎壳率 40% 左右。

HK01 钻孔送测样品 17 件，有孔虫仅出现于最上部层位(2 m、4 m)，均为底栖类型，共发现 22 种，以钙质透明壳类型为主，见有 14 种；其次为瓷质壳，见有 8 种；总体上丰度中等，平均为 456 枚/(50 克干样)，壳体保存中等至良好。本钻孔所见有孔虫动物群优势属种为 *Rotalidium annectens*，占全群的 50%~60%；其次为 *Nonion commune*，含量为 12% 左右；其他含量较高的瓷质壳类型主要以 *Quinqueloculina lamarckiana* 为代表，数量可达 8% 左右。该动物群属种组成以典型的暖水型近岸浅水组合分子为主，即 *Rotalidium annectens-Nonion commune*。

HK06 钻孔送测样品 2 件，有孔虫仅出现于最下部层位(10.6 m)，仅发现底栖类型的钙质透明壳 3 属 6 种，共计 9 枚壳体，分别是 *Rotalinoides compressiusculus*、*Ammonia beccarii* var.、*Ammnoia* spp.、*Asterorotalia substrispinosa*、*Elphidium advenum*、*Elphidium* sp.。该层位所见有孔虫属种较单调，个体细小，多为以近岸过渡相组合常见分子。

2)介形虫

送测样品中仅在 10 个层位中发现介形虫化石，分异度较低，挑选出的介形虫大部分壳体表面纹饰较为清楚，介形虫个体的分布集中出现的钻孔及层位为 ZK03-17 m、ZK03-25 m、ZK03-27 m、ZK03-29 m、ZK03-34.5 m，共 94 枚；HK03-3 m、HK03-5.2 m，共 100 枚；HK01-2 m、HK01-4 m，共 280 枚；HK06-10.3 m，共 7 枚。通过体视镜下观察、照相，共鉴定介形虫 9 属 21 种。在整个采样钻孔中分布数量最多的属种包括 *Sinocytheridea longa*、*Albileberis sinensis*、*Albileberis* sp.、*Sinocytheridea* sp.、*Bicornucythere bisanensis*、*Neomonoceratina chenae*、*Keijella kloempritensis*、*Keijella bisanensi*，该动物群属种绝大多数为我国沿海地区常见属种，有一些属种，如 *Stigmatocythere roesmanisis*，不仅在我国现代滨海区及第四系中可见，还见于印度尼西亚上新统-现代沉积中。还有 *Bicorn ucythere bisanensis* 不仅是西太平洋边缘海区最常见的广温种，在日本、印度尼西亚、马来西亚等地均有报道(曹奇原，2002)。

4.3.1.4 粒度分析

陆源碎屑物通过不同的途径最终汇入海洋，在海洋作用(波浪、洋流、潮汐等)以及其他一系列物理、化学、生物作用下不断扩散，并在一定的环境条件下堆积下来，构成海底沉积物的重要组成部分。同时，早期的沉积物由于受到海洋动力作用进行再次的扩散沉积形成新的沉积物。因此，海底沉积物记录着地质历史时期的一系列沉积作用。沉积物粒度则是衡量沉积物沉积时搬运能力的重要指标之一，是判断沉积物形成时的沉积环境和沉积时水动力条件的有力证据。

平均粒径表示一个样品的平均粒度大小，反映介质搬运的平均动能条件。由图 4-3 可以看出，ZK03 钻孔沉积物平均粒径为 1.77~173.5 μm，粒径变化较大，说明研究区晚第四纪以来并非经历了单一稳定的沉积环境，整体表现为波动剧烈，反映水动力条件呈现震荡、交替的沉积环境。钻孔沉积物粒度整体偏粗粒，粉砂粒级以上的颗粒含量在 60% 以上，在 8 m 以上层位、18~40 m、60~70 m 的层位可见泥质含量有所增加，且均超过 20%，反映了较强的沉积水动力条件。而在 0~40 m、60 m 以下的层位，其黏土和粉砂的总含量相对较高。此外，分选系数反映沉积物颗粒分散与集中的状态，数值越小表明分选性越好。ZK03 钻孔沉积物整体分选系数为 0. 584~3. 544，说明其分选性较差或很差。在纵向上，0~20 m 的层位标准偏差为 0. 6~2. 3，分选性较差；而其余的层位标准偏差一般为 2. 0~3. 5，说明分选性很差。并且整个钻孔各层位表现出了较大的波动，反映了水动力条件不稳定状态下导致的沉积物分选性较差。偏态用来表示频率曲线的对称性，反映沉积物中粗细颗粒占有的比例。ZK03 钻孔大部分样品的偏态为正偏或近对称，且变化范围较大，0~30 m、60~66 m、70~75. 8 m 层位为正偏态，粒度分布偏向细粒组分，而只有 30~38 m、40~45 m、54~60 m、66~70 m 的部分样品稍负偏，偏向粗粒一端。峰态用来说明与正态频率曲线相比时，曲线的尖锐或钝圆程度，反映了颗粒粒径分布的集中程度，其数值越小尖锐程度越高。ZK03 钻孔的峰态大多在 0. 9 以上，近于常态或尖锐，表明后期沉积环境对沉积物的改造程度较小，代表了沉积物的原始沉积环境。

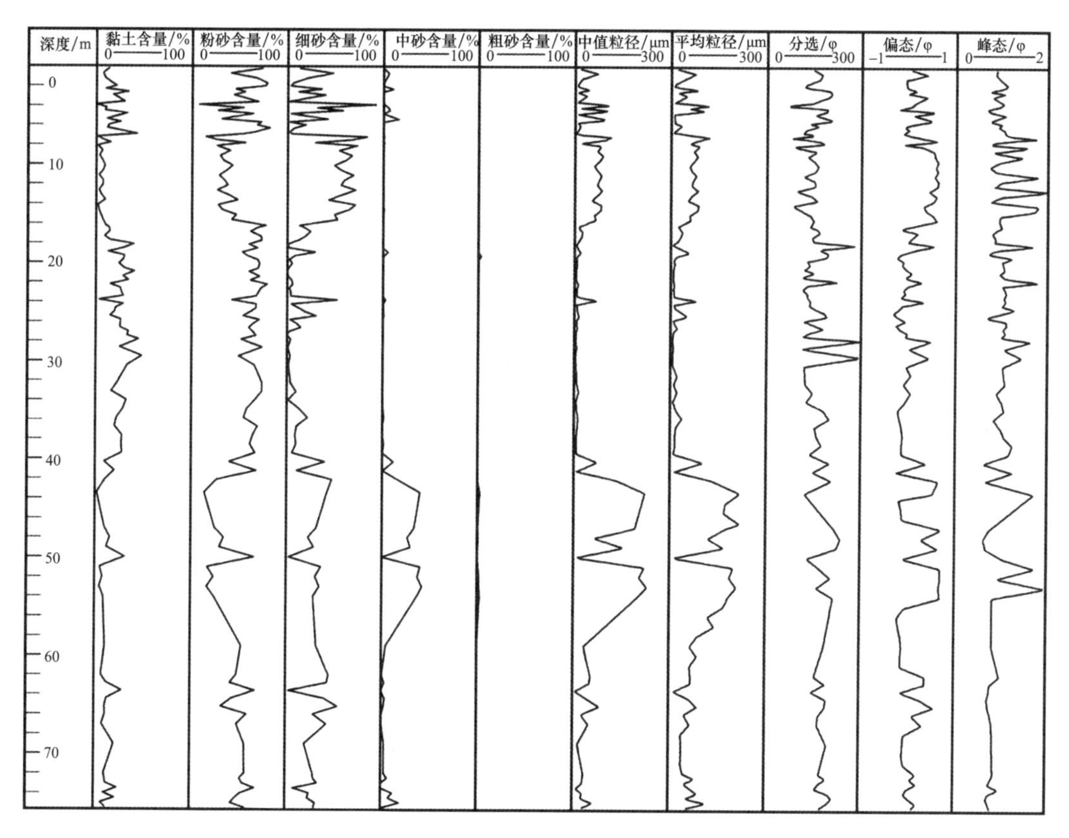

图 4-3　ZK03 钻孔沉积物粒度参数变化

同样，ZK01 钻孔 0~2 m 各组分含量变化不大，平均粒径较小，表明水动力条件较弱。在 2~4 m 上下细砂和黏土的含量变化较大，说明当时水动力经历一次大的变动，分选系数为 2. 0~3. 0，分选差。4~34 m 自下而上主要以粉砂和黏土为主，平均粒径呈现逐渐减小的趋势，最后都趋于稳定，说明水动力逐渐减弱，分选和偏态也反映出这种变化。34~38 m 中黏土含量自上而下逐渐减小，大部分低于 20%，而 35 m 以下黏土含量则小于 10%。该层中砂和细砂的含量变化都很剧烈，分选系数大多为 2~3，并且波动较大，说明该时期水动力条件较强，并且波动剧烈、不稳定。38~42 m 平均粒径较小，正偏

态，粒度分布偏向细粒组分。42~50 m 黏土平均含量小于 10%，砂平均含量大于 60%，分选系数变化较大，表明水动力波动较强，偏态负偏，偏向粗粒一端。50~52. 4 m 组分大部分由黏土和粉砂组成，砂含量逐渐减小，平均粒径降至 50 μm 以下，但分选一般，表明水动力中等(图 4-4)。

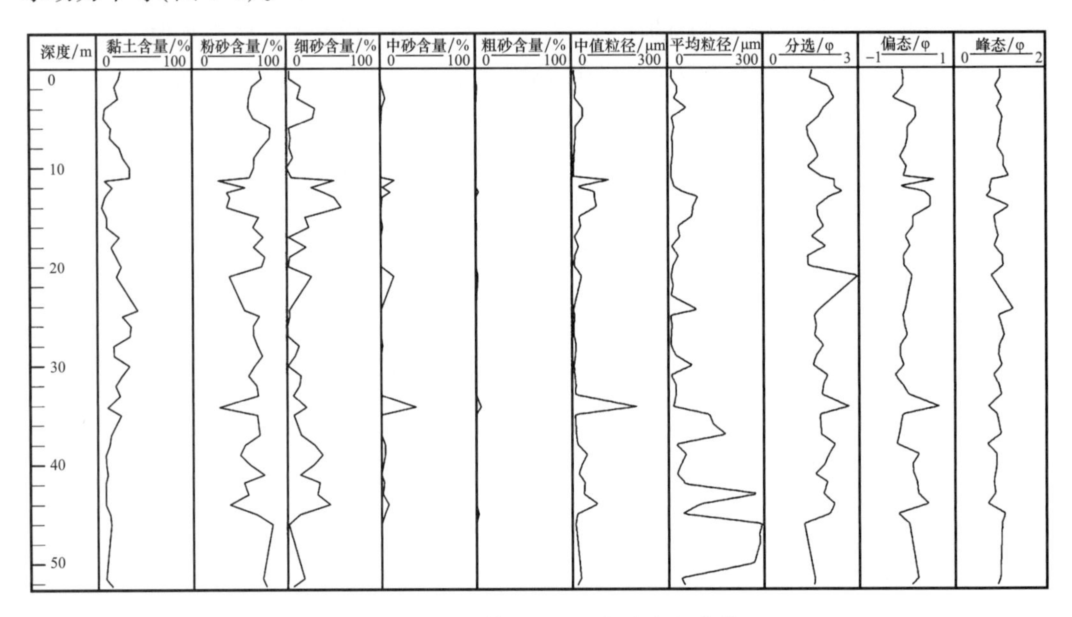

图 4-4　ZK01 钻孔沉积物粒度参数变化

4. 3. 1. 5　黏土矿物组分含量

黏土矿物是海洋沉积物中陆源碎屑最重要的颗粒成分，其矿物组合类型和含量变化常常被用来示踪海洋沉积物的物质来源和反映沉积物沉积时的沉积环境等特征，在研究第四纪沉积环境演化中被广泛运用。

在沉积地层中，黏土矿物常常以矿物组合的形式出现，单一矿物出现的概率极低，因此需要根据黏土矿物组合特征来推测古气候条件。由于本次研究区绿泥石含量较低，且变化比较稳定，对气候事件基本没有指示意义。韩江三角洲晚第四纪沉积物中主要黏土矿物组合为高岭石、伊利石、蒙脱石、绿泥石，这种矿物组合在整体上反映了韩江流域内花岗质母岩在亚热带风化区的风化状况。

ZK03 钻孔中黏土矿物各指标随深度变化曲线见图 4-5，图中可见各指标有较为明显的波动，研究区黏土矿物组合结合钻孔岩性分层情况按深度总体分为 7 段。深度75. 8~61. 7 m，高岭石含量处于较高水平，且呈增加趋势，平均 50%；伊利石含量由 23% 下降至 21%；蒙脱石和绿泥石含量均较低。深度 61. 7~37 m，高岭石含量仍最高，但呈明显下降趋势；伊利石含量由 21% 增加至 33%；蒙脱石含量呈上升趋势，由 5% 上升至 25%;绿泥石含量依然较低。深度 37~25 m，高岭石含量明显降低，从 23% 降低至 13%；伊利石含量波动比较大，由 33% 降低至 16% 后又升高至 34%；蒙脱石呈稳步上升趋势。深度 25~16. 5 m，高岭石含量趋于稳定，平均 19%；伊利石含量呈下降趋势，由 34% 降低至 18% ；蒙脱石含量增加明显，由 25% 增加至 51%，平均 33%。深度16. 5~12 m，高岭石含量继续降低，平均 12%；伊利石含量明显增加，由 18% 增加至 36%；蒙脱石含量有所降低，由 51% 下降至 37%；绿泥石稍有上升，但变化趋势不明显。深度 12~8. 1 m，高岭石含量由 10% 增加至 20%；伊利石含量由 36% 降低至 15%；蒙脱石含量由 37% 增加至 51%；绿泥石含量持续较低，且有下降趋势。深度 8. 1~0 m，高岭石含量有下降趋势，由 20% 下降至 13%；伊利石含量明显增加，由 15% 增加至 45%；蒙脱石含量急剧下降，由 51% 下降至 14%；整个钻孔绿泥石含量均较低。

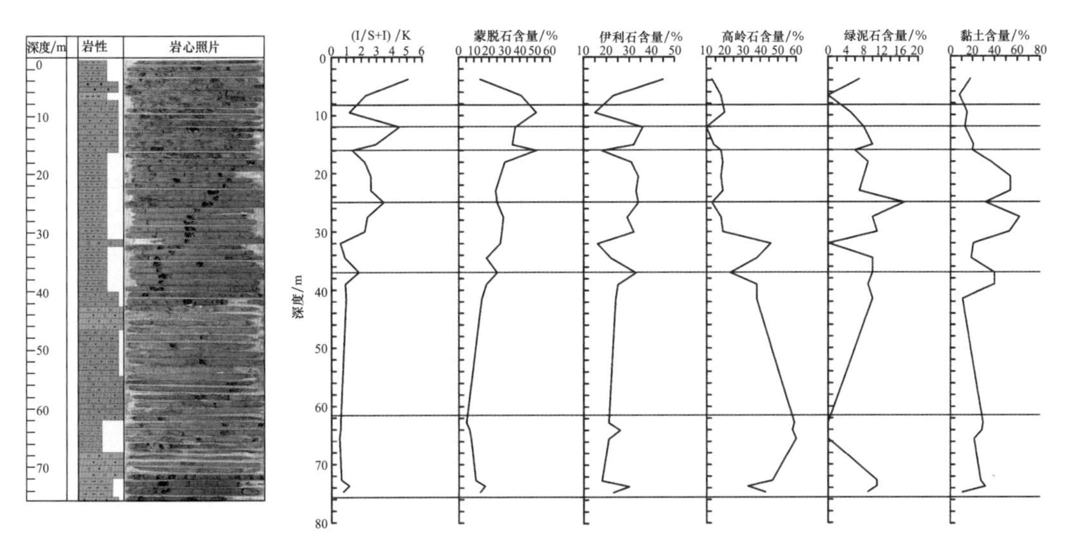

图 4-5　ZK03 钻孔黏土矿物各指标随深度变化曲线

HK01 钻孔中黏土矿物各指标随深度变化曲线见图 4-6，研究区黏土矿物组合结合钻孔岩性分层情况按深度总体分为 6 段。深度 38. 9~31. 6 m，高岭石含量处于较高水平，总体呈增加趋势；伊利石含量由 33% 下降至 20%；蒙脱石含量先增加后减少，总体呈下降趋势，平均 9%；绿泥石含量变化较明显，由 0% 增加至 13%，各矿物含量均有波动。深度 31. 6~26. 5 m，高岭石含量仍处于较高水平，并呈增加趋势，平均 52%；伊利石含量呈升高趋势，平均 31%；蒙脱石和绿泥石含量较低。深度 26. 5~15 m，高岭石含量仍处于较高水平，平均含量达 53%；伊利石含量显著下降，平均 19%；蒙脱石含量上升趋势明显，由 11% 上升至 38%。深度 15~7. 9 m，高岭石含量显著下降，由 43% 下降至 15%；伊利石含量明显增加，由 0% 增加至 34%，平均 29%；蒙脱石含量增加，平均 15%。深度 7. 9~5 m，高岭石含量由 15% 上升至 38%；伊利石含量由 34% 下降至 12%；蒙脱石含量由 17% 上升至 27%；绿泥石持续较低。深度 5~0 m，高岭石含量由 38% 下降至 13%；伊利石含量由 12% 上升至 32%；蒙脱石含量由 27% 下降至 24%；绿泥石含量稍有升高，但总体呈较低水平。

黏土矿物的分布和演化特征中隐藏着丰富的气候变化信息。通常认为高岭石是在温暖潮湿气候酸性介质中被强烈淋滤的条件下形成的，伊利石常形成于气温较低的环境中，气候干冷，淋滤作用弱，有利于伊利石的保存，蒙脱石的存在常常反映寒冷的气候特征，绿泥石常在冰川或干旱的地表容易保存下来（蓝先洪，1990）。海洋沉积物的黏土矿物中高岭石由于常和蒙脱石一起产出，主要分布在赤道湿热地区，伊利石与绿泥石一起产出常反映高纬度的寒冷气候(Rateev et al. , 2010)。气候干燥且淋滤作用弱的时候有利用形成和保存伊利石，而干湿交替的气候环境易于形成蒙脱石，它的存在是寒冷气候特征的反映(Keller, 1970)。绿泥石和伊利石含量增加一般代表逐渐变为干旱的气候条件(Gingele et al. , 2001)。

本次研究基于黏土矿物组合及(I/S+I)/K含量比值(本次研究用N来表示)来反映韩江三角洲海区晚更新世以来的古气候变化(图4-5、图4-6)，N高值反映了降温或潮湿的气候事件，低值反应升温或干燥的气候事件(吴敏 等，2011)。

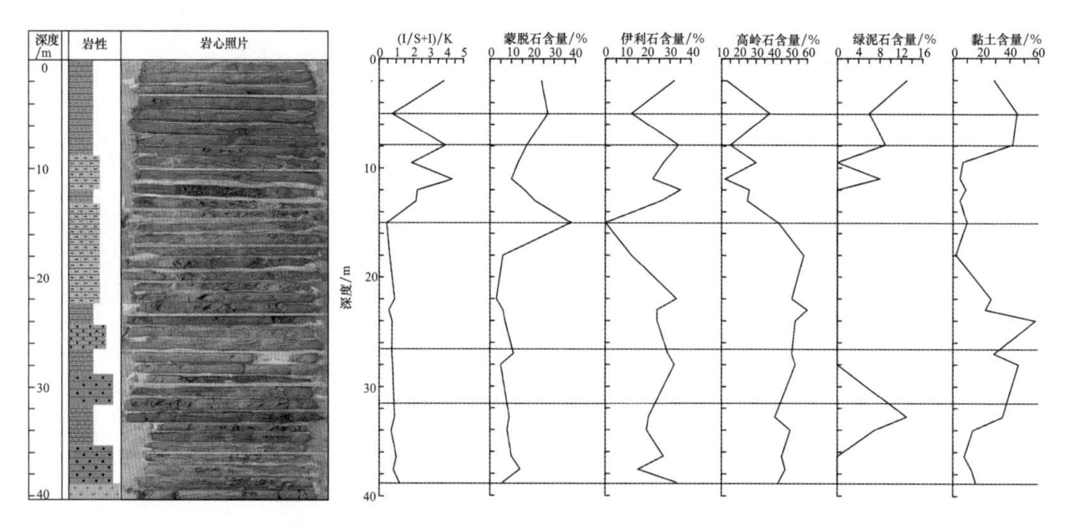

图4-6 HK01钻孔黏土矿物各指标随深度变化曲线

分析结果表明，韩江三角洲晚第四纪沉积物中主要黏土矿物组合为高岭石、伊利石、蒙脱石、绿泥石，这种矿物组合在整体上反映了韩江流域内花岗质母岩在亚热带风化区的风化状况，对于剖面中矿物含量变化的原因，分析认为：

(1)研究区第四纪沉积物中的黏土矿物以伊利石为主，始终保持在一个较高的含量，其次为蒙脱石和高岭石(不同的沉积环境含量变化较大)，绿泥石含量最少，且变化幅度较小。

(2)研究区黏土矿物组合受到华南地区温暖湿润的气候条件的影响，表现为富伊利石与高岭石的总体特征，但是由于沉积物物源的差异，黏土矿物组合还受到流域岩石地质背景、径流量等因素影响，各流域的沉积物黏土矿物组合也存在着一定的差异。然而，韩江和榕江流域面积小，流域流经区域母岩类型相对比较单一，因此，河口区沉积物黏土矿物组合含量的特征受地域性搬运差异的影响相对较小。

(3)钻孔沉积物从下部至上部蒙脱石、绿泥石和高岭石具有较明显的黏土矿物含量单向性增加或者减少的趋势，故可能是受沉积物所处沉积环境演化的影响。在海岸带地区海陆交互沉积物中，黏土矿物组合含量的变化特征可以在一定程度上反映沉积物沉积时的沉积环境。由于黏土矿物自身的化学性质以及胶体化学分异作用和动力分异作用的共同影响，在河口三角洲地区，沉积物中蒙脱石颗粒较细、絮凝效应较小以及在偏碱性的海水环境中状态较稳定，其含量向海方向逐渐增加，因此，蒙脱石含量升高常常被认为沉积物趋向于海沉积环境(如ZK03钻孔0~30 m)。而高岭石恰恰与其相反，其含量向陆方向含量逐渐增加(如 ZK03 钻孔 40~60 m)，伊利石的分异效应介于蒙脱石和高岭石之间，虽然绿泥石的粒径较大，但是却很难在陆相强氧化环境中有效保存下来，由此造成了韩江三角洲地区黏土矿物组合垂向上的变化特征。

(4)一般来说，气候变化对黏土矿物组合含量的影响较大，前人对地中海西部陆架区沉积物进行黏土矿物测定，结果表明，玉木冰期以来沉积物中高岭石含量较稳定，变化幅度小于 10%(王建华 等，1990)，根据 ZK03 和 HK01 2 个钻孔的黏土矿物组合和矿物学(I/S + I)/K 指标随深度的变化曲线，韩江三角洲地区晚更新世以来的古气候总体为干湿交替，温度由暖转冷又转暖的趋势。期间经历了晚更新世玉木冰期暖湿转冷干的变化，并存在一定的气候波动，到全新世回暖，期间又经历了几次小的降温事件，亚大西洋期后进入现代暖期。

4.3.2 晚更新世以来的环境演变

4.3.2.1 沉积演化过程

依据 ZK03、ZK01、HK01 等钻孔的沉积特征、有孔虫分布特征、粒度和黏土矿物组合特征等，并结合地层年代框架，可重建研究区更新世以来的沉积演变过程。

ZK03 钻孔底部的光释光测年结果将韩江三角洲地区第四纪最古老的地层约束在 MIS 5 时期，表明韩江三角洲开始接受第四纪沉积的年代可能在 90 ka BP 前后，前人对韩江三角洲平原地区所进行的研究认为，平原区是在晚更新世中期开始接受第四纪沉积(李平日，1987)，一方面前人的测年手段为^{14}C 测年，测年范围有限；另一方面由于第三列岛丘和断块作用的影响，海域与陆域的沉积环境演化过程会存在一定的差异。孙金龙等(2007)同样也认为该时期是韩江三角洲海域与内侧平原及外侧平原沉积环境差异最大的时期。在此期间，研究区与长江三角洲、珠江三角洲等地区一样，长期处于风化、剥蚀、侵蚀的环境，基岩裸露(李平日 等，1987b)，直到这个阶段才开始接受第四纪沉积。该时段沉积物粒度较粗，未发现各类微体古生物化石以及贝壳碎片、腐木和植物碎屑等，沉积了较厚的冲积砂砾层，以分选差的粗砂砾为特征，它被氧化和风化，主要颜色是橄榄黄和深黄棕色，沉积物结构以砂和泥为主。向上变细的沉积物推测是在河流环境中沉积的，根据区域地层划分，该层可能为 MIS 5 阶段的泛滥平原-河漫滩沉积。

90~70 ka BP，全球海平面处在一个相对的高海面时期(Lea et al.，2002)，长江三角洲和黄河三角洲地区均在该时期地层中发现了海侵沉积记录(丁大林 等，2019；姚政权等，2015)。研究区该时期地层由块状砂泥交替形成，由轻度层状的硬泥和粉砂质沉积物组成，主要沉积物类型为含泥质粉砂，含有灰色粉砂质黏土组成，泥质含量相对较高，其中含有泥炭碎片，但没有发现贝壳和海洋指示物。推测该段为河口-边滩沉积环境。在这一时期内，研究区经历了由陆相到海相的沉积环境变化过程，由于受第三列岛丘的阻隔，此次海侵影响范围较小，三角洲平原内侧未发现本次海侵沉积记录也较为合理。

大约 70 ka BP，地球进入一个相对的极寒冷时期，即我们所熟知的末次冰期。此时全球海平面开始下降，整个华南地区经历了全球性的低海平面期(张虎男 等，1990)，研究区同样也迎来了一次长期的海退，海水退出三角洲平原，沉积了一套中粗砂-风化黏土层，沉积物中高岭石含量较高，沉积物以跃移质沉积为主，代表了河口-河漫滩沉积环境。末次冰期全球海平面均相对较低，但仍然存在一段时期的相对高海面时期，研究区发生了晚更新世以来的第二次海侵，发育了以粉砂质黏土、淤泥质细砂为主要沉积物类型的沉积地层，代表了河流与海水潮流动力相互作用的浅海相沉积环境，约 30 ka BP 到达本次海侵高海平面期，在此阶段长江三角洲、珠江三角洲、红海等地区基本都发现了本次的海侵记录，且海侵发生的时代也基本一致（Fairbridge，1961；Siddall et al.，2003；Zhao et al.，2008）。直到末次冰盛期（26~17 ka BP）的到来，此时海平面达到最低，汕头海域水深 50m 处发现的潮间带贝壳以及南澳岛南侧水深 42 m 处发现的水下海滩岩均可表明当时的海平面退至距离现今海岸线较远的地区，此时研究区发育了一套陆相底砾层，三角洲平原区部分钻孔还发现了花斑状风化黏土和黄白色黏土质砂砾层，孢粉结果也表明研究区气候从暖湿变为温干（李平日 等，1987b）。

前人研究认为，韩江三角洲地区大约在 10.4 ka BP 前后开始接受冰后期的沉积（张恺 等，2020），海平面开始快速上升，约 6.3 ka BP 到达最大海侵范围（Zong，1992），之后开始发育全新世三角洲形成现今的海陆格局，其间沉积特征同样发生过多次变化。可将研究区全新世以来的沉积演化过程从老到新按时间顺序划分为 4 个阶段。

（1）约 10.4~8.5 ka BP。末次冰期结束，全球气候开始逐渐转为温暖湿润，华南沿海海平面大约在 19 ka BP 便开始回升。珠江三角洲地区最新一次海侵记录最早可追溯到 13.6 ka BP，与长江三角洲本次海侵的最早时间基本相当。李平日等（1987b）认为韩江三角洲地区接受全新世海侵的时间相对较晚。张恺等（2020）对韩江三角洲南部钻孔进行测年的结果表明，约在 10.4 ka BP 该地区开始接受全新世的海侵沉积。全新世之前该地区发育河漫滩环境，约 9.2 ka BP 后逐渐转变为海相沉积，发育河口湾环境。ZK03 钻孔深度 29 m 以上沉积物中可见有孔虫和介形虫记录，表明海侵已经越过钻孔所在位置。郑卓等（1992）通过对汕头地区钻孔沉积物孢粉进行测试研究，并结合钻孔沉积物中的腐木属性，认为韩江三角洲平原南部地区在 10~8.5 ka BP 的沉积环境为淡水沼泽环境，研究区水下三角洲沉积环境可以与同时代韩江三角洲平原的沉积环境进行对比，表明全新世海侵尚未完全淹没三角洲平原地区，海侵仍在继续。

（2）8.5~6.3 ka BP。沉积物中开始只有零星有孔虫和介形虫出现，之后丰度开始逐渐上升，表明海水影响逐渐增加。但有孔虫属种组成为典型的近岸浅水组合，以暖水型分子为主，且含有一定比例的广盐性海陆过渡相分子，反映了全新世海侵对研究区的影响有限，沉积物中蒙脱石含量增加，代表了滨海-浅海的河口湾沉积环境。李平日等（1987b）认为，全新世中期华南海平面迅速上升，主要有两支海水侵入潮汕平原，分别为从澄海侵入韩江三角洲和从汕头港涌入榕江三角洲和韩江三角洲南部，三角洲平原地区在此时多为红树林沼泽沉积环境，海侵大约在 6.3 ka BP 达到最盛，最大海侵达到了潮州和揭阳地区（图 4-7），在汕头西北部和澄海地区同样都保存了相应的海侵沉积记录。王靖泰等（1980）基于中国东部地区的第四纪钻孔沉积物的孢粉记录，重建了古气候变化过程，中国东部全新世气温在 6 ka BP 前后达到最高，与韩江三角洲全新世最大海侵的时代基本相吻合。

(3)6.3~3.7 ka BP。基于前人对韩江三角洲一系列的研究成果，很多研究中均发现全新世中晚期钻孔沉积物记录中发生了一次较明显的岩性突变，沉积物粒度突然增大，沉积物中砂含量极速升高，本研究 ZK01、ZK03 等钻孔中均发现这一现象。目前主要存在两种观点，一种观点是在该粗颗粒沉积物层位发现了大量的贝壳碎片的富集，因而据此现象推断，约 3.8 ka BP 该地区发生了一次强烈的风暴潮事件，发育了这一段粒度较粗的沉积层(张恺 等，2020)；另一种观点则认为，在 6.3 ka BP 最大海侵之后，韩江三角洲地区在 5~4 ka BP 前后由于海平面振荡变化又发生一次短暂的海退(陈国能，1984b；宗永强，1987a)，三角洲平原和三角洲前缘部分地区由河口湾沉积环境转为河流沉积环境或沙坝–潟湖沉积环境(李晓路 等，2015)。结合钻孔沉积物特征和研究区海平面变化，本书更倾向于第二种观点，孢粉记录也显示在约 4 ka BP 之后，红树植物的记录迅速减少，表明海水已经基本退出韩江三角洲平原地区(郑卓 等，1992)。短暂的小规模海退导致河流携带的沉积物不断向外海扩散，而外海波浪作用较强，便导致流域输入外海的沉积物在波浪作用下被重新分配，沉积物沿着河口两侧且平行于海岸线展布，形成了一系列障壁沙坝(周良，2021)。由于沿岸沙堤的阻隔，内缘的地区海水无法快速及时地沿通道进入外海，而导致因潮汐作用使海水沿着断续分布的沙堤进入内缘，因此该时期发育了典型的沙坝–潟湖沉积体系(图 4-7)。

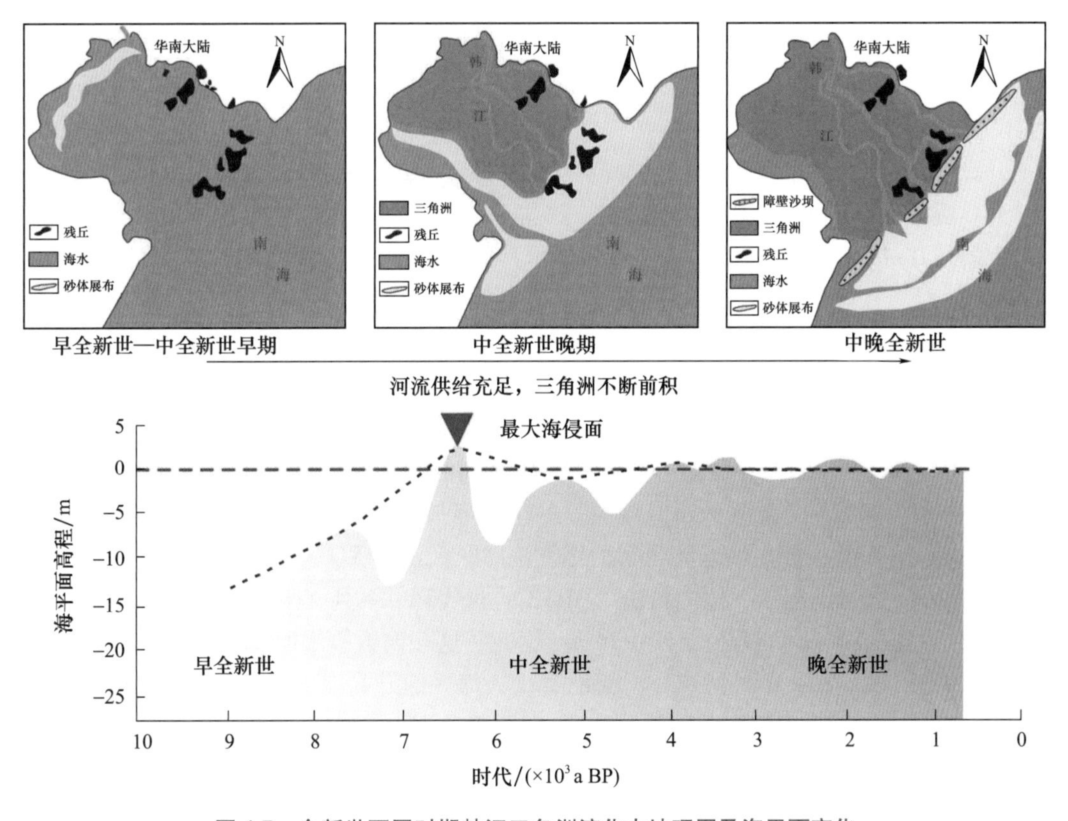

图 4-7　全新世不同时期韩江三角洲演化古地理图及海平面变化

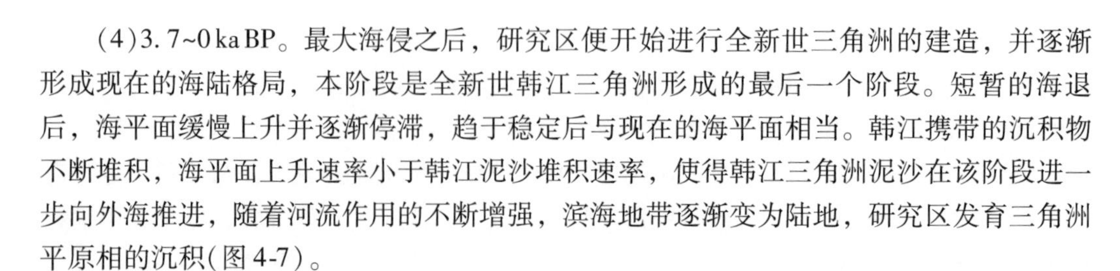

(4)3.7~0 ka BP。最大海侵之后，研究区便开始进行全新世三角洲的建造，并逐渐形成现在的海陆格局，本阶段是全新世韩江三角洲形成的最后一个阶段。短暂的海退后，海平面缓慢上升并逐渐停滞，趋于稳定后与现在的海平面相当。韩江携带的沉积物不断堆积，海平面上升速率小于韩江泥沙堆积速率，使得韩江三角洲泥沙在该阶段进一步向外海推进，随着河流作用的不断增强，滨海地带逐渐变为陆地，研究区发育三角洲平原相的沉积(图 4-7)。

4.3.2.2 最早接受第四纪沉积的时代归属：MIS3 或 MIS5

近几十年来，年代学方法的发展极大地改变了我们对晚第四纪气候和环境变化本质的认识。这些方法包括加速器质谱(AMS)、放射性碳同位素、释光法(即光激发发光：光释光和热释光、电子自旋共振法(ESR)、氨基酸测年(AAR)和铀系测年法(U 系列)等。每种方法都有其各自的年代测定范围、优点和缺点，例如，放射性碳同位素和铀系测年法可以给出相对更加准确的年龄范围，主要由于放射性同位素的放射性衰变不受外部环境条件的影响。相比之下，释光法和电子自旋共振法对环境条件随时间尺度的变化极其敏感，特别是那些可以影响沉积物中离散矿物辐射剂量率的变量因素(Murray-Wallace et al.，2014)。因此，放射性碳同位素测年法是晚第四纪海岸沉积演化研究中对含碳材料(有机源和无机源)最常用的测年手段。铀系测年法主要在碳酸盐沉积环境中得到广泛应用，而释光法则更适用于陆相环境或风成环境中，而且铀系测年法和释光法将第四纪沉积物的年龄测定范围扩大到远远超过放射性碳同位素所约束的 60 ka(Jacobs，2008)。为了更好地确定年龄，如果一个目标可以用多种方法确定日期，那么通常是对不同的测年结果进行比较。然而，用不同的方法测定同一物质或沉积单元的年代并不总是一致的。

海岸带沉积物测年中最具争议的问题主要是在 MIS3 和 MIS5 两个阶段。原则上，AMS^{14}C 测年的分析测量的最大限度在 60 ka 左右，但定年结果越接近这个最大限度其可靠性越低(Bird et al.，1999)。地质年代学家广泛认识到，^{14}C 年龄超过 40 ka 往往是不准确的，因为在较老的(>40 ka)样品中用于年龄估算的原始^{14}C 含量非常小(小于初始总量的 1%)，并且沉积物在埋藏、取样或实验室处理过程中可能引入新的污染。如果一个较老的沉积物(如 MIS5 期)被 1% 的现代碳所污染，它可能会产生一个较新的年龄(如 MIS3)(Yi et al.，2012)。其他间接证据表明，MIS3 时期最大高海平面时期海平面不应超过 −40 m。根据全球的珊瑚礁序列和深海氧同位素记录的沉积物的研究，是否存在 MIS3 的高海平面时期被一些研究者质疑或否认(Zong et al.，2009)。

前人利用 AMS、放射性碳同位素测年方法对瓯江河口 YQ 0902 岩心的 5 个全新世前海侵序列样品进行了测年，他们给出了 MIS3 的时代和一系列无限时代。根据 DU4 的海拔高度，重建的海平面高程应高于 −26 m。据此，这一倒数第二的海侵序列应归为 MIS5 而不是 MIS3(Shang et al.，2018)。然而，MIS3 海平面升高在不同的海岸带已经有越来越多的报道。大量的研究通过 OSL 或 AAR 的测年数据也证实了倒数第二段海侵序列属于 MIS3 时期的年龄分配。OSL 测年测得的渤海南部海相地层年龄为 60.4~65.4 ka，比 AMS ^{14}C 测得的 38.5~43.4 ka 早了近 20 ka。结合 MIS3 早期海平面远高于 MIS3 中晚期的证据，研究者认为海岸带第四纪的沉积序列中 MIS3 期间海相地层应该是在 MIS3 早中期而不是 MIS3 中晚期沉积(Liu et al. , 2016)。瓯江河口第四纪沉积物孢粉分析中高 AP 值表明当时气候温暖湿润，但底部沉积物 AP 值最高，具有一些热带花粉成分。MIS5 通常被认为比全新世温度高得多，因此，孢粉学资料认为，这一暖湿气候应强于前两个温暖期。与全新世海侵序列中的 *Ammonia* 物种和 MIS3 海侵序列中的 *Pseudorotalia* 物种不同，在最底部海侵序列中，最丰富的有孔虫物种是 *Asterorotalia* 物种。在长江三角洲和黄河三角洲，最近 3 次海侵序列中也发现了类似的有孔虫。综上所述，研究者确定了瓯江三角洲地区最底部海侵序列中，地层所属 MIS5 时期的年龄分配(Shang et al. ,2018)。其他部分地区的研究中，测年数据、微体古生物化石和孢粉等证据也证实了海岸带地区第四纪海侵地层分别属于 MIS5、MIS3 和全新世 3 个时期的年代分配模式。

仔细选择合适的年代测定材料，例如大而新鲜的双壳贝壳、有孔虫(本研究)和植物碎片，对年代测定的准确性很重要(Hanebuth et al. , 2008)。本次研究主要使用^{14}C和 OSL 两种测年相结合的方法，其中^{14}C 的半衰期为 5568 a，理论上只能测出 10 倍于半衰期的年龄，无法测出更老的样品。因此，受测年范围的影响，韩江三角洲开始接受第四纪沉积的年代可能无法使用^{14}C 测年测出。韩江三角洲地区第四纪沉积物中含碳物质丰富，可用于^{14}C 测年的材料包括淤泥、有孔虫、贝壳等，但由于三角洲形成历史复杂，沉积环境交替演化，样品受到交换、混合、再搬运等作用的可能性较大，加上地下水的渗透作用，可能会造成“新碳”混入较老的地层中的现象，因此，^{14}C 的年龄数据存在被严重低估的可能性。本次钻孔样品中晚更新世的^{14}C 年龄仅仅具有一定的参考价值，更老的沉积地层的年代需要通过 OSL 测年手段。OSL 测年所能测得的最老年龄理论上可达数十万年甚至上百万年，但由于其对测量环境相对敏感，对大于 100 ka 的 OSL 年龄结果的准确性有待确认，需谨慎使用。晚更新世测定^{14}C 年龄的地层其 OSL 测定的年龄要明显大于^{14}C 测定的年龄。据此，韩江三角洲第四纪最早的沉积时代推测应该至少大于 4 万年，最大可能达到的年龄尚不能确定。通过对 ZK03 钻孔沉积物岩性描述、粒度分析、年代测定及有孔虫丰度统计等进行研究，ZK03 钻孔最下伏的海相地层根据 OSL 测年，逻辑上为 MIS5 时期的沉积。粒度分析揭示了海相细粒黏土-粉砂，逐渐被较粗砂质沉积物替代的渐变过程，能够较好的反映从 MIS5 时期高海平面向 MIS4 时期较低海平面过渡的特征。ZK03 孔最下伏的海相地层最大埋深高度为 -91. 7 m，而 MIS5 时期最高海平面高度大约与现在的海平面相当或高于现在的海平面 2~5 m，结合韩江三角洲晚第四纪整体沉降的构造背景(更新世沉降速率为 1. 15 mm/a，全新世沉降速率为 2. 23 mm/a)，研究区具有发育 MIS5 时期海相地层的可能性。国内外研究均已表明在 MIS3—MIS5 期间海平面有过多次波动，因此不能将其划为一次海侵。目前涉及华南地区 MIS5 时期海侵的研究较少，但是在华南沿海部分地区仍发现了 MIS5 时期的海相地层，Yim(1999)通过铀系法测定的香港岛晚第四纪底部沉积物年龄应该属于 MIS5 时期，王梦媛等(2016)在海南岛南部 TLG01 钻孔底部发现了 MIS5 时期海相沉积地层，Pedoja 等(2008)通过对南海北部沿海地区晚第四纪地壳抬升速率的研究，在广东汕头、海南岛沿岸地区均发现了 MIS5 时期的海蚀平台遗迹。李平日(1987)认为韩江三角洲第四纪沉积开始于晚更新世中期，一方面是由于仅选用^{14}C 测年，无法准确测出大于 40 ka 地层的年龄；另一方面当时的钻

孔主要分布在韩江三角洲陆域，由于韩江三角洲晚第四纪整体沉降的构造背景，导致MIS5时期韩江三角洲地区地势远高于该海相地层沉积基底目前的高程，加上第三列岛丘的阻挡，导致MIS5时期的海侵可能未到达韩江三角洲平原地区。

4.3.2.3 全新世三角洲形成与障壁-潟湖体系

韩江三角洲地区在约6.3 ka BP达到全新世最大海侵之后(Zong，1992)，海水开始后退。在海湾内潮汐作用弱而波浪作用强的海洋动力背景下，加上海湾内第三列岛丘的阻挡作用，导致外缘广阔的海域河流作用相对较弱。而外海波浪作用较强，便导致流域输入外海的沉积物在波浪作用下被重新分配，沉积物沿着河口两侧且平行于海岸线展布，形成了一系列障壁沙坝。随着三角洲向海推进，逐渐在第三列岛丘的外侧堆积形成沿岸沙堤，沿岸沙堤主要是在研究区波浪作用下由大量潮间带的生物、壳体以及粗颗粒沉积物组成的沿岸砂质沉积体。由于沿岸沙堤和第三列岛丘的阻隔，内缘的地区海水无法快速及时的沿通道进入外海，而导致因潮汐作用使海水沿着断续分布的沙堤进入第三列岛丘内缘，加上西部地区地势低洼，容易使潮水涌入，因此在第三列岛丘内侧形成了潟湖。该地区全新世障壁-潟湖体系发育，开始了障壁海岸三角洲沉积演化。到了全新世后期，海平面的变化开始趋于稳定或以较小的幅度变化，随着三角洲不断向海推进，障壁-潟湖体系同样也不断向海进行推移。因此，在韩江三角洲平原第三列岛丘外仍能发现残余的一系列障壁沙坝(图4-8b)。

末次冰期后至早全新世，海平面开始迅速上升，中全新世早期海侵达到最大范围。此时韩江三角洲主体的沉积环境主要为滨浅海、浅水湾。韩江入海属于低密度流，呈平面喷流，导致韩江入海沉积物出河口后便进入了相对稳定的水体环境，大量的河流沉积物开始在这里沉积，并随着水动力作用向外海扩散较远，形成了以河流作用主导的三角洲平原的主体(李晓路 等，2015)。此时，障壁海岸三角洲正处于形成期，沉积物岩性主要以陆缘冲积平原河道砂体和水下前缘砂体为主，且细颗粒沉积物随海洋动力作用扩散较远(图4-8a)。

最大海侵之后，三角洲达到启动条件开始向海推进，大量的沉积物通过第三列岛丘向外海输运，该时期开始发育障壁-潟湖体系，在一定程度上抑制了河流沉积物的向外扩散，导致该时期三角洲建造速度较快。潟湖内东侧地区，由于水体深度较浅，河流携带的大量沉积物在此沉积，且推进速度快，发育了以河流作用为主导的三角洲沉积；而潟湖内西侧地区，由于地势相对较低洼，导致潮水涌入，使得该地区水体的深度越来越深，发育了与东部地区完全不同的潟湖沼泽沉积环境，潟湖内部发育了一定规模的三角洲平原沉积，以河道砂为主，呈扇形展布。在障壁的外侧，大量的沉积物在海洋动力作用下不断地堆积，形成了数目众多的沙坝，平行于海岸线分布并不断向海推进(图4-8a)。

全新世晚期，海平面趋于稳定并与现在的海平面高度相当。韩江三角洲推进至障壁之外的开阔海域，由于该海域较强的波浪作用，导致三角洲向海推进受阻，三角洲平原内部低洼处仍存在潟湖。此时三角洲已经推进到第三列岛丘外，流域沉积物在波浪作用下继续堆积，形成新的平行于岸线的障壁沙坝(图4-8)，并逐渐演化成现在的韩江三角洲地区障壁海岸。

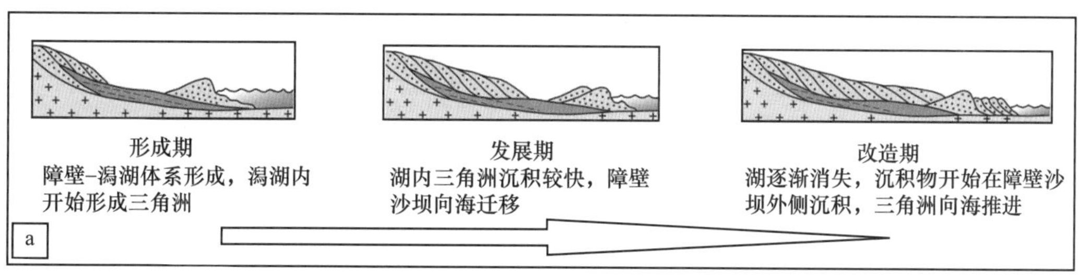

图 4-8　障壁海岸三角洲演化阶段(a)与韩江三角洲沙丘、沙坝地貌(b)

第 5 章　海岸带环境地质

5.1　海岸线类型及变迁

5.1.1　韩江三角洲岸线提取与分类

本次岸线遥感解译提取与分类工作范围西起揭阳市惠来县神泉镇龙江河口，东至汕头市澄海区义丰溪河口六合围，岸线全长约 350 km。岸线分类参考《海岸带地质环境调查评价规范》(DD2014-03)执行，结合研究区实际情况，建立分类体系，将研究区岸线分为人工岸线和自然岸线两大类。岸线解译与提取采取遥感数据与多源数据相结合、遥感异常提取与人工目视解译相结合、室内综合研究与实地调查相结合的技术路线。在充分收集已有资料的基础上，通过遥感异常信息提取、遥感目视解译与实地调查验证修正相结合的方法来完成对研究区岸线的提取。

5.1.2　韩江三角洲岸线分布现状

研究区共解译2020 年岸线长度为350. 31 km，其中自然岸线解译长度为217. 60 km，人工岸线解译长度为132. 71 km。自然岸线包括基岩岸线、砂质岸线、淤泥质岸线和生物岸线；人工岸线包括养殖海堤、海港码头、防潮堤和防波堤。

研究区岸线主要以砂质岸线为主，遥感解译砂质岸线总长度为 104. 96 km，砂质海岸堆积物颗粒较粗，海滩宽阔平坦，主要由海浪塑造而成，其物质组成主要为砂，少量砾石组成的海滩也包括在内，分布在汕头市海岸带大部分地区。基岩岸线解译总长度为96. 01 km，主要分布于惠来县田螺旋至大堆尾一带；惠来县石碑山灯塔附近；客鸟尾、贝筶山；潮阳区尖山、酒宴山；濠江区马耳角、表角；海悦度假村至雄鸡山一带；澄海区莱芜旅游区；南澳县大部区域，包括西南、东部、北部沿海(长山尾至祥云广场、前江码头至吴平寨码头、白沙湾至七鼻礁一带)。淤泥质岸线解译总长度为2. 39 km，在遥感影像上，受上冲流的影响，滩面坡度平缓，滩面宽度可达数千米甚至更宽，也由于含水率较高，所以色调较沙滩暗，一般有潮沟发育，主要分布于莲阳河至黄厝草溪河口一带。研究区生物岸线主要是红树林形成的海岸，解译总长度为14. 24 km，主要分布于莲阳河口至义丰溪河口一带。

在人工岸线中，防波堤和海港码头占比最大，分别是49. 66 km 和40. 15 km。海港码头遍布于研究区各个河流沿岸、入海口，南澳岛主要有南澳岛码头、前江码头、星钓客游艇码头等；防波堤多位于港口水域外围，有的防波堤内侧也兼码头。防潮堤总长度为30. 02 km，位于研究区各个港口、码头周边以及东海岸大道和南澳岛钓鱼之源南部一段。养殖海堤总长度为 12. 88 km，多分布于莲阳河口至义丰溪河口岸段。

5. 1. 3　韩江三角洲岸线变迁

对 1982 年、1989 年、2000 年、2005 年、2010 年、2015 年和 2020 年这 7 个时期的不同类型的岸线长度及占比进行了统计分析。

结果表明，1982—2020 年，研究区岸线总长度呈“先增加—后减少—再增加”的变化趋势，2000 年以前呈增长趋势，2000—2005 年，岸线总长度回落，2005 年以后又继续增长，宏观上呈增长趋势。岸线总长度由 1982 年的 275. 43 km 增长至 2020 年的 350. 31 km，岸线总长度增加了 74. 88 km，与 1982 年相比，增长近 27. 19%，年均增长 1. 97 km，年均增长率为 0. 72%。

自然岸线呈“减少—增加—减少”的趋势，宏观上呈减少的趋势，自然岸线几乎每个时期都在减少，唯一呈正增长的时期是在 2005—2010 年。自然岸线中，基岩岸线和砂质岸线的占比较大，其变化趋势在一定程度上决定着研究区自然岸线的变化趋势。1982—2020 年，研究区基岩岸线长度总体呈缩减的趋势，由 1982 年的 114. 54 km 减少到 2005 年 96. 45 km，这一时期内基岩岸线消失了 18. 09 km，消失速率为 0. 79 km/a，所占岸线比例由 1982 年的 41. 59% 减少到 2005 年的 33. 87%。而后的 15 年里，基岩岸线长度趋于稳定，但由于岸线总长度的增加，其所占岸线总长的比例仍继续降低。

砂质岸线变化的趋势近同于基岩岸线，2010 年以前持续减少，由 1982 年的 129. 73 km减少到 2010 年 106. 33 km，这一时期内砂质岸线缩减了 23. 40 km，缩减速率为 0. 84 km/a，而后 10 年的时间里趋于稳定，长度变化不大。其所占岸线的比例持续降低，由研究初期的 47. 10% 降至 2020 年的 29. 96%。其长度减少的主要原因是部分人工岸线的扩张，附近的部分砂质岸线被取代。

淤泥质岸线同样也是表现为逐渐减少，2000 年以前缩减的程度较小，近 18 年时间里仅减少了 3. 03 km，年均减少 0. 17 km；显著的减少发生在 2000—2005 年这一时期内，仅 5 年时间便减少了 4. 07 km，年均减少 0. 81 km；2005 年以后的 15 年里，淤泥质岸线长度处于上下波动状态，总体变化较小。其所占岸线总长的比例持续下降，由研究初期的 3. 30% 降至 2020 年的 0. 68%。

1982—2020 年，研究区的生物岸线长度整体上是显著增加的，由 1982 年的 6. 40 km 增至 2020 年的 14. 24 km，增长约 1. 23 倍。2005 年以前生物岸线长度无明显的变化，2005 年以后，生物岸线有明显的增长，仅 15 年便增长了 1. 8 倍，年均增长率达 12. 02%。

人工岸线呈持续增长状态，人工岸线从 1982 年的 15. 67 km 增加到 2020 年的 132. 71 km，增加速率为 3. 08 km/a，比例从 5. 69% 增长到 37. 89%。人工岸线在研究期内共计增长了 117. 04 km，成为研究区内当前最主要的岸线类型。

总的来说，研究时段内，研究区的岸线总长度有所增加，自然岸线长度减少，人工岸线显著增长。岸线总长度的增加主要源于人工岸线的增长，而人工岸线长度的增加源于两个方面：一方面是人工岸线侵占自然岸线，使自然岸线向人工岸线转化，自然岸线长度变短，人工岸线变长；另一方面是大量的海岸工程向海延伸，也使得人工岸线长度得到了显著的增加。理论上，自然岸线和人工岸线的互相转化并不会使岸线的总长度增

加，从图形几何学上来说，原本复杂的自然岸线，经过人工改造后由于截弯取直的原因，整体的长度甚至还会减少。所以研究区岸线总长度的增加，主要源于大量向海延伸的海岸工程的修建。

5.1.4 岸线变化驱动因素

海岸线变迁驱动力较为复杂，归结起来通常是受自然因素和人为因素的双重影响，前者包括入海河流泥沙输入变化、海平面变化、构造运动、风暴潮、气候变化、海浪、潮汐等；后者则包括海岸工程、岸堤修建、养殖池和盐池建设、围海造陆等（何金宝，2020）。

泥砂质松散的沉积物构成了研究区淤泥质和砂质海岸的底质成分，按照粒度大小可以划分为砂质、粉砂质和淤泥质的沉积物，底质松软的特征使得研究区砂质岸线和淤泥质岸线具有抗冲刷能力较弱、容易被侵蚀的特点(Rameli et al.，2015)；另外，这些沉积物的主要物质来源于入海河流的泥沙输入，泥沙输入量的大小决定砂质岸线、淤泥质岸线获得物质补给能力的强弱。这意味着海浪、潮汐以及风暴潮引起的水动力变化和入海河流泥沙输入量的变化，在一定程度上会影响研究区砂质岸线和淤泥质岸线的变化。

由于基岩岸线自身特殊的地质物理属性，性质较为稳定，在近 40 年的时间里，自然因素(如冲刷、风化等)并不会对基岩岸线进行大程度、大范围的改造，而在研究时段内，区内并未发生较大的构造运动和地质灾害(周英，2008)，这表明自然因素并不是研究区基岩岸线变化的主控因素，造成其变化的主要原因是研究区的基岩岸线受到了人为作用的开发和改造。南澳岛环岛滨海公路的修建、房地产开发、采石场开发、火力发电厂修建以及渔港码头的修建都造成了研究区大量基岩岸线的消失。

研究区的生物岸线主要以红树林岸线为主，虽然其底质也以松软的泥沙沉积物为主，但红树林特殊的生态功能使其能减弱风暴潮以及潮汐海浪的冲刷能力，其受潮汐、海浪以及风暴潮等自然因素的影响有限，研究区生物岸线长度变化主要受人为因素影响。2000 年以前，因为缺乏足够的生态保护意识，本地区红树林经常遭到人类活动破坏，围垦和渔业养殖使得红树林面积减少，相应的生物岸线也变短。2000 年以后大量生态环保政策实施以及当地人们生态环保意识提高，特别是在 2000 年前后，汕头市政府提出了向海要森林计划，采取了一定的措施包括建立红树林保护区、加大宣传力度等手段，加大对红树林的保护，并开始大量引种红树林，同时开展了大量红树林生态系统修复工作，至 2005 年此项工作取得一定成效，自然红树林得到修复，人工红树林面积不断扩大，生物岸线也在不断增长。

研究区人工岸线主要以钢混、石混和泥混结构为主，质地坚硬，抗冲刷、侵蚀能力较强，自然因素在短时期内无法对其进行较大程度的改造，人工岸线变化的原因主要还是人为的建设和改造。主要表现为：一是在养殖业和盐业经济效益的驱动下，大量的围垦滩涂用以修筑养殖池塘、盐田和海堤；二是随着社会经济的发展，城镇化规模的不断扩大，城镇人口陡增，土地供需矛盾增长，为满足工业开发、交通建设以及生活居住的用地需求，开始实施填海造陆工程，自 2005 年开始，汕头市东海岸新区开始动工建设，至 2015 年基本完成，期间抽沙填海造陆约 21.70 km^2(郑莉，2018)，填海造陆修建了大量的防浪堤等人工岸线；三是研究区作为海上丝绸之路的重要节点是粤东地区主要的天然渔场和海上门户，近40年来，交通航运业和海洋渔业得到了快速的发展，港口、码头以及防浪堤作为上述行业的基础设施得到大力的建设；四是滨海工业设施和基础设施的建设，主要包括了一些火电厂以及滨海道路的修建。

总的来说，研究区岸线变化是自然因素与人为因素共同作用的结果，主控因素是人为因素。自然因素主要是入海河流泥沙输入的变化，输沙量的减少使得淤泥质和砂质海岸的沉积物质补给减少，岸线受到侵蚀，长度减少。人为因素主要是城镇化进程中一系列的人为活动，主要包括滩涂围垦、抽沙填海造陆以及渔港码头、滨海工业设施、滨海基础设施建设等。上述人类活动不仅直接侵占自然岸线，使自然岸线向人工岸线转化，同时还会引起自然因素的变化。诸如抽沙填海造陆，抽沙使得近岸泥沙减少，海岸沉积物质补给相应的就会减少；造陆同时还侵占了大面积的海域，使潮流通道变窄，潮汐、波浪等水动力增强(Wang et al.，2020)，这些变化又进一步加剧海岸侵蚀。另外，区位生态环保政策对生物岸线的变化也有着显著的影响。

5.2 海岸带湿地

5.2.1 韩江三角洲海岸带湿地类型

本次湿地遥感解译提取工作范围以汕头市行政区划为界，向海一侧延伸至6m等深线。湿地分类参照《关于特别是作为水禽栖息地的国际重要湿地公约》《湿地分类》(GB/T 24708—2009)和《全国湿地资源调查与监测技术规程(试行)》，结合研究区湿地类型，在充分结合先验资料和实地考察后，建立分类体系，确定湿地类型及其划分标准。同时结合Google earth高清影像以及野外验证工作，从已识别的间接解译标志推断出湿地类型的属性位置及分布范围，叠加不同时期的水体提取结果进行湿地的目视解译，6m等深线位置由各年份或相近年份海图水深数据经栅格插值获得。

海岸带湿地位于海洋与陆地过渡带，具有涵养水源、改善气候、净化环境和保护岸线稳定等作用，同时也是重要的储碳库，有着重要的生态功能和资源价值。韩江三角洲海岸带自然湿地和人工湿地类型丰富，主要有浅海水域、河流、湖泊、海岸/滩涂、红树林、水库/坑塘、水田、盐田、养殖池塘9种湿地类型。近年来，受人类活动和气候变化影响，韩江三角洲海岸带湿地面临着严重的环境压力，及时掌握海岸带湿地的现状与变化就显得尤为迫切和重要。

5.2.2 韩江三角洲海岸带湿地资源现状

经统计，2020年研究区海岸带湿地面积为696.82 km^2，其中人工湿地面积为334.26 km^2，占比47.97%；自然湿地面积为362.56 km^2，占比52.03%。

自然湿地中，面积较大的湿地是浅海水域，为6m等深线至岸边，面积为228.42 km^2，占湿地总面积的32.78%。河流包括韩江、榕江、练江、濠江及其支流，面积为119.52 km^2，占比17.15%。海岸/滩涂湿地面积为6.22 km^2，占比0.89%，其中岩石海岸主要分布于潮阳区尖山、酒宴山，濠江区马耳角、表角、海悦度假村至雄鸡山一带，澄海区莱芜旅游区，南澳县西南、东部、北部沿海、长山尾至祥云广场、前江码

头至吴平寨码头、白沙湾至七鼻礁一带；砂石海滩分布于惠来县、潮阳区、濠江区除岩石海岸以外的大部岸线区域，莲阳河口两侧，南澳县海滨路、九溪澳、青澳湾等；淤泥质海滩主要分布于莲阳河口附近；潮间盐水沼泽主要分布于义丰溪河口，澄海区联围附近河口。红树林面积为2.31 km^2，占比0.33%，主要分布于莲阳河口北部一带、义丰溪河口附近。湖泊面积为6.09 km^2，占比0.87%，主要分布于惠来县、潮阳区、南澳县山区，包括河流沿岸的牛轭湖。

人工湿地中，养殖池塘面积为205.78 km^2，占比29.53%，榕江、练江沿岸和澄海区北部沿海有大面积分布，其他县区沿海、沿江零星分布。水田面积为105.27 km^2，占比15.11%，主要分布于练江、韩江沿岸的城区附近，龙江、莲阳河、外砂河、义丰溪沿岸也有少量分布，澄海区圆丘、月眉、三房也有大面积种植。水库/坑塘面积为18.51 km^2，占比2.66%，主要分布于惠来县、潮阳区、南澳县山区。盐田面积为4.70 km^2，占比0.67%，主要分布于龙江、濠江口附近，南澳县后江、二澳附近。

5.2.3 韩江三角洲海岸带湿地变迁

5.2.3.1 韩江三角洲海岸带湿地面积变化特征

利用1982—2020年共9期遥感影像数据，基于目视解译提取汕头市海岸带湿地，利用GIS分析软件，统计并计算汕头市各时期海岸带湿地面积和动态变化(表5-1)。1982—2020年汕头市海岸带湿地总面积由680.98 km^{2}增加到696.82 km^2，共增加15.84 km^2，年均增长率仅0.06%，且变化呈“增加—减少—再增加”的趋势；自然湿地由416.98 km^{2}缩减至362.56 km^2，共缩减54.42 km^2，年均变化率−0.34%，呈“减少—增加—再减少”的变化趋势，自然湿地的退化突出表现在浅海水域和海岸/滩涂面积的萎缩，分别减少26.73 km^{2}和15.48 km^2，另外红树林面积有所增加，增加面积为1.74 km^2；人工湿地由264.00 km^{2}增加到334.26 km^2，共增加70.26 km^2，年均增长0.70%，“呈增加—减少—再增加”的变化趋势，人工湿地的大面积增长主要源于养殖池塘的扩张，养殖池塘在1982—2020年共增加175.97 km^2，年均增长率达到15.53%。

表5-1 研究区9个时期不同类型湿地面积提取结果　　单位：km^2

年份	浅海水域	海岸/滩涂	红树林	河流	湖泊	水库/坑塘	养殖池塘	水田	盐田	自然湿地	人工湿地	湿地总面积
1982	255.15	21.70	0.57	130.23	9.33	8.81	29.81	223.54	1.84	416.98	264.00	680.98
1986	249.52	28.95	0.41	127.89	7.93	10.16	52.74	245.63	2.17	414.70	310.70	725.40
1989	260.31	13.62	0.93	125.48	8.68	11.84	70.05	248.29	3.34	409.02	333.52	742.54
1995	258.11	11.34	0.76	119.35	5.30	13.33	146.46	226.33	3.28	394.86	389.40	784.26
2000	261.38	9.65	0.51	121.01	5.42	16.88	152.84	214.64	2.73	397.97	387.09	785.06
2005	258.55	8.22	1.06	128.16	6.49	17.50	228.23	129.76	3.11	402.48	378.60	781.08
2010	254.04	7.55	1.91	123.07	5.21	14.42	196.22	106.22	2.95	391.78	319.81	711.59
2015	228.33	5.96	2.06	124.05	5.35	18.87	185.69	100.87	3.82	365.75	309.25	675.00
2020	228.42	6.22	2.31	119.52	6.09	18.51	205.78	105.27	4.70	362.56	334.26	696.82

1982—1986 年自然湿地的动态度为 -0.14%，其中浅海水域和海岸/滩涂动态度分别为 -0.55% 和 8.35%，表明这一时期内，海岸/滩涂仍较为发育，不断向海扩张。1986—1989 年和 1989—1995 年，自然湿地的动态度分别为 -0.46% 和 -0.58%，海岸/滩涂开始持续萎缩，红树林和浅海水域面积有所增长。1995—2000 年和 2000—2005 年，自然湿地得到一定修复，面积略有增长，动态度分别为 0.16% 和 0.23%，红树林、河流和湖泊面积均得到增长，海岸/滩涂仍在萎缩。2005—2010 年、2010—2015 年和 2015—2020 年，自然湿地持续萎缩，动态度分别为 -0.53%、-1.33% 和 -0.17%，浅海水域和河流面积持续萎缩，海岸/滩涂和湖泊面积趋于稳定，红树林面积则持续增长。

1982—1986 年、1986—1989 年和 1989—1995 年，人工湿地持续大幅增长，动态度分别为 4.42%、2.45% 和 2.79%，主要原因是养殖池塘面积大幅扩张，其动态度分别为 19.23%、10.94% 和 18.18%，另外，水库/坑塘、水田和盐田面积均有增长。1995—2000 年，人工湿地面积开始萎缩，动态度为 -0.12%，虽然养殖池塘仍在继续扩张，但水田面积大幅减少，这是人工湿地减少的主要原因之一。2000—2005 年、2005—2010 年和 2010—2015 年，人工湿地持续萎缩，动态度分别为 -0.44%、-3.11% 和 -0.66%。2015—2020 年，人工湿地恢复增长，动态度为 1.62%。

总体上，1982—2020 年汕头市海岸带湿地总面积变化不大，呈略微增加趋势，而自然湿地和人工湿地则分别呈显著减少和显著增加的趋势。

5.2.3.2 韩江三角洲滨海湿地格局变化特征

对 1982 年和 2020 年 2 期海岸带湿地进行叠加分析，获得不同湿地类型面积转移矩阵（表 5-2），结果表明，在自然因素与人为因素共同作用下，海岸带各类型湿地间发生较为显著的互相转化现象，主要表现为自然湿地间的互相转化、人工湿地间的互相转化以及自然湿地向人工湿地转化。

表 5-2 1982 年和 2020 年研究区海岸带各类型湿地间的面积转移矩阵 单位：km^2

湿地类型	海岸/滩涂	浅海水域	河流	红树林	湖泊	养殖池塘	水库/坑塘	水田	盐田
浅海水域	5.04	222.18	3.96	0.14	0.00	1.39	0.34	0.00	0.16
海岸/滩涂	3.11	6.06	0.10	0.60	0.00	1.59	0.25	0.12	0.02
红树林	0.11	0.11	0.00	0.77	0.00	0.27	0.00	0.00	0.00
河流	0.69	0.24	103.00	0.76	0.26	8.04	0.00	0.35	0.03
湖泊	0.00	0.00	0.17	0.00	1.05	0.14	2.40	0.02	0.00
水库/坑塘	0.00	0.00	0.01	0.00	0.83	0.22	6.49	0.00	0.00
养殖池塘	0.00	0.00	0.22	0.00	0.00	21.08	0.01	0.00	2.30
水田	0.00	0.00	0.57	0.00	0.00	84.77	0.05	15.88	0.28
盐田	0.00	0.00	0.00	0.00	0.00	0.42	0.00	0.00	0.99

自然湿地间的互相转化主要发生在海岸/滩涂、浅海水域以及红树林之间，其中海岸/滩涂转化为浅海水域的面积为 6.06 km^2，转化为红树林的面积为 0.60 km^2；浅海水域转化为海岸/滩涂的面积为 5.04 km^2，转化为红树林的面积为 0.14 km^2；红树林转化

为海岸/滩涂和浅海水域的面积均为0.11 km^2。人工湿地间的相互转化主要发生在水田、盐田和养殖池塘之间，其中水田转化为养殖池塘的面积为84.77 km^2，转化为盐田的面积为0.28 km^2；养殖池塘转化为盐田的面积为2.30 km^2；盐田转化为养殖池塘的面积为0.42 km^2。由于经济社会的发展，一些自然湿地被改造成为人工湿地，分别有1.59 km^2的海岸/滩涂、1.39 km^2的浅海水域、8.04 km^2的河流和0.27 km^2的红树林转化为养殖池塘，2.40 km^2的湖泊转化为水库/坑塘，0.35 km^2的河流转化为水田。

5.2.4 滨海湿地变化驱动因素

目前，关于湿地变化驱动因素有较多论述，普遍的共识是湿地变化是自然因素和人为因素综合作用的结果(宋长春，2003；周昊昊 等，2019)，自然驱动力主要是来自气候变化和水文要素变化(史飞飞 等，2020；刘丹 等，2019)，人为因素主要是社会经济发展过程中一系列的人为活动对湿地的开发利用和改造(孔祥伦 等，2020；崔瀚文，2010)。湿地水文过程控制湿地的形成与演化(李莉 等，2014；张明祥，2008；王兴菊等，2006)，区内主要河流是海岸带湿地主要的水源，年径流量的大小决定了湿地水源补给是否充足，径流来沙为河口和滩涂发育提供了主要物质来源，河流输沙量的变化在一定程度上制约着海岸带湿地发育(蒋超，2020)；国民生产总值和城镇居民人口在一定程度上代表了一个地区的城镇化规模，国民生产总值和固定资产投资是反映研究区社会经济发展水平和人类活动强度的重要指标(黄敦平 等，2021；王洋 等，2012；文英，1998)，通过调整土地利用的方式，可以使社会经济发展水平和产业结构发生变化，这势必会对海岸带湿地变化产生影响，城镇户籍人口数量能反应城市人口规模的大小，体现了对土地需求的水平(孔祥伦 等，2020)。根据研究区自然地理环境，社会经济发展模式，从自然因素和人为因素角度，选取研究区年降水量、年最大蒸发量、主要河流年径流量和输沙量作为自然因素指标；选取地区生产总值、城镇户籍人口以及固定资产投资作为人为因素指标。将上述指标与不同时期研究区各类型海岸带湿地面积进行相关性分析，厘清其与自然因素变化和人类活动的因果关联，探讨了汕头市海岸带湿地面积变化与气候水文因子以及社会经济发展之间的响应关系，对于海岸带湿地的保护和持续发展具有非常重要的意义。

研究中利用的降水量、年最大蒸发量等数据来自汕头市气象局实测资料；社会经济数据来自汕头市统计局公布的历年统计年鉴；水文数据来自韩江潮安站和榕江东桥园站的年径流量和输沙量数据。

5.2.4.1 自然因素

气候变化主要通过降水量与蒸发量变化对湿地产生影响(董晓玉 等，2019；杨越等，2021；雷茵茹 等，2016)，区域尺度上，研究时段内研究区年均降水量、蒸发量年际间波动较大，降水量呈缓慢下降趋势，蒸发量呈缓慢上升趋势。理论上，降水量减少，湿地面积将会减少(正相关)。蒸发量增加，湿地面积将会减少(负相关)(赵娜娜等，2019)。而实际情况是，将不同时期汕头市各类型海岸带湿地面积与地区年降水量和年最大蒸发量之间进行相关性分析(表5-3)，发现汕头市海岸带各类型湿地面积与地区降水量和蒸发量相关性并不明显。只有水田面积与蒸发量呈显著的负相关关系

($P<0.05$)，相关系数为 -0.714，这主要是因为区域内湿地的演变受到人类活动强烈影响，区域气候变化因子并不是其主控因素。

表 5-3　汕头市海岸带各类型湿地面积与气候水文因子间的相关关系

类型	与主要河流年径流量		与主要河流年输沙量		与地区年降水量		与地区年最大蒸发量	
	相关系数	P	相关系数	P	相关系数	P	相关系数	P
浅海水域	0.183	0.637	0.461	0.212	-0.146	0.707	-0.649	0.058
海岸/滩涂	-0.341	0.369	0.859**	0.003	0.139	0.722	-0.266	0.488
红树林	-0.015	0.970	-0.787*	0.012	-0.120	0.759	0.625	0.072
河流	-0.663	0.051	0.377	0.318	0.091	0.815	0.114	0.771
湖泊	-0.417	0.264	0.709*	0.032	-0.311	0.416	-0.041	0.916
水库/坑塘	0.368	0.330	-0.749*	0.020	0.214	0.580	0.473	0.198
养殖池塘	0.414	0.269	-0.820**	0.007	0.306	0.423	0.409	0.275
水田	-0.006	0.989	0.888**	0.001	-0.179	0.645	-0.714*	0.031
盐田	0.351	0.355	-0.567	0.112	-0.093	0.812	0.367	0.332
自然湿地	-0.157	0.686	0.737*	0.023	-0.029	0.940	-0.521	0.151
人工湿地	0.747*	0.021	-0.117	0.765	0.269	0.484	-0.352	0.353
湿地总面积	0.628	0.070	0.223	0.564	0.232	0.548	-0.554	0.122

注：* $P\leq0.05$，(双侧检验)相关性显著；** $P\leq0.01$，(双侧检验)相关性极显著。

研究区水网密集，河流沟渠纵横交错，水系连通性较好，区内主要河流的水文因子对湿地的变化也有一定影响。20世纪80年代以来，韩江、榕江流域径流量变化波动较小，呈不显著下降趋势。理论上，在不受人为干扰的情况下，径流量的增减与河流面积变化应具有较好的同步性，呈显著的正相关关系(刘丹 等，2019)。而实际情况是，基于韩江、榕江1982—2020年径流量与汕头市海岸带各类型湿地面积进行相关性分析(表5-3)表明，河流面积与径流量之间呈负相关关系，相关系数为 -0.663，理论结果与实际不符，其主要原因是近40年来区内河流受到围河养殖、填河造田、渔港码头以及水利设施修建等一系列人为活动强烈的开发改造，径流量变化已经不是河流面积变化的主控因素。

1982年以来韩江、榕江入海泥沙量呈显著下降趋势，基于韩江、榕江1982—2020年入海输沙量与汕头市海岸带各类型湿地面积进行相关性分析表明，海岸/滩涂面积与入海河流输沙量之间存在极显著的正相关关系($P<0.01$)，相关系数为0.859，这一结果表明区内主要河流输沙量对于汕头市海岸/滩涂面积的发育具有显著的影响，即韩江、榕江口入海泥沙量越小，其海岸/滩涂面积相应就越小。引起输沙量减少的主要原因是韩江、榕江流域内大量水利设施的修建，流域内的水库和桥闸拦截了大量泥沙，导致韩江、榕江入海泥沙量剧减，河流入海泥沙量的减少导致河口造陆功能减退，海岸/滩涂发育减缓甚至消退。近年来，随着全球变暖加剧，全球海平面上升已成为不争的事实，

海平面上升导致滩涂等低地被淹没。入海河流输沙量减少和海平面上升的共同作用，可能是造成研究区海岸/滩涂面积萎缩的原因之一。

5.2.4.2 人为因素

1982—2020 年，汕头市城镇化规模迅速扩大，城镇化进程中的一系列人为活动造成汕头市海岸带湿地生态系统明显退化。将代表城镇化规模和速率的人口和地区生产总值指标以及代表人类活动强度的固定资产投资指标与不同时期各类型湿地面积进行相关性分析(表 5-4)表明：

浅海水域面积与地区生产总值和固定资产投资之间呈极显著的负相关关系，相关系数分别为 -0.859 和 -0.876，说明城镇化规模越大，人类活动越强烈，浅海水域面积越小，其原因是城镇化诱导填海造陆。在持续的城镇化进程中，汕头市人口和经济快速增长，导致人地矛盾突出，通过直接围填海为生活、交通以及工业生产等提供建筑用地。在 2005—2020 年，汕头市东部海域填海造陆 21.70 km^2(郑莉，2018)，浅海水域面积急剧减少。

海岸/滩涂面积与城镇户籍人口呈极显著的负相关关系，相关系数为 -0.849，说明城镇化规模越大，海岸/滩涂面积越小，其主要原因是城镇化诱导海岸/滩涂开发，滩涂围垦以及大量的渔港码头修建和海岸改造是海岸/滩涂面积急剧减少的原因之一。

表 5-4　汕头市海岸带各类型湿地面积与社会经济因子间的相关关系

类型	与城镇户籍人口		与地区生产总值		与固定资产投资	
	相关系数	P	相关系数	P	相关系数	P
浅海水域	-0.599	0.088	-0.859**	0.003	-0.876**	0.002
海岸/滩涂	-0.849**	0.004	-0.663	0.052	-0.499	0.171
红树林	0.850**	0.004	0.925**	0.000	0.818**	0.007
河流	-0.544	0.130	-0.502	0.169	-0.490	0.180
湖泊	-0.787*	0.012	-0.528	0.144	-0.340	0.371
水库/坑塘	0.923**	0.000	0.769*	0.015	0.631	0.068
养殖池塘	0.925**	0.000	0.688*	0.040	0.504	0.167
水田	-0.924**	0.000	-0.848**	0.004	-0.666*	0.050
盐田	0.748*	0.020	0.834**	0.005	0.833**	0.005
自然湿地	-0.863**	0.003	-0.955**	0.000	-0.900**	0.001
人工湿地	0.264	0.493	-0.041	0.917	-0.091	0.817
湿地总面积	-0.139	0.721	-0.458	0.215	-0.475	0.197

注：* $P \leq 0.05$，(双侧检验)相关性显著；** $P \leq 0.01$，(双侧检验)相关性极显著。

红树林面积与城镇户籍人口、地区生产总值和固定资产投资之间呈极显著的正相关关系，相关系数分别为 0.850、0.925 和 0.818，说明经济社会发展程度越高，红树林面积越大。其原因是随着经济社会发展，人们对生态环境的重视程度越来越高，自1998年开始，汕头市逐步实施“向海要森林计划”，一方面加大对自然红树林的保护；另一方面人为大量种植红树林，红树林面积因此得到不断增长。

湖泊面积与城镇户籍人口之间呈显著的负相关关系，相关系数为-0.787，水库/坑塘面积与城镇户籍人口呈极显著的正相关关系，相关系数为0.923，说明城镇化规模越大，湖泊面积越小，水库/坑塘面积越大。其原因一方面是在持续的城镇化进程中，部分湖泊被改造成裸地和景观水体；另一方面是为满足农业灌溉、城市生活以及工业生产的用水需求，部分湖泊被改造成水库。

河流和水田面积与城镇户籍人口、地区生产总值和固定资产投资之间呈负相关关系，养殖池塘面积与城镇户籍人口、地区生产总值和固定资产投资呈正相关关系，说明城镇化进程规模越大、人类活动越强烈，养殖池塘面积越大，河流和水田面积越小。其原因是城镇化过程中，由于养殖业带来的巨大经济效益，在人为作用下大量的水田、河流、浅海水域和海岸/滩涂被改造成养殖水体，使得养殖池塘面积得到显著的增长，河流和水田面积减少。

盐田面积与固定资产投资呈极显著的正相关关系，相关系数为0.833，表明人类活动强度越大，盐田面积越大。其原因是盐业生产可以获得巨大的经济效益，在巨大的经济利益的驱动下，人们加大了盐业生产力度，盐田面积因此获得增长。

自然湿地面积与城镇户籍人口、地区生产总值和固定资产投资之间呈极显著的负相关关系，相关系数分别为-0.863、-0.955和-0.900，这表明城镇化规模越大、人类活动越强烈，自然湿地面积越小；人工湿地面积与城镇户籍人口、地区生产总值和固定资产投资之间相关性并不明显，这主要是因为在城镇化进程中，人类活动虽然破坏了一些人工湿地，如水田面积的缩减，但同时也开发了一部分人工湿地，如养殖池塘和盐田面积的扩张等。

以上表明城镇化进程对海岸带湿地具有多方面的影响，具体表现为：一是由于快速的城镇化，大量的水田以及部分湖泊被改造成裸地；二是为满足农业灌溉以及城市建设的需求，部分湖泊被改造成水库以及休闲景观水体；三是城镇化进程中，由于养殖业以及盐业带来的巨大经济效益，在人为作用下大量的水田、河流、浅海水域和海岸/滩涂转化成养殖水体和盐田；四是城镇化诱导海岸/滩涂开发和围填海，在持续快速的城镇化进程中，汕头市人口和经济持续快速增长，导致人地矛盾突出，一方面，通过直接围填海用于生活生产等建筑用地，另一方面，大量的渔港码头修建和海岸改造，使浅海水域和海岸/滩涂面积急剧减少；五是随着人类环保意识的提高，红树林得到保护，红树林面积得以持续增长。可以总结为，城镇化进程诱导的一系列人为活动是汕头市海岸带湿地演变的主要驱动因素。

5.3 工程地质及水文地质

韩江三角洲总体为SE开口型的平原，南北西三侧被低山丘陵所环绕，平原区间有两条NW向的低山丘陵台地带，间隔出韩江平原、榕江平原、练江平原，形成“丘陵夹

平原，平原贯三河”的地貌格局，主要受断裂构造、沉积环境、地形地貌、地层岩性等因素控制，形成了多样的工程和水文地质特征。

5.3.1 工程地质

5.3.1.1 岩土体工程地质类型

根据韩江三角洲区内成因类型、岩性及物理力学性质，区内可划分三大工程地质类型，8 种岩土组合。

(1)沉积土类型：根据岩性及物理力学性质，可划分为4 个土质组：①流塑-软塑高压缩性软土组；②可塑-硬塑中-低压缩性土组；③松散-稍密砂土组；④中密-密实砂土组。

(2)风化土类型：可塑-坚硬中-低压缩性土组。

(3)岩石类型：根据岩石成因、结构及物理力学性质，可划分为3 个岩组：①坚硬、较坚硬层状碎屑岩(包括火山岩)组；②软硬相间层状碎屑岩组；③坚硬、较坚硬块状侵入岩组。

5.3.1.2 岩土体物理力学性质

1)沉积土类型

流塑-软塑高压缩性软土组：广泛分布于三角洲和河口平原，主要由淤泥及淤泥质土组成，土中局部为泥炭土，部分含砂及贝壳。其主要力学性质具有如下特征：天然含水率为 34.57%~41.43%，平均值 36.63%；空隙比为 1.006~2.94，平均值 1.71；塑性指数为 5.9~45.9，平均值 11.92；压缩指数为 0.050~0.416 cm^2/kg，平均值 0.136 cm^2/kg；压缩模量为 7.7~50.0 cm^2/kg，平均值 23.86 cm^2/kg；标贯 $N_{63.5}$ 为 0~6.6 击，平均值 2.2 击。

可塑-硬塑中-低压缩性土组：分布于三角洲和河谷平原，主要由黏土、亚黏土、轻亚黏土组成，局部含砂砾。其主要力学性质具有如下特征：天然含水率为 15.8%~36.8%，平均值 28.26%；空隙比为 0.487~0.998，平均值 0.770；塑性指数为 4.6~25.2，平均值 13.34；液性指数为 0.00~0.75，平均值 0.45；压缩指数为 0.005~0.050 cm^2/kg，平均值 0.028 cm^2/kg；压缩模量为 50.0~154.61 cm^2/kg，平均值 59.79 cm^2/kg；标贯 $N_{63.5}$ 为4.4~42 击，平均值 11.3 击。

松散-稍密砂土组：主要分布于滨海沙堤、沙地、三角洲前缘、前山及山间谷地，多为中细砂，次为含砾中粗砂。地下水位以上呈干-稍湿，松散；地下水位以下饱水，稍密。其主要力学性质具有如下特征：有效粒径为 0.012~0.89 mm，平均值 0.187；平均粒径为 0.145~3.0 mm；不平均系数为 1.37~5.14，平均值 2.91；曲率系数为 0.802~3.448，平均值 1.344；标贯 $N_{63.5}$ 为 1.8~10.0 击，平均值 5.9 击。

中密-密实砂土组：广泛分布于三角洲和河口平原的中后缘，岩性多为中砂、粗砂、含砾中粗砂、砂砾石等。其主要力学性质具有如下特征：有效粒径为 0.082~2.258 mm，平均值 0.391；平均粒径为 0.155~4.913 mm；不平均系数为 1.55~5.71，平均值 4.20；曲率系数为 0.55~3.14，平均值 1.204；标贯 $N_{63.5}$ 为 10~50 击，平均值 18.69 击。

2）风化土类型

可塑-坚硬中-低压缩性土组：分布于低丘台地的缓坡地带，由块状花岗岩、层状火山岩和砂页岩风化组成。岩性为黏土、亚黏土、轻亚黏土，含砂黏土。在低丘台地缓坡区为干-稍湿，硬塑-坚硬；在第四系覆盖区多为湿-稍湿，可塑-硬塑。土组由于地貌位置及原岩不同，故主要物理力学性质指标略有差异。其主要力学性质具有如下特征：天然含水率为18.3%~47.12%，平均值30.76%；空隙比为0.62~1.43，平均值0.89；塑性指数为8.8~38.8，平均值15.2；液性指数为0.68~0.75，平均值0.72；压缩指数为0.002~0.050 cm^2/kg，平均值0.034 cm^2/kg；压缩模量为33.29~120.35 cm^2/kg，平均值59.96 cm^2/kg；标贯 $N_{63.5}$ 为10.9~35.2击，平均值22.2击。

3）岩石类型

坚硬、较坚硬层状碎屑岩组：分布于鸿沟山，黄田山、五峰尖等地，由晚侏罗世凝灰岩、流纹质熔角砾凝灰岩等火山岩组成，比较致密，坚硬。根据取样试验结果，一般岩石风化垂直抗压强度为375.08~578.37 kg/cm^2，硅化细凝灰岩达1 028 kg/cm^2。

软硬相间层状碎屑岩组：分布于刘厝、大旦、铁山等地，由早侏罗世泥质粉砂岩、页岩与长石石英砂岩互层和晚三叠世长石石英砂岩、石英砂岩、粉砂岩夹泥岩等组成。本岩组由于岩性不同，故物理力学性质差异较大。

坚硬、较坚硬块状侵入岩组：分布于飞鹅山岩头山、五尖山、宝月岭等地。主要由黑云母花岗岩、斑状花岗岩、二长花岗岩、石英闪长岩、石英斑岩等岩石组成，致密，坚硬。

5.3.1.3 工程地质分区及特征

1）分区原则

依据岩土类型及大的地貌形态，划分为低山丘陵台地岩石区及平原松软土区；依据次一级地貌形态（单元）及岩土体特征划分了7个亚区；依据组成土体的主要土组划分为8个地段。

2）分区叙述

（1）低山丘陵台地岩石区（Ⅰ）。

$Ⅰ_1$．周边坚硬块状、软硬相间层状岩亚区，分布于区周边，坚硬块状岩主要由燕山三、四期花岗岩、二长花岗岩组成。岩石干扰抗压强度为1 345~3 093 kg/cm^2，软化系数为0.79~1。软硬相间层状岩由晚三叠世和早侏罗世碎屑岩及晚侏罗世火山岩组成，其中坚硬或较坚硬的石英砂岩、凝灰岩、流纹岩干扰抗压强度为540~1 500 kg/cm^2，软化系数为0.61~0.92；软质的页岩、泥岩、粉砂岩干扰抗压强度为115~228 kg/cm^2，软化系数为0.26~0.54。

区内地形起伏，沟谷发育，切割深度大。在西北部的丘陵台地，面状冲刷强烈，水土流失较严重。在缓山坡往往发育有厚3~10 m的风化土。

$Ⅰ_2$．韩江与榕江之间坚硬块状岩亚区，分布于西山-关爷山一带。岩石主要为燕山三、四期花岗岩，二长花岗岩。还有小面积的燕山五期花岗斑岩、石英斑岩及早侏罗纪碎屑岩、火山岩。岩石干扰抗压强度为1 033~1 970 kg/cm^2，软化系数为0.79~0.98。

压区内山坡平缓，风化图层较厚，面状冲刷强烈，水土流失较严重，本压区石料丰富且用于各类工程建筑，但应做好水土保持，防止面状冲刷。

(2)平原松软土区(Ⅱ)。

$Ⅱ_1$. 韩江三角洲松软土亚区。

$Ⅱ_{1-1}$. 高压缩性软土为主地段，分布于三角洲前缘的义合、西陇。地段内地势低平，水渠密布，软土为全新世海陆交互堆积的淤积、淤泥质土，层厚25.5~30.1 m，流塑-软塑。天然含水率为60.1%~76.8%，孔隙比为1.2~2.04，压缩系数为0.06~0.17 cm^2/kg，标贯为1.7~3.1击。本地段软土易产生触变、流变、不均匀沉陷，因而不宜直接作为各类工程建筑的地基，但可利用表层硬壳作为一般低层建筑的地基或采取加固措施。

$Ⅱ_{1-2}$. 中密-密实砂及高压缩性软土地段，广泛分布于三角洲。地段内地势平坦，为全新世海陆交互堆积，上层为中粗砂、中细砂，层厚5~13 m，多为中密-密实状，平均粒径为0.31~1.35 mm，不均匀系数为1.7~5.6，标贯为10~15击；下层多为高压缩性土，局部为中-低压缩性土，软土层厚5~25 m。天然含水率为35.9%~72%，孔隙比为1.07~2.04，压缩系数为0.065~0.26 cm^2/kg，标贯为1.5~4.0击。本地段表层砂可作为低层建筑的地基，但应注意砂土液化。

$Ⅱ_{1-3}$. 中-低压缩性土为主地段，分布于三角洲后缘。地段内地形微倾斜，见残丘、土丘。为全新世海陆交互堆积，冲击的黏土、亚黏土，局部夹薄层淤泥、中粗砂；层厚3~20 m，可塑-硬塑。天然含水率为20.5%~56.2%，孔隙比0.63~0.89，压缩系数为0.01~0.04 cm^2/kg，标贯为6.4~11.0击。本地段可作为低层建筑的地基，但应注意砂土夹层的分布。

$Ⅱ_2$. 榕江平原松软土亚区。

$Ⅱ_{2-1}$. 高压缩性软土为主地段，分布于平原区中部及前缘。地段内地形平缓，溪沟密布。软土为全新世海陆交互堆积的淤泥、淤泥质土；层厚12~25 m，流塑-软塑。天然含水率为42.6%~98.0%，孔隙比为1.15~2.93，压缩系数为0.06~0.41 cm^2/kg，标贯为0.81~4.38击。易产生不均匀沉陷、触变、流变等现象，一般不宜选作各类工程建筑的地基。

$Ⅱ_{2-2}$. 中-低压缩性土为主地段，分布于平原区后缘及山间谷地，地段内地形微倾斜，见残丘、土丘。为全新世海陆交互堆积、冲积、冲洪积的黏土、亚黏土，夹薄层中细砂、砂砾；层厚18~26 m，可塑-硬塑。天然含水率为18.1%~39.1%，孔隙比为0.61~0.94，压缩系数为0.03~0.04 cm^2/kg，标贯为9.2~25.1击。本地段土、砂料丰富。可作低层建筑的地基。

$Ⅱ_3$. 练江平原松软土亚区。

$Ⅱ_{3-1}$. 高压缩性软土为主地段，分布于平原区中部及前缘。地段内地形平缓、开阔，溪渠密布。软土为全新世海陆交互堆积的淤泥、淤泥质土；层厚6.30~25.5 m，流塑-软塑。天然含水率为51.0%~79.0%，孔隙比为1.44~2.33，压缩系数为0.118~0.28 cm^2/kg，标贯为0.86~4.3击。易产生不均匀沉陷、触变、流变等现象，不宜选作各类工程建筑的地基，其下伏的黏土或砂砾石层，可选作低层建筑的桩基持力层。

$Ⅱ_{3-2}$. 中-低压缩性土及中密-密实砂地段，分布于平原区的中部及后缘。地段内地形平坦、开阔，为全新世海陆交互堆积、冲积、冲洪积的黏土、亚黏土、中粗砂，层厚

18~26 m，在平原区中部上层多为中粗砂，层厚分别为5~16 m和4~14 m。黏土、亚黏土为可塑-硬塑。天然含水率为27.8%~40.3%，孔隙比为0.81~0.99，压缩系数为0.002~0.038 cm^2/kg，标贯11击，中粗砂平均粒径为0.26~2 mm，不均匀系数为2.9~9.6，标贯为10~12击。本地段砂、土料丰富。可作低层建筑的地基。

$Ⅱ_4$. 滨海垅状沙堤、沙地亚区，以松散-稍密砂为主的地段。分布于韩江三角洲及练江平原前缘和埭头-洪洞的滨海地带。沙堤、沙丘走向与岸线平行，高2~7 m。多为全新世晚期海风积、海陆交互堆积细中砂，厚度4~15 m，平均粒径为0.15~0.45 mm，不均匀系数为1.24~3.00，标贯为3.7~10击，下伏为淤泥、淤泥质土，层厚6.64~12.5 m。细中砂层可以作为低层建筑的地基，但应采取预防砂土液化措施。

5.3.1.4 软土工程地质特征

区内软土广泛分布，且多为全新世，晚更新世海陆交互堆积和海积的淤泥、淤泥质土、粉砂质淤泥。其共同特性为天然含水率高、孔隙比大于1、透水性差、压缩性高（a_{1-2}大于0.05 cm^2/kg）、标贯小于5击。

根据软土的出露条件，可划分为裸露型及埋藏型。依据其在垂直方向上的层数和与其他土层的组合关系，可划分为单层结构、双层结构和多层结构：单层结构为单一软土层，有夹层，但夹层厚度小于3 m；双层结构由上、下两层软土组成，中间其他土组隔层厚度大于3 m；多层结构由3层软土层组成，层间其他土组隔层厚度大于3 m。现分别进行叙述。

1）韩江三角洲

具裸露型及埋藏型，以双层结构及多层结构居多，分布于三角洲前缘。

（1）裸露型。

分布于三角洲前缘，具单层结构和双层结构。

单层结构：分布于樟林一带，呈NW向条带状分布，为全新世中期海陆交互堆积的淤泥、砂质淤泥，层厚4.1~8.61 m，天然含水率为59.3%，孔隙比1.548，压缩系数为0.111 cm^2/kg，标贯为2~3击。

双层结构：分布于郭陇、牛田洋等地，上层为全新世中、晚期海陆交互堆积、海积的淤泥、淤泥质土、含粉砂淤泥，层厚6.86~30.14 m，天然含水率为43%~85.7%，孔隙比为1.08~2.33，压缩系数为0.059~0.40 cm^2/kg，标贯为0.5~3.68击；下层为全新世中期及晚更新世中期海陆交互堆积的淤泥质土、淤泥，层厚4.3~15.63 m，顶板埋深12.74~37.3 m（以汕头市北郊埋深为大）。其天然含水率为43%~56%，孔隙比为1.08~1.40，压缩系数为0.063~0.077 cm^2/kg。

（2）埋藏型。

广泛分布于三角洲，具单层结构、双层结构和多层结构。

单层结构：分布于潮州市的枫溪、东陇、金山一带，为全新世中期海陆交互堆积的淤泥、淤泥质土、含砂淤泥，层厚3.78~23.6 m（以金山一带厚度较大且稳定，为13.8~23.6 m），顶板埋深4.81~20.32 m（以潮州市的枫溪埋深较大，为17.41~20.32 m）。其天然含水率为40.4%~75.5%，孔隙比为1.10~1.85，压缩系数为0.056~0.1 cm^2/kg，标贯为0.88~3.0击。

双层结构：分布于潮州市(西)、风塘-溪南及下莲-汕头市。上层为全新世中期、晚更新世晚期海陆交互堆积的淤泥，局部为淤泥质土，粉砂质淤泥，层厚6.44~24.34 m，顶板埋深一般为4.6~10.63 m。在贾里、隆都、新华等局部地带，埋深29.5~40.29 m，其天然含水率为35%~82%，孔隙比为1.05~2.04，压缩系数为0.065~0.19 cm^2/kg，标贯为0.3~4.9击；下层多为晚更新中期(局部为全新世中期)海陆交互堆积的淤泥、含砂淤泥、淤泥质土，层厚4.85~12.03 m。层位较稳定，厚度变化小，但顶板埋深因地而异，在风塘-溪南为47.6~55.26 m，下莲-汕头市为27.20~41.3 m，潮州市(西)为15~16 m。其天然含水率为44%~47.2%，孔隙比为1.31~1.32，压缩系数为0.045~0.07 cm^2/kg。

多层结构：分布于三角洲前缘的庵埠-凤州。上层为全新世中期海陆交互堆积的淤泥，局部为淤泥质土，层厚9.35~31.05 m，在白沙、凤州等地局部地段为31.05~43.88 m，顶板埋深4.6~8.74 m，天然含水率为35%~69%，孔隙比为1.06~2.18，压缩系数为0.054~0.16 cm^2/kg，标贯为1.5~3.68击；中层为晚更新世中期(局部为全新世中期)海陆交互堆积的淤泥，夹淤泥质土、含砂淤泥，层厚5.43~12.41 m，局部可达21.6 m，顶板埋深在庵埠为47.92~50.38 m，坝头-凤州为24.71~31.24 m；下层为晚更新世中、晚期海陆交互堆积的淤泥、淤泥质土，层厚3.12~11.03 m，局部为29.02 m，顶板埋深在庵埠为61.6~72.34 m，北湾-凤州为38.24~40.21 m。

综上所述，韩江三角洲软土有如下特征：①以埋藏型软土分布较为广泛，裸露型软土仅分布于前缘两侧地带。②自后缘往前缘，软土层的结构有单层-双层-多层的变化。上层软土厚度大且较稳定；中层、下层软土具有厚度小，变化大，顶板埋深往前缘变浅等特征。③上层软土的压缩系数、孔隙比、天然含水率较高；中层、下层依次略低。④软土总厚度以彩塘一带为厚，达36.19 m，占第四系厚度的21.5%；以南社的下层顶板埋深为深，达72.34 m。

2)榕江平原

具裸露型及埋藏型，前者分布较广泛，后者分布于局部地带。

(1)裸露型。

具单层结构、双层结构和多层结构。

单层结构：广泛分布于霖盘-河溪，软土为全新世中期堆积的淤泥，局部夹砂质淤泥、淤泥质土，层厚7.2~23.27 m，自后缘往前缘增厚，其天然含水率为43.0%~111.43%，孔隙比为1.15~2.93，压缩系数为0.06~0.36 cm^2/kg，标贯为0~2.6击。

双层结构：分布于平原后缘的坤头洋、前缘的钱岗-玉井、达濠等地。上层为全新世中期(局部为晚期)海陆交互堆积淤泥、砂质淤泥，层位较稳定，在坤头洋层厚3~5 m，钱岗-玉井、达濠等地层厚12.16~15.4 m，其天然含水量率为52%~98.6%，孔隙比为1.32~2.71，压缩系数为0.07~0.136 cm^2/kg，标贯为0.81~2.92击；下层为全新世中期及晚更新世晚期海陆交互堆积的淤泥质土，局部为淤泥、砂质淤泥，层厚3.5~9.29 m，顶板埋深19.45~26.94 m，天然含水率为43.1%~53.7%，孔隙比为1.43~1.98，压缩系数为0.065~0.08 cm^2/kg，标贯2.8击。

多层结构：分布于炮台一带，上层为全新世中期海陆交互堆积的淤泥，层厚14.22~20.6 m，天然含水率为47.6%~74.4%，孔隙比为1.31~2.07，压缩系数为0.086~

0. 132 cm^2/kg；中层、下层为晚更新世中、晚期海陆交互堆积的淤泥、淤泥质土，层厚分别为 11. 25 m、10. 05 m，顶板埋深分别为 30. 74 m、60. 65 m。

(2)埋藏型。

仅分布于平原后缘的老路篦及前缘的埭头一带，为单层结构，为全新世中期海陆交互堆积砂质淤泥、淤泥，层厚4. 77~11. 77 m，顶板埋深6. 04~14. 55 m，其天然含水率为 60. 7%，孔隙比 1. 7，压缩系数为 0. 102 cm^2/kg，标贯为 0. 81~6. 48 击。

综上所述，榕江平原软土有如下特征：①多为裸露型单层结构，层位稳定，层厚 7. 2~23. 27 m，自平原后缘往前缘增厚。双层和多层结构仅分布于达濠、钱岗-玉井、坤头洋、炮台等局部地带。②软土以炮台最厚，达 32. 42 m，占第四系厚度的 42. 3%；下层顶板最大埋深 60. 65 m。③在双层、多层结构中，上层软土岩性多为淤泥；中层、下层为淤泥质土、含砂淤泥。自上层往下层的压缩系数、孔隙比、天然含水率逐渐减少。

3)练江平原

软土分布于平原中部及前缘，有裸露型及埋藏型，以前者为主。

(1)裸露型。

具单层结构及双层结构，并具有由平原中部的双层结构往前缘渐变为单层结构的特征。

单层结构：分布于滨海沙地后侧的沙陇一带，呈 NE 向条带状，为全新世中、晚期海陆交互堆积的淤泥、淤泥质土，层厚 4. 9 ~ 7. 0 m，天然含水率为 66. 06%，孔隙比 2. 057，压缩系数为 0. 028 cm^2/kg，标贯 1. 0 击。

双层结构：分布于贵屿-成田，上层为全新世早、中期海陆交互堆积淤泥质土、淤泥，层厚 5. 18 ~ 19. 72 m，溪头一带厚度较大，为 10. 6 ~ 19. 72 m，天然含水率为 34. 8%~90. 85%，孔隙比为 1. 5~2. 33，压缩系数为 0. 119~0. 27 cm^2/kg，标贯为 0. 86~4. 6 击；下层为全新世早期(局部为中期)海陆交互堆积的淤泥质土，偶为淤泥，层厚 3. 42~12. 69 m，以和平-龙港厚度较大，为 11. 86 ~ 12. 69 m，顶板埋深 17. 51 ~ 26. 6 m，往前缘增大，天然含水率为 44. 9% ~ 54. 0%，孔隙比为 1. 29 ~ 1. 53，压缩系数为 0. 048 ~ 0. 065 cm^2/kg。

(2)埋藏型。

分布于平原中部的司马浦、前缘的田心-浦东，为全新世中期海陆交互堆积淤泥质土、淤泥、含砂淤泥，为单层结构。层厚 3. 29~12. 23 m，在田心可达 25. 53 m，顶板埋深 3. 0~10. 06 m，田心一带埋深最大，为 22 m，天然含水率为 51. 6%，孔隙比 1. 446，压缩系数为 0. 118 cm^2/kg。

综上所述，练江平原软土有如下特征：①从平原中部裸露型双层结构至前缘渐变为单层结构，埋藏型仅分布于前缘及平原中部的后侧地带，为单层结构。②软土以溪头最厚，达 29. 66 m，占第四系厚度的 38. 5%；下层顶板最大埋深 28. 6 m。③在双层结构中，上层软土为淤泥质土及淤泥，下层软土为淤泥质土。自上层往下层的压缩系数、孔隙比、天然含水率逐渐减小。

韩江三角洲全区软土有如下分布特征：①韩江三角洲软土层分布广泛，多为全新世中期及晚期更新世中、晚期海陆交互堆积，多为埋藏型，具层次多(多为双层、多层结

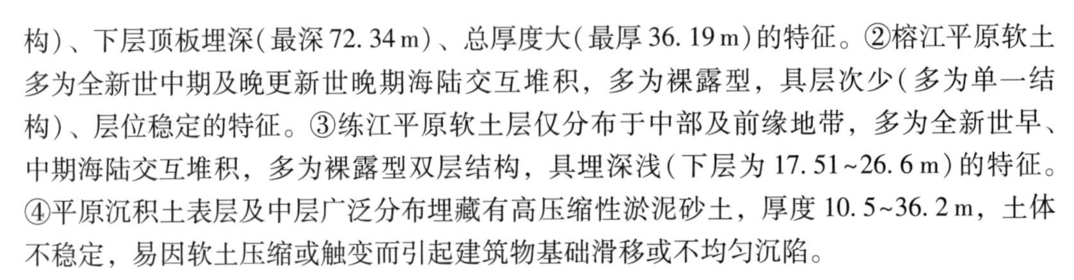

构)、下层顶板埋深(最深72.34 m)、总厚度大(最厚36.19 m)的特征。②榕江平原软土多为全新世中期及晚更新世晚期海陆交互堆积，多为裸露型，具层次少(多为单一结构)、层位稳定的特征。③练江平原软土层仅分布于中部及前缘地带，多为全新世早、中期海陆交互堆积，多为裸露型双层结构，具埋深浅(下层为17.51~26.6 m)的特征。④平原沉积土表层及中层广泛分布埋藏有高压缩性淤泥砂土，厚度10.5~36.2 m，土体不稳定，易因软土压缩或触变而引起建筑物基础滑移或不均匀沉陷。

5.3.1.5 工程地质问题

韩江三角洲的工程地质问题按松软土层区、岩石区、港区进行分述。

1)松软土层区工程地质问题

(1)河口段三角洲平原，水系发育，沼泽、洼地棋布。处于新构造运动剧烈地段，河道变迁，塘、沼开拓填平，在小范围内，土质不均，力学性质悬殊，不少浅基工程建成后，出现不均匀沉降或河涌边坡不稳，建筑物急剧沉降现象。

(2)海岸平原后缘沿丘陵区一带往往土体岩性突变，土的含水率猛增，物理力学性质截然不同，为复杂的工程地基，如棣头植线厂、达濠中学等。

(3)下卧淤泥及淤泥质土，呈流塑状态，抗剪强度小，工程施工时，易触变塑流或产生侧向位移变形隆起，如安平路尾某宿舍楼，均由于新建地基基础下卧软土层受挤压向旁侧塑流变形隆起，使附近原建筑物形成严重倾斜或拉裂等灾害。

(4)低洼区的洼地和河间地块。这些地段每当海潮汛期，均受海水顶托侵入泡浸灾害影响。

(5)砂土液化，区内全新世晚期海陆交互沉积的流塑-软塑轻亚黏土，饱和松散的细砂、粉砂，在埋深25 m内。

2)岩石区工程地质问题

(1)区内丘陵“石蛋岩”地形发育。据各采石场的采剥面的调查，“石蛋岩”在地下也相当发育，延深逾10 m，由于岩土混杂，软硬不均，力学性质差异悬殊，常成为工程地基基础不均匀沉降的不利因素。

(2)区内断裂带通常由于动力变质，片理、劈理和花岗糜棱岩挤压透镜体等，易风化或岩石破碎。各类工程应尽量避开，因为一旦清基或边坡开挖衬砌，遇水极易软化，并沿劈理面或构造节理面滑动崩塌。

3)港区工程地质问题

(1)汕头港池多次围海，造成纳潮量减少，河流携带的大量泥沙在港池出口形成拦门沙，航道淤浅，清淤效果不显著，已造成港区工程地质灾害。

(2)计划兴建的前江港波浪大，天然港池一年中有较长时间船舶不能停靠，成为自然环境灾害。

5.3.2 水文地质

韩江三角洲水文地质受地质构造、地貌与植被、气象与水文等自然因素的制约，各种因素在不同的水文地质单元所起的作用也不尽相同，根据构成含水岩组的岩性、构造及地下水的水理性质和水力特性等，参照《水文地质调查技术要求 1:50000》(DD 2019-03)，将区内地下水类型划分为孔隙水、裂隙水两大类型。其中孔隙水依其埋藏深度、水力特性、开采条件又可分为孔隙潜水和孔隙承压水两个亚类；裂隙水按岩石成因和含水岩组岩性又分为两个亚类，即碎屑岩类孔隙裂隙水和岩浆岩变质岩类裂隙水，并在水量贫富差异及水质好坏上有明显的规律性。

5.3.2.1 地下水类型及富水程度

1)孔隙水

孔隙水普遍见于第四纪松散沉积物中，因此也称松散岩类孔隙水。松散岩类孔隙水广泛分布于韩江三角洲平原，主要分布于汕头市周边及南澳县等平坦地段，含水层为淤泥、黏土、细砂等，按照河流区域分为韩江平原松散岩类孔隙水、榕江平原松散岩类孔隙水和练江平原松散岩类孔隙水。

(1)韩江平原松散岩类孔隙水。

韩江平原多为潜水、承压水双层结构。单一承压水结构仅分布于牛田洋及汕头市中心城区西侧近海，水质为咸水，水质类型以 $HCO_3Cl-Na\cdot Ca$ 型为主。其他地区为潜水、承压水双层结构，潜水层厚度为3.0~8.0 m，多为细砂，富水性贫乏。承压水具2~3层，单层厚5~10 m，富水性多为中等，局部丰富，水质多为上层咸、下层淡或上下层皆咸、中层淡水类型。经计算，韩江平原(包括区外)天然补给量为 $3.38\times10^6 m^3/d$，储存量为 $2.0\times10^{10} m^3$，可开采量为 $2.32\times10^6 m^3/d$。区内具开发远景水源地有澄海区凤州，主要为海陆交互堆积承压含水层(砾砂)，含水层顶面埋深约90 m，含水层厚度约14.37 m，经计算，可开采量为 $3\times10^5 m^3/d$。

(2)榕江平原松散岩类孔隙水。

榕江平原内松散岩类孔隙水具潜水及承压水，均为单一结构分布。在山前谷地及滨海沙堤赋存单一潜水层，含水层厚2~8 m，岩性为含砾中粗砂、粉细砂，水量多属贫乏，局部中等，水质多为淡水，在达濠一带为咸水。承压水广泛分布区内，含水层厚5.49~10.92 m，含水层为砾砂、含黏土砂砾，富水性贫乏—中等，水质多为微咸—半咸水，仅在山前地带为淡水。经计算榕江平原(包括区外)天然补给量为 $9.5\times10^4 m^3/d$，储存量为 $6.5\times10^9 m^3$，可开采量为 $2.9\times10^4 m^3/d$。

(3)练江平原松散岩类孔隙水。

练江平原为潜水及承压水的单一结构分布。潜水水质为淡水，含水层厚度为2.60~14.93 m，含水层为含黏土砂砾、中粗砂、粉细砂及滨海的沙丘沙地，富水性多属贫乏—中等。承压水广泛分布区内，含水层厚26.21~31.37 m，为砾砂、含黏土砾砂、中粗砂，富水性多为贫乏—中等，在和平镇-田心村的西侧，水质为淡水，往东为咸水。经计算练江平原(包括区外)天然补给量为 $1.87\times10^5 m^3/d$，储存量为 $3.4\times10^9 m^3$，可开采量为 $4.3\times10^4 m^3/d$。

2)裂隙水

裂隙水是贮存并运移于基岩裂隙系统中的地下水，研究区裂隙水主要是基岩裂隙水，其广泛分布于韩江三角洲周边的丘陵地带，主要包括澄海区盐鸿镇莲花山、濠江区、潮阳区河溪镇谷饶镇以及潮南区南部的红场镇、雷岭镇。基岩裂隙水可分为层状岩类裂隙水及块状岩类裂隙水两种。

(1)层状岩类裂隙水。

主要分布在研究区北部深澳镇银厝岭至白牛村一带，含水层为中生代侏罗系高基坪群，岩性为火山碎屑岩，水位埋深一般为0.40~1.8m，富水性中等，单井涌水量为84.57m^3/d。为HCO_3Cl-Na型水，矿化度为0.0357~0.0438g/L。枯季地下径流模数为8.523L/(s·km^2)。

(2)块状岩类裂隙水。

在研究区广泛分布，含水层主要为白垩纪及侏罗纪的岩浆岩，岩性有黑云母花岗岩、石英二长岩、花岗岩，主要为风化裂隙潜水，水量中等，水位埋深0.30~2.0m，单井涌水量为130.5m^3/d。多为HCO_3Cl-Na型水，pH值为6~7，矿化度为0.028~0.238g/L。枯季地下径流模数为3.120~4.890L/(s·km^2)。

5.3.2.2 地下水的补给、径流、排泄条件

地下水的补给、径流、排泄主要受降雨、地形地貌、岩性条件、地质构造等条件的控制，既有区域上的普遍规律，又存在地段上的差异，很难严格区分地下水的补给区、径流区和排泄区，同一地段既可以接受降雨的渗入补给形成径流，同时又可能是排泄区。

1)地下水的补给

研究区地下水主要靠降雨和地表滞水渗入补给，研究区雨量充沛，可以为地下水的补给提供丰富来源，在覆盖型宽谷地段，地表水(山塘、水库、水产养殖、水耕地、溪流等)也可为地下水提供补给来源。研究区局部地表岩层(石)风化强烈，风化层厚度较大，受构造活动影响，岩层(石)破碎，植被覆盖率大于60%，降雨渗入补给条件和储水条件好，岩石节理、裂隙的发育利于大气降雨和地表滞水垂直渗入补给；枯水季节地表水是地下水主要补给来源，地下水的补给途径较多。

2)地下水的径流与排泄

地势较高的山岭区地下水获得降雨渗入补给后，通常沿坡潜流至盆地边缘或坡脚部分形成泉水直接排泄或直接排泄至河流或溪流中，形成地下水溢出带。地下水的潜流流程一般较短，补给区与径流区基本一致。主要在覆盖层与基岩侵蚀的基准面、节理、裂隙、层理、构造破碎带中径流，径流坡度一般较陡，排泄比较积极迅速，多在阶地前缘或低洼地、构造风化裂隙中溢出排泄，部分直接排泄于河流、河谷中。

总之，该区降雨是地下水的主要补给来源，山区和丘陵的风化壳、断层、岩石节理、裂隙、破碎带等都有利降雨的渗透，第四系由于被黏性土层覆盖，降雨渗透相对较差，旱季地下水补给地表水，雨季地表水补给地下水。

5.3.2.3 水化学特征

韩江三角洲区内地下水化学类型与地质构造、含水层结构、地形地貌、水文等因素有密切关系。丘陵山区以HCO_3-Na、HCO_3·Cl-Na及Cl·HCO_3-Na·Ca型为主。矿化度为0.028~0.238g/L。平原区自后缘至中部，水中Cl^-含量增大，HCO_3^-减少，水化学类型多为Cl·HCO_3-Na型，矿化度为0.045~0.065g/L；至前缘形成淡水层交替区，水化学类型属Cl·HCO_3-Na及Cl-Na型，矿化度为0.69~5.55g/L。沿海岸及河口地带(除沙堤、

沙地为淡水区外）全为微咸或半咸水，水化学类型为 Cl–Na 型，矿化度为 1.5~5.55 g/L。韩江三角洲地下水中铁离子、氮离子含量普遍较高，局部地段氟离子及硝酸根离子含量也超过饮用水标准。

5.4　灾害地质

韩江三角洲位于新华夏构造第二复式隆起带的东南侧，深受断块构造的控制，形成了台地丘陵地分隔三角洲平原的地貌格局，因此韩江三角洲区域地质灾害频发且类型较多，陆域主要表现为高山丘陵区的崩塌、滑坡以及活动断裂；近岸的岸线侵蚀淤积；海域的古河道、浅层气、风暴潮、浅埋不规则基岩和埋藏古河道等类型的地质灾害。

5.4.1　崩塌、滑坡

5.4.1.1　概况

韩江三角洲崩塌和滑坡等地质灾害主要分布于丘陵、海岛地貌，丘陵地貌主要分布在澄海区，海岛地貌主要分布在南澳岛。崩塌较为发育，具有规模小、分布零散的特点，主要发育于丘陵中的切割缓坡。滑坡发育较少，具有规模小、影响范围小的特点，主要发育于丘陵中的切割缓坡，该区域地形高陡、构造和节理裂隙发育。受岩石差异性风化的影响，南侧地貌见较多“石蛋”地形，坡面裸露，属水土流失易发区，环岛公路、县道、村道从区内穿过，降雨、切坡修路、切坡建房等因素是诱发灾害发生的重要原因。

基于南澳岛地质灾害专项调查，参考《广东省南澳县地质灾害调查与区划报告》等资料，基本查清南澳县地质灾害隐患点类型主要以崩塌、滑坡为主，局部山区有少量地面沉降等灾害，本次调查共查明各类调查点 174 处，其中滑坡 20 处，占比 11%；崩塌 41 处，占比 24%；不稳定斜坡 113 处，占比 65%。

5.4.1.2　崩塌

崩塌，一般是指较陡斜坡上的岩土体在重力作用下突然脱离母体崩落、滚动、堆积在坡脚（或沟谷）的地质现象。南澳县是地质灾害易发区和多发区。崩塌主要以小规模为主，呈点多面广、突发性强的特点，主要沿着环岛公路呈环带状分布，尤其是在低山丘陵地段。本次选取典型的崩塌进行论述。

1）深澳镇石狮头 SE 方向省道 S336 公路旁崩塌

（1）概况。深澳镇石狮头 SE 方向省道 S336 公路旁崩塌地质灾害位于汕头市南澳县深澳镇，为构造剥蚀丘陵地形，地形比较平缓，山顶成浑圆状，受人工切坡影响，坡度较陡，近乎直立，岩石节理裂隙发育，风化严重，易形成崩塌、危岩地质灾害。崩塌类型为土质崩塌，运动形式为滑移式，主崩方向为 96°，崩塌主轴水平投影长 34 m，宽 70 m，面积 2 380 m^2。崩滑体平均厚 8.0 m，崩塌体积 19 040 m^3（图 5-1）。深澳镇石狮头 SE 方向省道 S336 公路旁崩塌主要威胁环岛公路，威胁路长 70 m、行人 10 人的生命及 150 万元财产安全，险情等级为小型。

图 5-1　深澳镇石狮头 SE 方向省道 S336 公路旁崩塌全貌

（2）地质环境条件。该崩塌区域属构造剥蚀丘陵地形，地形比较平缓，山顶成浑圆状，水系呈树枝状，现状坡度 10°~20°。崩塌临空面斜坡坡度约为 70°，山坡顶部平台处坡度为 10°左右。地表以灌木、林地为主。

（3）崩塌特征。

崩塌边界、规模、形态特征

深澳镇石狮头 SE 方向公路旁崩塌位于环岛公路 S336 切坡处。陡崖呈倾斜状，正对公路，斜坡坡度约 70°，表面凹凸不平，下部可见基岩出露，岩性为花岗岩。坡顶高程为 118~120 m，坡脚高程为 84~96 m，斜坡高 34 m（图 5-2）。

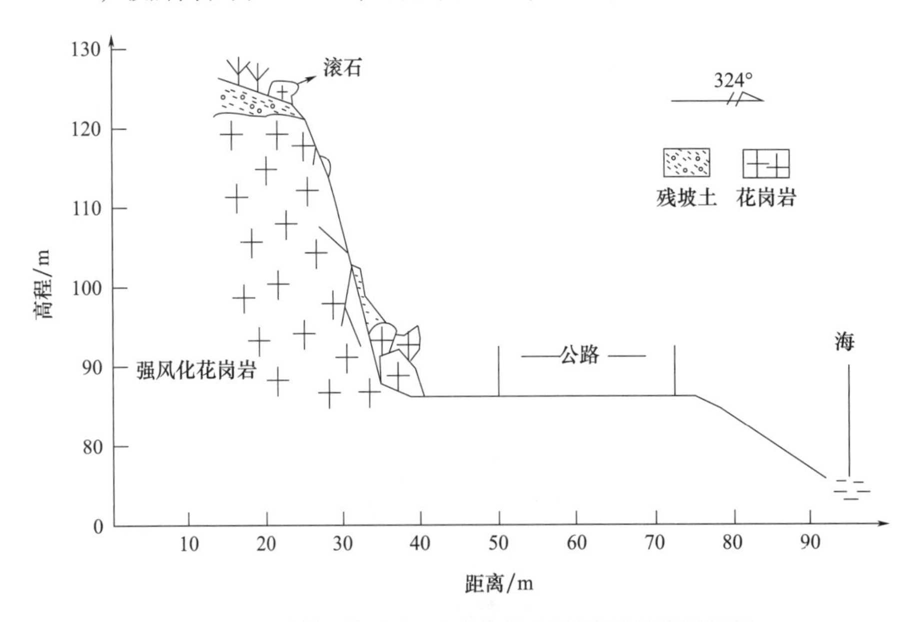

图 5-2　深澳镇石狮头 SE 方向省道 S336 公路旁崩塌剖面

崩塌边界主要依据地形地貌特征进行圈定：崩塌体后缘边界位于斜坡坡顶，海拔 118~120 m，沿 NE—SW 向呈弧形展布，斜坡高 34 m，崩塌体前缘边界为坡脚；崩塌堆积体沿陡崖脚在斜坡坡面呈裙扇状展布。

依上所述圈定崩塌边界，崩塌体平面形态呈弧形，陡崖弧线长约70 m，崩塌体面积2380 m^2，崩塌体厚度为1~8 m，估算危岩体积约19040 m^3，为小型崩塌。

崩塌结构特征

崩塌形成区位于斜坡中上部，斜坡区出露岩石为早白垩系纪（K_1）花岗岩：黄褐色、浅红色，含碎块，松散，块径一般在20~60 cm，少量达到120 cm，主要为崩塌落石形成的碎块石堆积于斜坡坡面。第四纪砂质黏土：呈黄白色、浅红色，土质松散，密实度稍松。斜坡坡面局部由于风化剥蚀、节理裂隙发育，从而形成危岩体。

深澳镇石狮头SE方向公路旁于2019年发生过崩塌，体积约7350 m^3，造成道路部分被堵塞，交通中断。根据现场调查，坡脚处有较多的崩塌产生的大块石，由于坡脚处较平整，石块滚动距离较近。形成堆积区域长约21 m，宽5 m，厚1~3 m，体积约210 m^3。

（4）成因及发展趋势。

成因

深澳镇石狮头SE方向公路旁崩塌的发生与发展有其内在的基础条件和外在的诱发因素。基础条件主要受地形条件、地质因素、地质构造等因素的控制；诱发因素是切坡与降雨。

①内部因素。崩塌形成的主控因素包括地形条件、岩土条件、构造条件，各因素对崩塌形成的影响。

地形条件。崩塌区地处斜坡中后部，主体坡向96°，坡度约70°，斜坡高34 m，坡顶松散堆积物较多，下部基岩裂隙发育，不利于坡体稳定。

岩土条件。崩塌区出露岩石为早白垩系纪（K_1）花岗岩：黄褐色、浅红色，含碎块，松散，块径一般在20~60 cm，少量达到120 cm，主要为崩塌落石形成的碎块石堆积于斜坡坡面。第四纪砂质黏土：呈黄白色、浅红色，土质松散，密实度稍松。斜坡坡面局部由于风化剥蚀、节理裂隙发育，从而形成危岩体。崩塌区基岩由于受构造和风化的影响，现状节理裂隙发育，坡体处于不稳定状态，易产生小规模崩塌、落石破坏。

②外部因素。崩塌形成的主要诱发因素为切坡与风化作用：区域内主要为花岗岩，在地表多呈中等风化-强风化状态，在雨水侵蚀、风化作用及重力作用下，易形成贯穿裂隙，崩塌区岩体被切割分离，易产生滑移崩塌。崩塌前面为环岛公路，修建公路时对斜坡进行了切坡，降低了崩塌的稳定性。

发展趋势

崩塌目前有多处危岩体存在，陡崖整体稳定，但危岩体在降雨侵蚀、风化、重力及地震等外力的作用下，可能形成落石，直接威胁公路上的行车安全以及路上行人的安全。

2）南澳县天籁回音壁SW方向200 m处崩塌

（1）概况。该崩塌位于汕头市南澳县天籁回音壁SW方向200 m处的陡坡上，地形地貌属于丘陵地貌。该点海拔较低，微地貌属于陡坡，陡坡产状为165°∠60°，边坡形态呈圆弧状，边坡稳定性较差。受人工切坡和降雨影响，形成崩塌地质灾害，其运动形式为滑移式，崩塌类型为岩质，控制结构面类型为风化剥蚀界面，宏观上稳定性评价为基本稳定，活动状态为加速变形阶段，崩塌源扩展方式为向后扩展、扩大型，主崩方向155°，崩塌源高程 283.5 m，最大落差 14.8 m，最大水平位移 2.5 m，崩塌源宽度 103.5 m，崩塌源厚度 2.4 m，崩塌源面积 258.75 m^2，崩塌源体积 621 m^3。主要威胁对象为村镇、公路、风车厂，威胁财产约 13.0617 万元，险情等级为小型。

(2)地质环境条件。该点地层岩性为早白垩世(K_1r)花岗岩，风化面呈灰黄色，新鲜面呈灰色。岩石主要是侵入风化形成的，岩石风化为强风化，有贯穿的节理裂隙发育，岩石为软岩，软弱层对崩塌的温度有控制意义。斜坡结构呈碎裂状，稳定性差，极易发生崩解、塌落。斜坡坡度与地层产状斜交，岩石节理裂隙发育，节理产状为 287°∠60°，裂隙产状为 20°∠68°，岩石碎裂化严重，推测该处可能出露 NE 向的断层。该点地下水补给、径流、排泄条件较好，县道 X057 旁有排水沟，水沟规模为 50 cm × 50 cm，地下水类型主要为块状岩类裂隙水补给。崩塌体上部植被覆盖茂盛，主要以灌木及杂草为主，崩塌临空面几乎无植被覆盖。人类工程活动主要有崩塌体上部的风化层上有一风车机，崩塌体坡前 2 m 处为县道 X057。

(3)崩塌特征。

崩塌边界、规模、形态特征

该崩塌点位于南澳县天籁回音壁 SW 方向 200 m 处的陡坡上，崩塌源区边界条件较清晰，危岩体岩性为灰白色、灰黑色花岗岩，控制面结构呈破碎状，结构稳定性差，裂隙发育，裂隙贯通整个临空面，宽 2~5 cm，崩塌堆积体沿着坡脚呈弧线型，空间上呈零散状、锥形，厚度为 2.4 m，规模较少，堆积体较新鲜，岩性为灰白色花岗岩，局部有构造扰动成褐铁矿化，最远堆积由于人工搬运，推测为 2.5 m。崩塌路径区域斜坡呈半凸型，地层岩性为灰白-灰褐色花岗岩，路径区域内植物覆盖较少，路径区域前 2 m 处为县道 X057，宽约 10 m(图 5-3)。

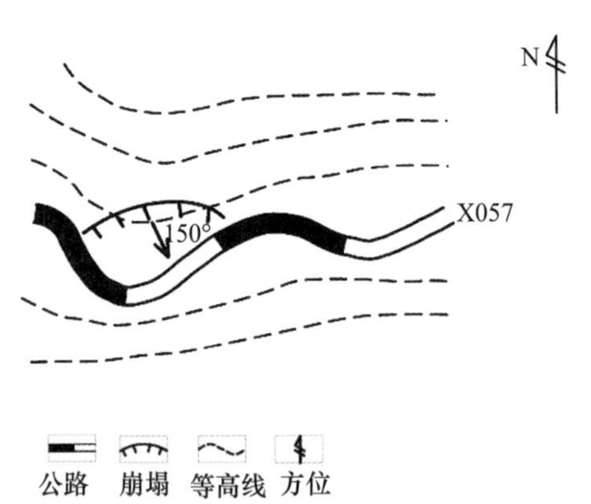

图 5-3　南澳县天籁回音壁 SW 方向 200 m 处崩塌平面

崩塌边界主要依据地形地貌特征进行圈定：崩塌体后缘边界位于斜坡坡顶，沿 NW—SE 向呈锥形零散状展布，后缘高程 283.5 m，崩塌体前缘边界为坡脚，前缘高程 268.7 m，最大落差 14.8 m，最大水平位移 2.5 m，崩塌源宽度为 103.5 m；崩塌堆积体沿陡坡坡脚在斜坡坡面呈锥形零散状展布。

依上所述圈定崩塌边界，崩塌源厚度为2.4m，崩塌源面积为258.75m^2，估算崩塌体积为621m^3，为小型崩塌。

崩塌结构特征

该崩塌运动形式为滑移式，崩塌类型主要为岩质，控制结构面类型为风化剥蚀界面，宏观上呈基本稳定状态，活动类型处于加速变形阶段，崩塌源扩展方式为向后扩展、扩大型，崩塌堆积体形态在平面上呈锥形零散状，剖面上呈凸形(图5-4)。

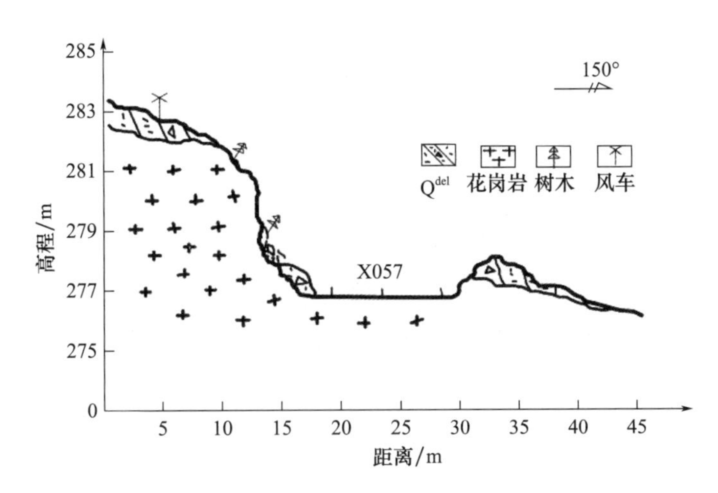

图5-4　南澳县天籁回音壁SW方向200m处崩塌剖面

崩塌主崩方向155°，崩塌源高程283.5m，最大落差14.8m，最大水平位移2.5m，崩塌源宽度103.5m，崩塌源厚度2.4m，崩塌源面积258.75m^2，崩塌源体积621m^3；崩塌堆积体沿着坡脚呈弧线型，空间上呈零散状、锥形，堆积体平均厚度2.4m，堆积体面积20.5m^2，堆积体体积49.2m^3。

(4)成因及发展趋势。

成因

该崩塌地质灾害点的发生与发展，有其内在的基础条件和外在的诱发因素。

①内部因素。基础条件主要受地形条件、地质因素、地质构造等因素的控制；诱发因素是切坡与降雨。

②外部因素。该崩塌点位于县道X057旁，主要是因修建该县道进行的人工切坡而形成的，切面较新鲜，坡面几乎无植物生长，无防护措施，受风化侵蚀严重，所以在降雨较大、地震或人工扰动较大的情况下发生崩塌的可能性也随之增大。

发展趋势

根据崩塌体的规模及大小判断均为小型，根据威胁人数及财产损失判断为小型，可能诱发因素主要是降雨、切坡、松散残坡积由于自重不稳定导致的。宏观上呈不稳定-基本稳定状态，活动状态处于休止阶段，大的降雨或者切坡较深可能会导致再次发生崩塌，可能会影响到人身财产安全。

3)南澳县后宅镇黄花山村长山尾迎宾广场前崩塌

(1)概况。南澳县后宅镇黄花山村长山尾迎宾广场前崩塌地质灾害位于广东省南澳县后宅镇，为构造剥蚀丘陵地形，地形比较平缓，山顶成浑圆状，受人工切坡影响，坡度陡直，近乎直立，岩石节理裂隙发育，微风化-中等风化，形成崩塌、危岩体地质灾害。崩塌类型为岩质崩塌，运动形式为滑移式和倾倒式，主崩方向为261°，崩塌主轴水平投影长38 m，宽20 m，面积为760 m^2，崩滑体平均厚度13 m，崩塌体积9 880 m^3。黄花山村长山尾迎宾广场前崩塌主要威胁景区迎宾广场，威胁面积760 m^2、广场行人约3人的生命及50万元财产安全，险情等级为小型(图5-5)。

图5-5　黄花山村长山尾迎宾广场前崩塌全貌

(2)地质环境条件。该崩塌区域属构造剥蚀丘陵地形，地形比较平缓，山顶成浑圆状，现状坡度15°~25°。崩塌临空面斜坡坡度约为87°，山坡顶部平台处坡度小于10°。地表以灌木、人工护坡树、杂草为主。

(3)崩塌特征。

崩塌边界、规模、形态特征

黄花山村长山尾迎宾广场前崩塌位于南澳大桥收费站正东方向约100 m处。陡崖呈直立状，正对迎宾广场，斜坡坡度约87°，表面岩石节理裂隙发育，岩石成块状、碎块状，坡脚下部可见崩落堆积物，堆积物颗粒大小不一，相差悬殊，岩性为花岗岩。坡顶高程为78 m，坡脚高程为18 m，斜坡高60 m。

崩塌边界主要依据地形地貌特征进行圈定：崩塌体后缘边界位于斜坡坡顶，海拔75~78 m，沿NW—SE向呈弧形展布，斜坡高60 m，崩塌体前缘边界为坡脚；崩塌堆积体沿陡崖面在坡脚呈裙扇状展布。

依上所述圈定崩塌边界，崩塌体平面形态呈弧形，陡崖弧线长约50 m，崩塌体面积760 m^2，崩塌体平均厚度13 m，堆积体体积9880 m^3，为小型崩塌。

崩塌结构特征

崩塌形成区位于斜坡中上部，斜坡区出露岩石为燕山早期第三阶段第二次花岗岩：黄褐色、浅红色，微风化-中等风化，块状构造，岩石节理裂隙发育，把岩石切割成菱块状、碎块状，整体性较好。斜坡上发育有3组节理面，产状为124°∠45°、

45°∠13°、185°∠56°，由于坡面陡直，发育的节理裂隙使斜坡上的岩石形成危岩体（图5-6）。

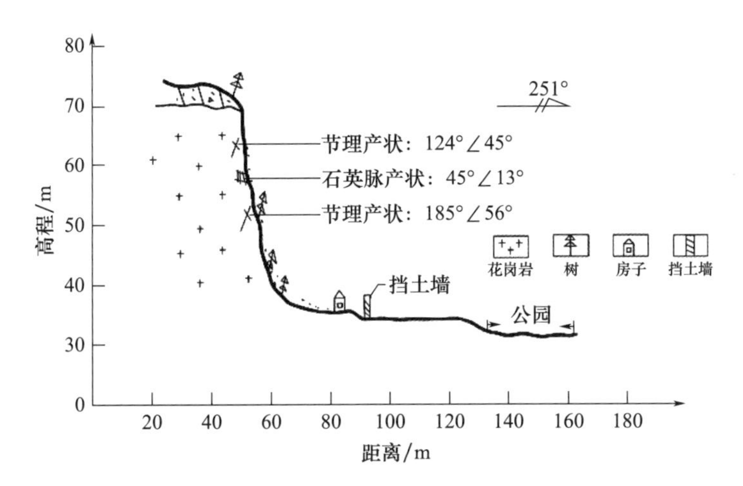

图5-6 黄花山村长山尾迎宾广场前崩塌剖面

黄花山村长山尾迎宾广场前崩塌的体积约9 880 m^3，毁坏了景区广场。根据现场调查，坡脚处有较多的崩塌产生的大块石，由于坡脚处较平整，石块滚动距离较近。

（4）成因及发展趋势。

成因

黄花山村长山尾迎宾广场前崩塌的发生与发展有其内在的基础条件和外在的诱发因素。基础条件主要受地形条件、地质因素、地质构造等因素的控制；诱发因素是切坡与降雨。

①内部因素。崩塌形成的主控因素包括地形条件、岩土条件等，各因素对崩塌形成的影响具有主要表现。

地形条件。崩塌区地处斜坡中后部，主体坡向261°，坡度约87°，斜坡高60 m，坡顶松散堆积物较多，下部基岩裂隙发育，不利于坡体稳定。

岩土条件。崩塌区出露岩石为燕山早期第三阶段第二次花岗岩：黄褐色、浅红色，微风化-中等风化，崩塌区基岩由于受构造和风化的影响，现状节理裂隙发育，坡体处于不稳定状态，易产生小规模崩塌、落石破坏。

②外部因素。崩塌形成的主要诱发因素为切坡与风化作用：区域内主要为花岗岩，在地表多呈中等风化状态，在雨水侵蚀、风化作用及重力作用下，易形成贯穿裂隙，崩塌区岩体被切割分离，易产生滑移、倾倒复合式崩塌。崩塌区前面为景区广场，修建广场时对斜坡进行了切坡，降低了崩塌的稳定性。

在上述因素的综合作用下，坡体变形失稳形成崩塌。

发展趋势

崩塌地点附近有多处危岩体存在，陡崖整体不稳定，坡顶有变形，监测设备受到破坏，危岩体在雨水侵蚀、风化、重力及地震等外力的作用下，可能形成落石和崩塌，直接威胁广场上停放的车辆和广场上游客的安全。

5.4.1.3 滑坡

1)南澳县后宅镇黄花山村长山尾南澳大桥收费站 NE 方向 500 m 处滑坡

(1)概况。黄花山村长山尾南澳大桥收费站 NE 方向 500 m 处滑坡位于南澳县后宅镇黄花山村。滑坡平面形态呈舌形，主滑方向 324°，滑坡主轴水平投影长 23 m，宽 22 m，面积 594 m^2，滑坡体厚度 2~4 m，平均厚 3 m，滑坡体积 1 782 m^3。滑坡性质属小型浅层牵引式岩质滑坡。据走访及现场调查，滑坡已产生整体滑动，为小型滑坡(图 5-7)。

图 5-7 南澳大桥收费站 NE 方向 500 m 处滑坡全貌

(2)地质环境条件。①地形地貌。该地区属构造剥蚀丘陵地形，一般地形坡度10°~35°，地形总体为 NW 高 SE 低。斜坡为林地。②地层岩性。根据野外调查，区内出露地层岩性主要为燕山早期花岗岩，地形平缓处及斜坡顶部为第四纪残坡积层(Q_4^{dl+el})砂质、粉质黏土，遇连续降雨表层滑体易沿节理裂隙面发生滑动。残坡积层(Q_4^{dl+el})主要分布于斜坡表层顶部位，由砂质、粉质黏土、含碎石粉质黏土组成，黄褐色，稍湿，可塑-硬塑状，该层厚约 0. 2~0. 5 m。花岗岩为浅红色、灰白色，表层强风化-全风化，散体-碎块结构，呈砂质黏块状，块径 1~2 m，个别块径可达 3 m，结构松散。③地质构造。点上附近有一条近 EW 向断层通过，断层延伸较近，受断层影响岩石节理裂隙发育，岩层有一定的破碎，构造条件简单。

(3)滑坡特征。

滑坡位于南澳岛北边省道 S336 旁的斜坡上，滑坡现状处于不稳定状态。滑坡地貌形态呈弧形，由于人类建设活动，挖山取土的影响，改变了斜坡原来的地形坡度，斜坡地形坡度为 60°，现状主要为坡顶植被稀疏，坡面裸露。滑坡前缘高程约 15. 63 m，后缘高程 30. 63 m，前后缘高差 15 m。滑坡平面形态呈舌形，主滑方向基本垂直于等高线，为 324°，滑坡坡长 27 m，宽 22 m，面积 594 m^2，滑坡体平均厚约 3 m，滑坡体积 1782 m^3。根椐《滑坡防治工程勘查规范》(DZ/T 0218—2006)规定，按照滑面最大埋深、力学性质和物质组分划分，滑坡性质属小型浅层牵引式岩质滑坡(图 5-8)。

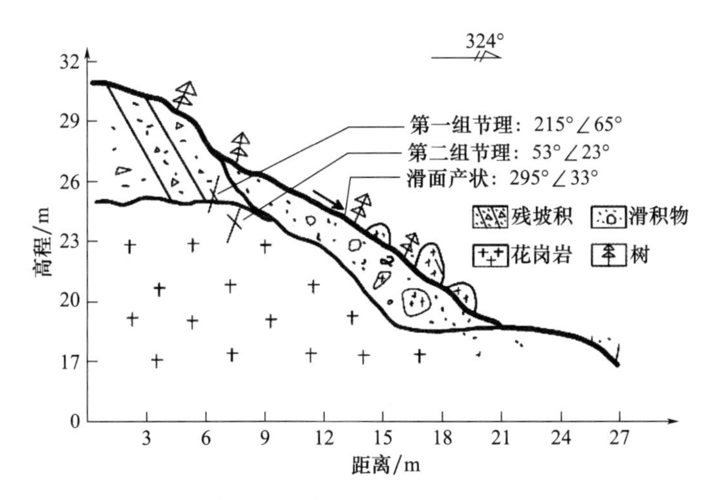

图5-8　南澳大桥收费站NE方向500 m处滑坡剖面

滑坡体结构特征分滑体、滑带和滑床3部分。①滑体。滑坡滑体由燕山早期花岗岩碎块、第四纪残坡积层（Q_4^{dl+el}）砂质、粉质黏土组成。②滑带。推测滑动面发育于风化节理裂隙面处，滑动面总体呈弧形，滑动面倾角前缓后陡，推测中前部滑动面倾角为15~25°，后部滑动面倾角为40~60°。③滑床。花岗岩：浅红色、灰白色，表层强风化-全风化，散体-碎块结构，呈砂质黏土状、碎块状，块径1~2 m，个别块径可达3 m，结构松散。

（4）滑坡体变形破坏特征。滑坡已产生整体滑动，后缘地面产生多条小的裂缝，裂缝长3~5 m、宽2~3 cm，目前还处于变形破坏阶段。

（5）成因分析。

黄花山村长山尾南澳大桥收费站NE方向500 m处滑坡的发生与发展有其内在的基础条件和外在的诱发因素。基础条件主要受地形条件、地质因素、地质构造等因素的控制；诱发因素是切坡和降雨。

①内在因素。风化节理裂隙面的存在，是控制黄花山村长山尾南澳大桥收费站NE方向500 m处滑坡产生的内在因素。地形条件：该区原始地形坡度较缓，受人类建设工程活动的影响，挖山采石采土改变了斜坡原来的自然坡度，使斜坡面变陡，增加了滑坡下滑的可能性。岩土体条件：坡体上部为第四纪残坡积砂质、粉质黏土和中等风化花岗岩，表层第四系岩层风化剧烈，呈土状、碎砂、碎块状，力学强度低，结构松散，工程地质性质差、稳定性差，是滑坡地质灾害易发地层。

②外在因素。降雨：区内降雨主要集中在4—9月，占全年降雨量的80%以上，具有旱雨季分明、降雨集中的气候特点。滑体岩土在旱季失水，表层孔隙、裂隙张开；在雨季因连续降雨造成雨水沿孔隙、裂隙下渗，使滑体岩土饱水导致含水率增大，致使滑体重量加大，抗剪强度降低，下滑力增大，从而激发滑坡的形成。

综合上述原因分析，基于当地的地形、岩土、地质构造等条件，挖山采石采土破坏了斜坡平衡条件，在雨季，雨水不断渗入，使斜坡产生蠕动变形，进而形成滑坡。

（6）稳定性与发展趋势分析。目前滑坡处于不稳定状态，在暴雨、地震发生时可能会再次引发滑动。滑坡中后部位为山体，滑坡一旦发生，将可能淹没省道S336，影响环岛公路的正常交通，影响行人5~10人、车辆2~5辆，毁路10~20m，给行人和当地交通带来严重的影响，其危险性较大，险情等级为小型。

2)深澳镇顶松柏坑村1号滑坡

(1)概况。深澳镇顶松柏坑村1号滑坡(NA01103)位于南澳县深澳镇顶松柏坑村。滑坡平面形态呈矩形，主滑方向265°，滑坡主轴水平投影长6m，宽16m，面积96 m^2，滑坡体厚度1~3m，平均厚2.0m，滑坡体积192 m^3。滑坡性质属小型浅层牵引式土质滑坡。据走访及现场调查，以前曾发生过一次小的滑动，目前该滑坡主要对1户居民共2人、120 m^2房屋、近20万元的财产形成威胁，险情等级为小型(图5-9)。

图5-9 深澳镇顶松柏坑村1号滑坡全貌

(2)地质环境条件。①地形地貌。该地区属构造剥蚀丘陵地形，一般地形坡度20~25°，受人工切坡影响，目前坡度64°，地形总体为NW高SE低。斜坡坡脚为居民地，上部为林地。②地层岩性。根据野外调查，区内出露地层岩性主要为花岗岩，地形平缓处及斜坡地段为第四纪残坡积层(Q_4^{dl+el})粉质黏土，遇连续降雨表层土体易沿土岩接触面发生滑动。残坡积层(Q_4^{dl+el})主要分布于斜坡表层中上部位，由粉质黏土、含碎石粉质黏土组成，红褐色，稍湿，可塑-硬塑状，该层厚1~2m。花岗岩为棕红色、浅红色，浅部全、强风化，散体-碎裂结构，呈粉质黏土状、碎石土状，块径2~10cm，个别块径可达50cm，结构稍密。③地质构造。区内构造较发育，主要以NE向构造为主，与NW向构造互为配套，其中NE向构造有圆山断裂、深澳断裂、东澳断裂，NW向构造有牛头岭断裂、九溪澳断裂，属南澳断裂带。滑坡区内无断层通过，只是受断层影响岩层有一定的破碎，构造条件简单。

(3)滑坡特征。

滑坡位于深澳镇顶松柏坑村1号房屋后山，滑坡现状处于基本稳定状态。滑坡地貌形态呈弧形，由于人类建设活动，改变了斜坡原来的地形坡度，斜坡地形坡度为64°，现状主要为坡顶种植树木，坡面裸露。滑坡前缘高程约326.92m，后缘高程322.92m，前后缘高差4m。滑坡平面形态呈矩形，主滑方向基本垂直于等高线，为265°，滑坡主轴水平投影长6 m，宽16 m，面积96 m^2，滑坡体厚度1.0~3.0 m，平均厚2.0 m，滑坡体积192 m^3。根椐《滑坡防治工程勘查规范》(DZ/T 0218—2006)规定，按照滑面最大埋深、力学性质和物质组分划分，滑坡性质属小型浅层牵引式土质滑坡。

滑坡体结构特征分滑体、滑带和滑床3部分。①滑体。滑坡滑体由第四纪残坡积层(Q_4^{dl+el})粉质黏土、含碎石粉质黏土组成，红褐色、浅红色，干-稍湿，顶部松散，中下部可塑，碎石含量5%~10%，直径1~3 cm，棱角状，主要成分为强-中风化花岗岩。②滑带。推测滑动面发育于土石界面处，滑动面总体呈弧形，滑动面倾角前缓后陡，推测中前部滑动面倾角20~30°，后部滑动面倾角40~70°。埋深约10.0 m，含水率低，稍湿，可塑-硬塑状态。③滑床。花岗岩为棕红色、浅红色，浅部全、强风化，散体-碎裂结构，呈粉质黏土状、碎石土状，块径5~10 cm，个别块径可达40~50 cm，结构稍密。

(4)滑坡体变形破坏特征。滑坡尚未产生整体滑动，后缘地面有多条小的裂缝，裂缝长0.5~1 m、宽0.3~1 cm。

(5)成因分析。

深澳镇顶松柏坑村1号滑坡的发生与发展有其内在的基础条件和外在的诱发因素。基础条件主要受地形条件、地质因素、地质构造等因素的控制；诱发因素是切坡和降雨。

①内在因素。软弱结构面的存在，是控制深澳镇顶松柏坑村1号滑坡产生的内在因素。区内的软弱结构面主要为土石界面和风化界面。地形条件：该区原始地形坡度较陡，受人类建设工程活动的影响，开挖坡脚修建房子，使斜坡面变陡，增加了滑坡下滑的可能性。岩土体条件：坡体上部为第四纪残坡积层含碎石粉质黏土和全、强风化花岗岩，岩层风化剧烈，岩层呈土状、碎石土及碎块状，力学强度低，工程地质性质差、稳定性差，是滑坡地质灾害易发地层。

②外在因素。降雨：区内降雨主要集中在4—9月，占全年降雨量的80%以上，具有旱雨季分明、降雨集中的气候特点。滑体岩土在旱季失水，表层孔隙、裂隙张开；在雨季因连续降雨造成雨水沿孔隙、裂隙下渗，使滑体岩土饱水或含水量率增大，致使滑体重量加大，抗剪强度降低，下滑力增大，从而激发滑坡的形成。

综合上述原因分析，基于当地的地形、岩土、地质构造等条件，建房切坡破坏了斜坡平衡条件，在雨季，雨水不断渗入，使斜坡产生蠕动变形，进而形成滑坡。

(6) 稳定性与发展趋势分析。目前滑坡处于基本稳定状态，在暴雨或地震状态下欠稳定，可能引发滑动。滑坡中后部位为山体，滑坡一旦发生，将对坡脚下1户居民的生命及财产造成威胁，且给当地带来严重的社会影响。

5.4.2　近岸海域活动断裂

晚更新世以来，研究区共发生3次明显的海侵海退。其中第一次海侵大约发生在晚更新世末期，使韩江三角洲平原普遍沉降了一套上部以滨海相、下部以海陆相为主的碎屑层，厚度8.39~29.08 m，然后海退，区内经历漫长风化剥蚀，根据收集的资料，古红壤型风化壳，其层位埋深近40 m；第二次海侵大约发生在全新世中期，在此期间普遍沉积一套以三角洲为主的碎屑层；第三次海侵大约发生在3000多年以前。海侵与海退多与冰期和间冰期有关，还与区内的地壳升降运动有关，其表现是基底的活动性断裂构造。

(1)汕头-饶平断裂带：该断裂带 NW 盘，自晚更新世至全新世以来，地壳下降速率为 2 mm/a；SE 盘地壳下降平均速率为 1.4~1.7 mm/a，而全新世初期，断裂抬升，上升速率为 0.6 mm/a。

(2)潮安-普宁断裂带：该断裂带 NW 盘平均上升速率为 0.4 mm/a，SE 盘在晚更新世下降速率为 3 mm/a。

(3)榕江断裂：本断裂两侧差异上升运动明显，NE 盘平均上升速率为 0.9 mm/a，而 SW 盘上升速率为 1.6 mm/a。

(4)桑浦山断裂：该断裂全新世以来 SW 盘平均上升速率为 0.6 mm/a，NE 盘平均上升速率为 1.6 mm/a。

(5)韩江断裂：该断裂两侧差异升降运动明显，表现为 SW 盘第四纪沉积厚度大，自中晚更新世至全新世以来，平均下降速率为 3.9 mm/a，NE 盘第四纪沉积厚度小，下沉速率也小。

根据水准测量资料，近年来研究区地壳形变处于下降趋势，在樟林-汕头下降量最大，年变率可达 8~10 mm，其余年变率 3~4 mm，地壳形变的负异常长轴方向为 NW 向，整个平原区呈现两侧上升，中间下降的趋势。

(6)复活性断裂：研究区及其附近较大规模的断裂，如玉滘-下蓬断裂、澄海-古巷断裂、榕江断裂等进入晚更新世以来，均具有较强的复活性质，并且控制着区内的山形、水系、平原及岛屿的展布。具体表现在断裂两侧地形反差强烈，出现断崖或断谷；断裂两侧第四纪沉积物岩性、岩相、厚度有明显差异；垂直断裂线方向发生强度较大的地壳形变；出现温泉和发生地震。上述断裂带是诱发研究区地震灾害的主要控制和影响因素，其中玉滘-下蓬断裂的活动性表现最为强烈。是控制地壳形变、地热和地震的主要活动断裂，地震活动明显集中于上述两条断裂带。

研究区海域的断裂根据单道地震剖面，解译出八条断裂，其中主要断裂四条。断裂在单道地震剖面的特征为同相轴上下两盘有明显的错动，断裂处有拖曳构造。全新世仍有活动的断裂可能还是埋藏古河道的一侧边界。经过对海域断裂断距的统计，断距都在 10 m 以内；大部分断裂在全新世仍有活动；在近岸海域，基岩埋深较浅，大部分断裂深度延伸到了基岩以下；研究区 NEE 向断裂三条，NNE 向断裂两条，NE 向断裂两条，WE 向断裂一条；NEE 向的三条断裂走向基本一致，长度也较为接近，为 6~8 km，推测其都为次级断裂；NNE 向的两条断裂走向较一致，长度相差较大，一条约 30 km，一条超过 50 km；NE 向的两条断裂走向基本一致，长度相差较大，一条超过 20 km，一条约 40 km，两条断裂在空间上垂直距离较短，推测原为一条断裂，后被 NNE 向的断裂所切断；WE 向断裂长度小于 10 km。综上所述，海域的断裂走向以近 NE 向为主，走向的差异指示了不同时期的构造运动。

5.4.3 埋藏古河道和浅层气

5.4.3.1 埋藏古河道

古河道是河流改道或被掩埋后遗留下来的旧河道。仍有遗迹出露地表的叫地面出露古河道，被后来沉积物埋藏在地下的称为埋藏古河道。古河道在浅地层剖面上十分容易识别，一般具有中强振幅，顶部普遍为同相轴上超削截，内部为相互平行或杂乱的倾斜同相轴，同相轴普遍较短，有分叉和合并现象，底部为不对称的波状起伏反射面，呈“U”形或“V”形下凹的河谷形态，与相邻底部地层为不整合接触。当两条古河道相邻出现时，在地层反射剖面上多呈不对称的“W”形。古河道下切深度都较大，最大的下切深度超过20 m；其中最大的古河道两侧不对称，一侧具有近似两级台阶的形态，另一侧下切的角度则更陡且一致；河道内沉积物的形态指示了不同时期的水动力沉积情况。根据综合分析，推测此为一古三角洲的剖面。

研究区在第四纪冰期时曾经出露成陆地，练江、榕江、韩江等流经研究区入海，因此在研究内发育了大量古河道，沉积了陆相的粉砂、粉砂质细砂等物质。全新世之后，随着海平面上升，冰期时的河道被海水淹没，并被沉积物覆盖，形成埋藏古河道。古河道中充填的沉积物比周围地层晚，埋藏较浅，受当时河流水动力影响，古河道中的沉积物在粒度组成、分选程度、密度、抗剪强度等物理性质上明显区别于周围地层。研究区内古河道的物质组成基本上遵循上细下粗的旋回特点，古河道多发育在上更新统与全新统界线之上，埋藏浅，内部充填物多为粉砂质砂和细砂，多数为发散充填和前积充填（王忆非，2014）。

研究区埋藏古河道在空间上可以分成3部分，即练江、濠江外河口埋藏古河道，榕江、外砂河外河口古河道，义丰溪、莲阳河外河口古河道。义丰溪、莲阳河外河口河道延伸方向分布两条比较大的埋藏古河道，分别为NNW—SSE向、WE向，平均埋深18.75 m，平均厚度8.61 m，面积0.65 km^2；榕江、外砂河外河口河道延伸方向分布两条埋藏古河道，干流近NNW—SSE向，多条支流NNE—SSW向，平均埋深13.71 m，平均厚度5.16 m，面积2.08 km^2；练江、濠江外河口河道延伸方向分布两条埋藏古河道，分别为近NNW—SSE向及NW向，平均埋深17.92 m，平均厚度7.72 m，面积3.82 km^2。义丰溪、莲阳河延伸方向的埋藏古河道受南澳岛阻挡和研究区整体地势东高西低的影响，延伸方向逐渐变为NNE—SSW向；榕江、外砂河延伸方向的埋藏古河道受研究区整体地势和韩江外河口NNE—SSW向古河道的影响，出现多条NNE—SSW向的杈状支流；练江、濠江延伸方向的埋藏古河道在海门镇以南约9 km处汇流，濠江延伸方向的埋藏古河道在广澳大山以南8 km处与榕江延伸方向的埋藏古河道交汇。

由于古河道内部沉积物沉积较晚，所以固结压实作用较差，古河道沉积物一般相对周围地层更加松软，含水率大，强度低，承载力较弱，且由于埋藏古河道区域与周围地层的承载力不均，因此在古河道区域插桩时可能导致不均匀沉降，影响平台建设（王忆非，2014）。

5.4.3.2　浅层气

浅层气是指埋藏深度比较浅，储量比较小的天然气资源，主要分布在第三、第四纪地层中，多为生物气、油型气，在我国中新生代沉积盆地中广泛分布。在近海浅部沉积地层中，主要发育以生物成因为主的沼气型浅层天然气，常常以气囊、气柱、气床等形态赋存于海底地层中。研究区内浅层气在单道地震剖面上很容易识别，总体呈柱状，连续性较好的反射波突然中断，中断处相轴多有向下拖曳的特征，伴有空白带。

外砂河外河口海底存在的浅层气在单道地震剖面上呈柱状，顶上有一层不规则高振幅反射带，两侧连续性较好的反射波突然中断，中断处相轴多有向下拖曳的特征，反射灰度由于含气层使得地震波反射能量衰减而明显弱于周围地层，伴有空白带，沉积层理切断，地层反射层被覆盖。研究区共发现特征明显的浅层气区有58处之多，载气面积最大者可达4.18 km^2，最小者仅0.01 km^2，延展宽度200~3 400 m，具有埋藏浅、分布散、压力低等特点。研究区内浅层气多分布在莲阳河及外砂河外河口、南澳岛南部近海区域、埋藏古河道周围地层中，在单道地震剖面上显示该区域浅层气多赋存于全新统地层，埋深浅，面积较小。

由于成藏条件限制，浅层气多埋深浅、储量小，不能形成具有开采规模的气藏，作为灾害地质因素之一，浅层气的赋存导致沉积物孔隙压力增大，有效应力降低，破坏了土体原有的骨架结构，从而会降低土层抗剪强度和承载力，产生地基土局部液化和滑移；浅层气引起土层承载力不均匀，导致钻井平台桩腿的不均匀沉降，从而引起平台倾斜甚至倾倒；浅层气的赋存还可能在钻孔桩施工时，当成孔至载气沉积或浅层气上部载重过大时引起气体的突然释放，由于卸荷作用，浅层气从孔内逸出，当压力差足够大时，甚至产生强烈的井喷，周围泥沙涌入孔内，发生孔壁坍塌、地基基础沙土液化等事故，造成对周围海上工程的破坏，是值得注意的不良工程地质现象(王忆非，2014)。

5.4.4 岸线侵蚀淤积

韩江三角洲属于粤东丘陵台地岬湾与河口湾平原相间堆积区段，研究区段新构造运动主要继承了燕山区段运动的上升为主的特点，受到早期NE向、NW向的断裂影响，产生了较为明显的断块差异运动，从而形成了韩江三角洲的断陷盆地以及“粤东河湾、台地相间堆积海岸”(蔡锋 等，2019)。韩江三角洲砂质岸线长度104.96 km。汕头区域主要海湾(包括海门湾、广澳湾、莲阳河口、南澳诸湾4个区域)砂质岸线长度总计42.43 km(约占韩江三角洲砂质岸线长度的40.42%)，其中侵蚀岸线长约20.43 km，占比48.15%；稳定岸线长约11.71 km，占比27.60%；淤积岸线长约10.29 km，占比24.25%(表5-5)。海湾中岩石岬角和弧形砂质海岸的相间交错使砂质海岸断续分布，多被分隔为数百米至数千米的岸段，基岩岬角对砂质海岸的淤积情况起到了一定的控制作用(黄良民 等，2017)；莲阳河口形成的障壁岛是韩江三角洲仅有的河口砂质海岸。近数十年来，由于河流建设水库、流域绿化、潟湖建闸坝和沿岸围填海造地以及人工采沙、台风等影响因素，使得海岸侵蚀加强(蔡锋 等，2019)。

表5-5 韩江三角洲汕头区域主要海湾砂质海岸侵蚀淤积分类统计

名称	总长度/km	侵蚀		稳定		淤积	
		长度/km	比例/%	长度/km	比例/%	长度/km	比例/%
海门湾	13.90	7.40	53.24	4.09	29.42	2.41	17.34
广澳湾	12.50	5.76	46.08	3.60	28.80	3.14	25.12
莲阳河口	7.22	3.82	52.91	2.20	30.47	1.20	16.62
南澳诸湾	8.81	3.45	39.16	1.82	20.66	3.54	40.18
总计	42.43	20.43	48.15	11.71	27.60	10.29	24.25

韩江三角洲砂质海滩由浪成和风成的松散沉积物堆积而成，主要由细砂、中砂和粗砂组成，靠近基岩岬角处为砾砂和砾石。莲阳河口海滩较宽，从风成沙丘前缘到平均高潮线宽80~150 m；海门湾、广澳湾海滩较窄，从风成沙丘前缘到平均高潮线宽30~80 m；南澳诸湾(前江湾、云澳湾、青澳湾)海滩坡度相对较陡，人类活动影响大，海滩宽度窄，一般在30 m以内。

5.4.4.1　海门湾

1)概述

海门湾砂质海岸位于韩江三角洲南部，是由排角港、南阳湾、海门湾3个区域连成的砂质海岸。砂质岸线长约13.90 km，其中侵蚀岸线长约7.40 km，占比53.24%；稳定岸线长约4.09 km，占比29.42%；淤积岸线长约2.41 km，占比17.34%；总体处于稳定—侵蚀状态(图5-10)。从岬角两边至海湾中部侵蚀明显加强；局部岬角及小范围岸段出现淤积状态。部分海滩有人工采沙影响呈坑洼状，偶见个别河口区域有人工补沙和填筑建筑垃圾现象；沿途海滩后滨植被发育，沿岸有较多人工养殖场，养殖排污口较多，地形平缓，海滩内水动力较弱，局部岸段海滩上漂浮有较多生活垃圾。

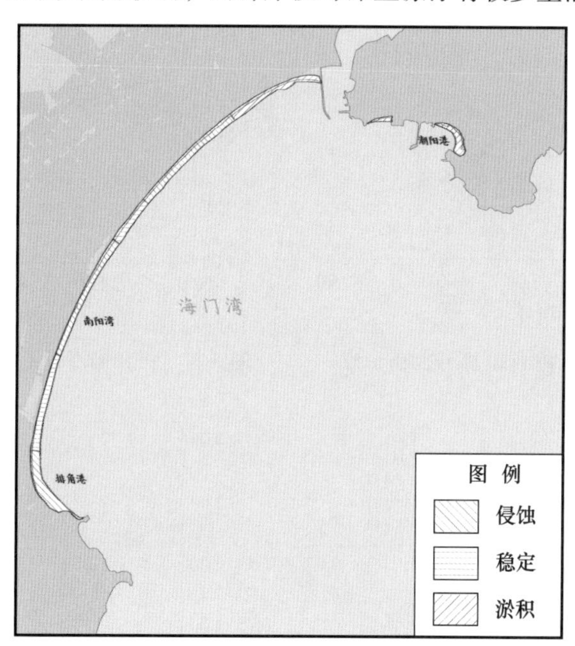

图5-10　海门湾海岸侵蚀淤积情分布

2)岸滩剖面

岸滩剖面变化监测结果直观地反映了周边环境对岸滩变化的影响，特别是在海滩中部和下部，受波浪影响，海滩地形变化明显，海门湾共布设13个岸滩监测剖面(PM401~PM413)，垂直于海岸展布，通过监测断面呈不同程度的侵蚀和淤积。

(1)排角港岸段。

排角港岸段，监测剖面有PM410~PM413，岸线总体呈稳定—微侵蚀状态，变化不明显，其中PM413段侵蚀最严重；在监测剖面PM413上，经过3期测量数据对比发现，2021 年 4 月与 7 月对比，在高潮线以上，岸线基本稳定，在高潮线-中潮线之间，海滩处于淤积状态，形成阶梯状沙坝，宽度约 20 m，最大淤积高度可达 60 cm，在低潮线以下海滩处于微侵蚀状态，侵蚀高度在 10 cm 以内。2021 年 4 月与翌年 4 月对比，在高潮线以上岸线基本稳定，在高潮线-中潮线之间呈微侵蚀状态，最大侵蚀可达 51 cm，最小侵蚀为 1 cm，平均侵蚀速度为 19 cm/a，侵蚀宽度约 35 m(图 5-14)。在监测剖面 PM412 与 PM411 上，经过 3 期测量数据对比发现，岸线整体稳定，剖面地形坡度较平缓，PM410 和 PM412 的 3 期数据基本重合，其中 PM410 最大侵蚀高度可达22 cm，最大淤积高度为 23 cm，平均侵蚀速度为 1 cm/a，呈稳定状态(图 5-11)；PM412 最大侵蚀高度可达 18 cm，最大淤积高度为 31 cm，平均淤积速度为 9 cm/a(图 5-13)；PM411 总体剖面坡度较缓，高潮线附近呈轻微侵蚀，在低潮线以下出现轻微淤积，最大侵蚀高度可达 35 cm，最大淤积高度为 31 cm，平均侵蚀速度为 9 cm/a，滩面总体处于稳定状态(图 5-12)。

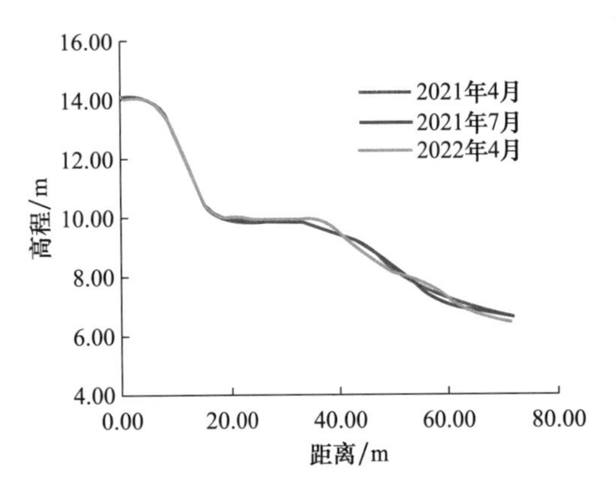

图 5-11　排角港岸段 PM410 岸滩剖面示意

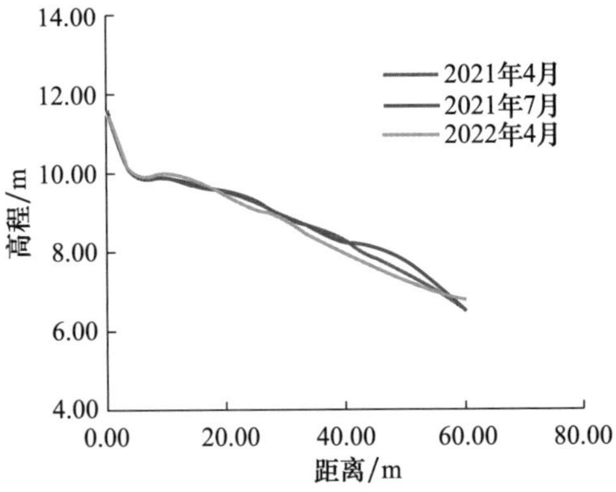

图 5-12　排角港岸段 PM411 岸滩剖面示意

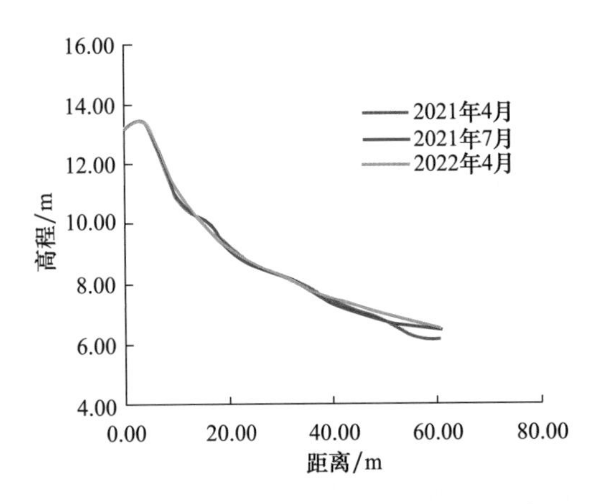

图 5-13　排角港岸段 PM412 岸滩剖面示意

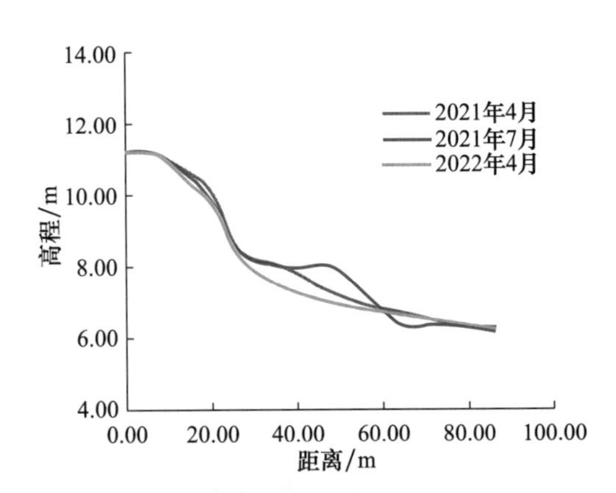

图 5-14　排角港岸段 PM413 岸滩剖面示意

总体而言，排角港岸段由北至南呈微侵蚀—稳定状态，夏天发育个别站位发育有水下沙坝，沙坝呈阶梯状展布，该海滩处于半开发状态，常有游客到此游玩，滩面平缓，偶有养殖废水经海滩排放入海，海滩后滨植被发育，但是建筑物侵占后滨植被，部分岸段有碎块护滩，滩面漂浮有较多生活垃圾，受人为影响导致海滩环境较差，由于地方政府的维护有了明显的好转。

（2）南阳湾岸段。

在南阳湾岸段，监测剖面有 PM403~PM409，岸线以侵蚀状态为主，中间有一小段稳定岸段，在监测剖面 PM403~PM409 上，经过 3 期测量数据对比发现，剖面地形变化不明显，基本处于从南至北为侵蚀—稳定—侵蚀状态，侵蚀岸线主要包括：PM403~PM405 与 PM407~PM409；其中 PM403 最大侵蚀高度可达 43 cm，最大淤积高度为6 cm，平均侵蚀速度为 10 cm/a，属于微侵蚀状态（图 5-15）；PM404 最大侵蚀高度可达 54 cm，最小侵蚀高度为 4 cm，平均侵蚀速度为 22 cm/a，属于侵蚀状态（图 5-16）；PM405 最大侵蚀高度可达 30 cm，最大淤积高度为 6 cm，平均侵蚀速度为 13 cm/a，属于侵蚀状态（图 5-17）；PM407 最大侵蚀高度可达 66 cm，最大淤积高度为 23 cm，平均侵蚀速度为 21 cm/a，属于侵蚀状态（图 5-19）；PM408 最大侵蚀高度可达 55 cm，最大淤积高度为 10 cm，平均侵蚀速度为 17 cm/a，属于侵蚀状态（图 5-20）；PM409 最大侵蚀高度可达 36 cm，最大淤积高度为 14 cm，平均侵蚀速度为 14 cm/a，属于侵蚀状态（图 5-21）。稳定岸线为 PM406，最大侵蚀高度可达 42 cm，最大淤积高度为 37 cm，平均淤积速度为 5 cm/a，属于稳定状态（图 5-18）。

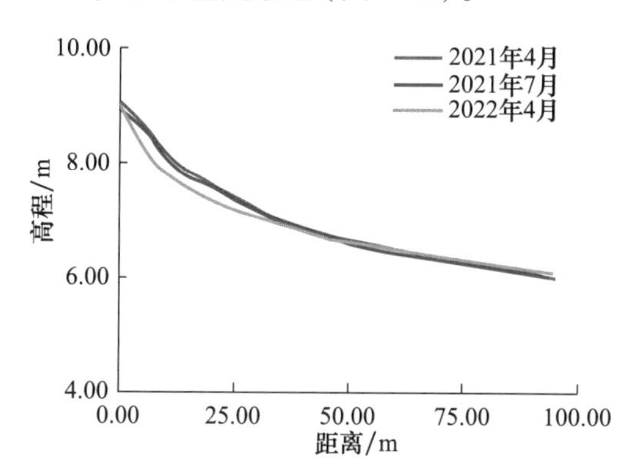

图 5-15　南阳湾岸段 PM403 岸滩剖面示意

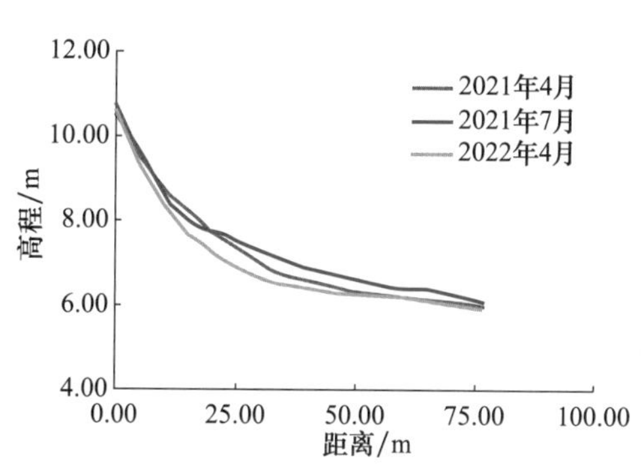

图 5-16　南阳湾岸段 PM404 岸滩剖面示意

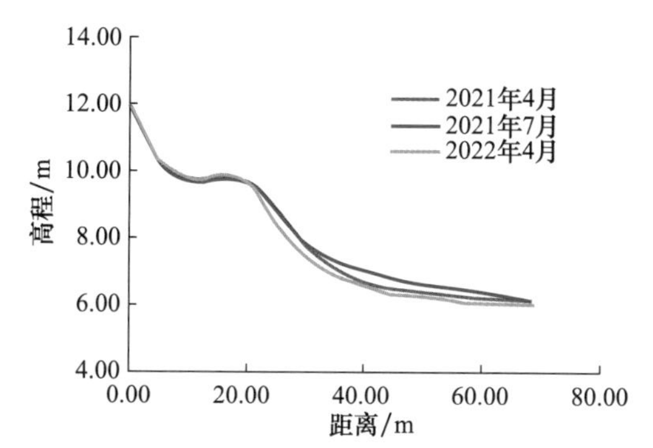

图 5-17　南阳湾岸段 PM405 岸滩剖面示意

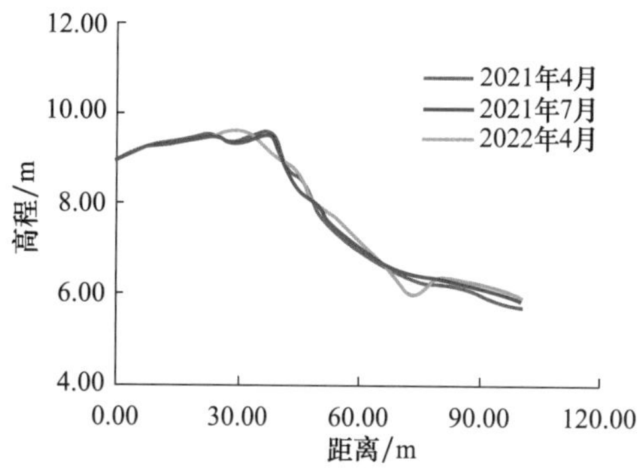

图 5-18　南阳湾岸段 PM406 岸滩剖面示意

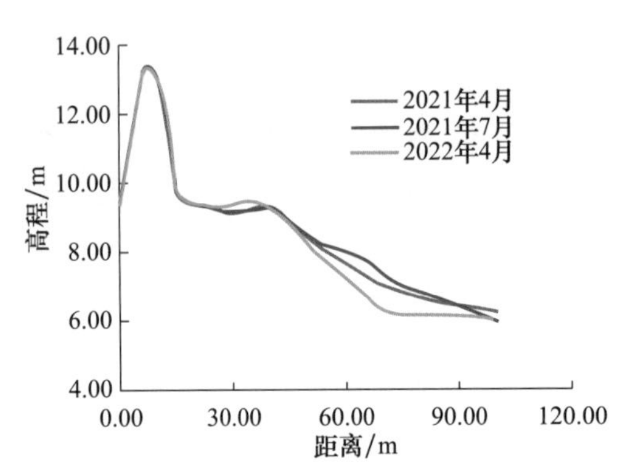

图 5-19　南阳湾岸段 PM407 岸滩剖面示意

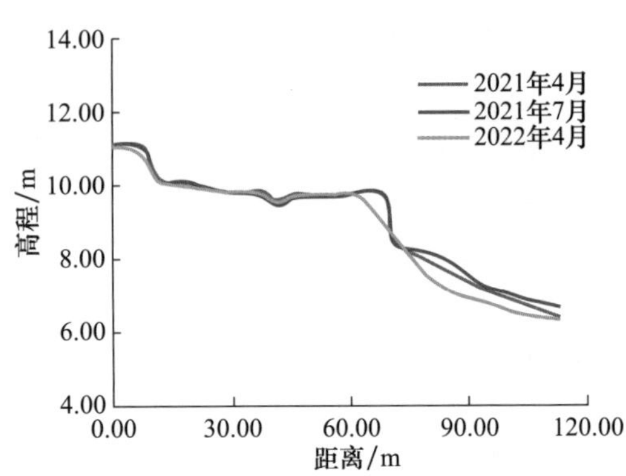

图 5-20　南阳湾岸段 PM408 岸滩剖面示意

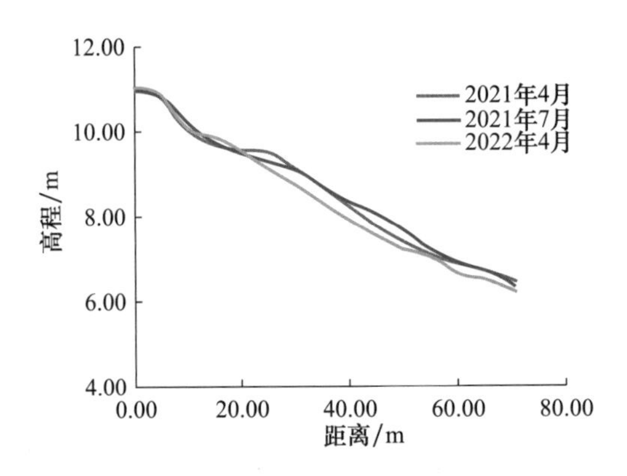

图 5-21　南阳湾岸段 PM409 岸滩剖面示意

总体而言，南阳湾岸段由北至南呈侵蚀—稳定—侵蚀状态，呈现“冬冲下淤”的特点，该海滩中部由于有阳光海滩的缘故沙滩有补沙现象，导致局部断面高潮带有淤积现象，整体滩面平缓，偶有养殖废水经海滩排放入海，海滩后滨植被发育，但是建筑物侵占后滨植被，部分岸段有碎块护滩，发育有侵蚀陡坎，滩面漂浮有较多生活垃圾，受人为影响导致海滩环境较差，由于地方政府的维护有了明显的好转。

(3)海门湾北段岸段。

在海门湾北段岸段，监测剖面有 PM401 和 PM402，岸线以淤积状态为主，PM401 最大侵蚀高度可达 23 cm，最大淤积高度为 34 cm，平均淤积速度为 5 cm/a，属于淤积状态(图 5-22)；PM402 最大侵蚀高度可达 18 cm，最大淤积高度为 73 cm，平均淤积速度为 7 cm/a，属于淤积状态(图 5-23)。路线调查过程中未发现有侵蚀岸段，由于人类活动频繁，局部岸段开发为旅游海滩。沿途发现有多处人工养殖场，受养殖污水排放的影响，个别海滩颜色总体发黑，有一处排水沟渠，直接从海滩经过。受排水沟渠的影响，北部靠近练江口修筑有宽约 4 m，长约 800 m 的防护墙，导致该岸段受到的潮汐及波浪作用较弱，以至于海门湾北段呈淤积状态。

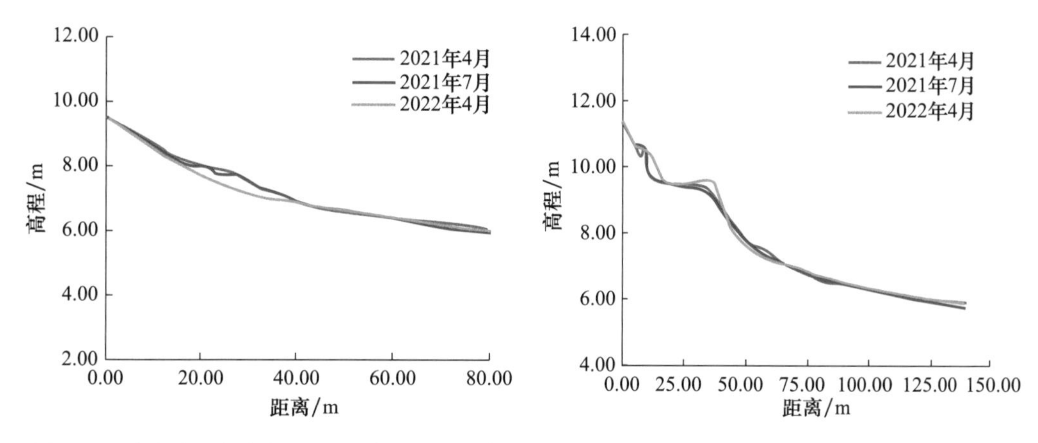

图 5-22　海门湾北段岸段 PM401 岸滩剖面示意　　图 5-23　海门湾北段岸段 PM402 岸滩剖面示意

5. 4. 4. 2　广澳湾

1）概述

广澳湾砂质岸线位于研究区的潮阳区和濠江区，是研究区内侵蚀最严重的岸段之一。广澳湾由湖南湾、塘边湾和南山湾 3 个小湾组成，砂质岸线长约 12. 50 km，其中侵蚀岸线长约 5. 76 km，占比 46. 08%；稳定岸线长约 3. 60 km，占比 28. 80%；淤积岸线长约 3. 14 km，占比 25. 12%（图 5-24）；总体处于侵蚀状态，局部岸段处于稳定或淤积状态。沿途海滩后滨范围内为居民地和养殖场。海湾岬角处，受海浪和潮汐等水动力影响，侵蚀较严重，现场明显看到多处侵蚀地貌，人工修建的海堤大部分已被侵蚀摧毁。

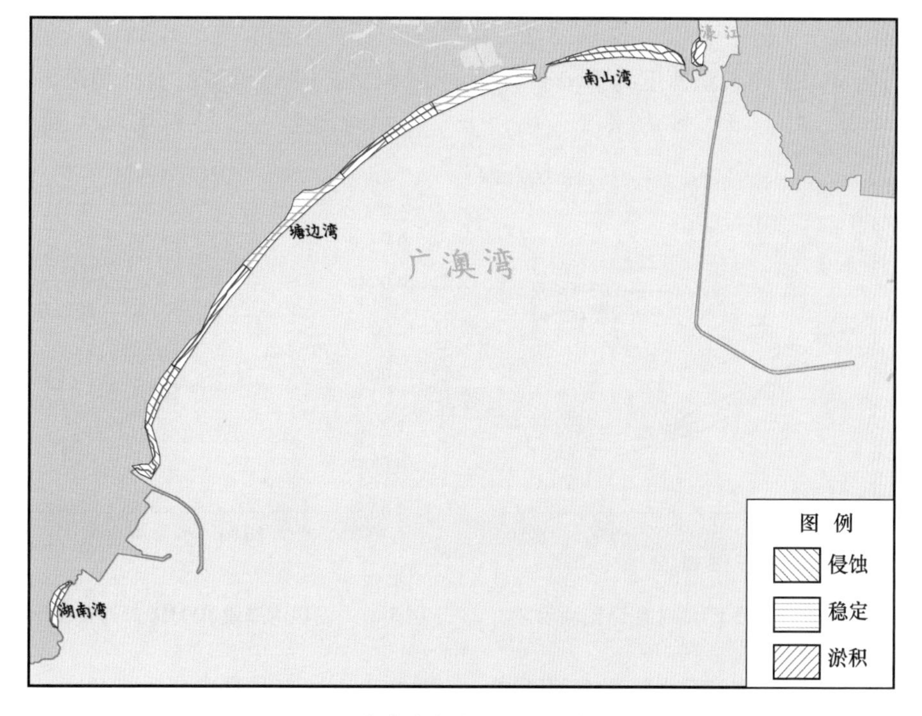

图 5-24　广澳湾海岸侵蚀淤积情况分布

2）岸滩剖面

（1）湖南湾岸段。

湖南湾岸段位于广澳湾南部，监测剖面只有PM312，岸线总体呈侵蚀状态。通过3期测量数据对比发现，2021年4月与7月对比，在低潮线到水位线之间，岸线处于侵蚀状态，2021年4月与翌年4月对比，岸线总体呈侵蚀状态，最大侵蚀可达66 cm，最小侵蚀为16 cm，平均侵蚀速度为38 cm/a（图5-25）。

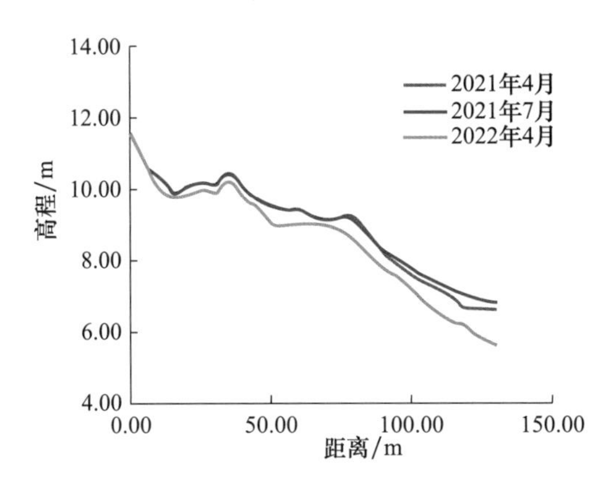

图5-25　湖南湾岸段PM312岸滩剖面示意

（2）塘边湾岸段。

塘边湾位于广澳湾中部，主要包括淤积岸段2处，稳定岸段2处，侵蚀岸段2处，监测剖面有PM304~PM311。淤积岸段长度约3.14 km，主要分布于中部区域，选取典型的剖面进行分析：PM307最大淤积高度可达86 cm，最小淤积高度为28 cm，平均淤积速度为48 cm/a，属于淤积状态（图5-26）；PM311最大淤积高度可达43 cm，最大侵蚀高度为16 cm，平均淤积速度为12 cm/a，属于淤积状态（图5-27）。自然情况下该处应为侵蚀岸线，由于该海域为旅游区域，受人工填筑海岸和补沙影响较大而呈淤积状态。

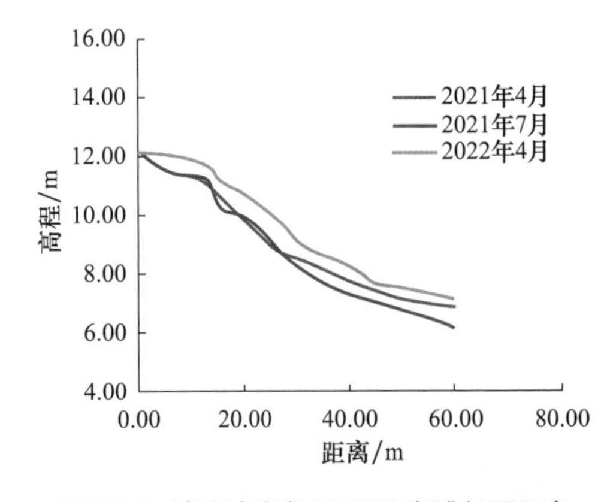

图5-26　塘边湾岸段PM307岸滩剖面示意

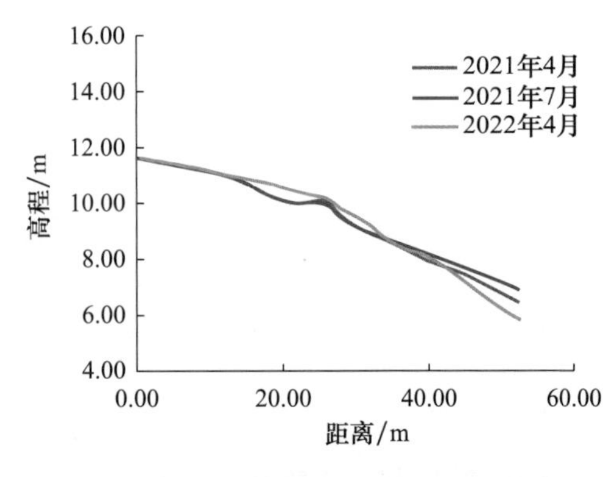

图5-27　塘边湾岸段PM311岸滩剖面示意

稳定岸段主要分布于北部和中部区域，长度约3.6 km，受到虎仔山岬角影响，塘边湾内海浪、潮汐等水动力较弱，中部处于旅游景点区域，因海岸常有补沙现象而处于平衡状态。淤积岸段有 2 处，选取典型的剖面进行分析：PM305 最大侵蚀高度可达 36 cm，最大淤积高度为 46 cm，平均淤积速度为 3 cm/a，属于稳定状态(图 5-28)；PM308 最大淤积高度可达 23 cm，最大侵蚀高度为 43 cm，平均侵蚀速度为 4 cm/a，属于稳定状态(图 5-29)。正常情况该处为侵蚀岸线，由于受到人工填筑海岸和补沙影响较大，以及受潮汐、波浪的影响，总体呈平稳状态。

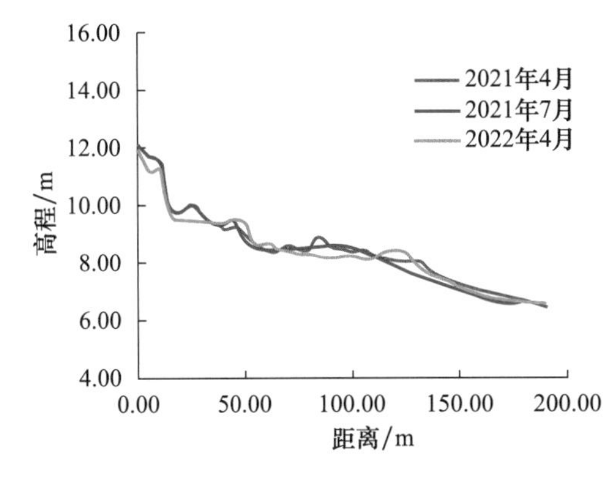

图 5-28　塘边湾岸段 PM305 岸滩剖面示意

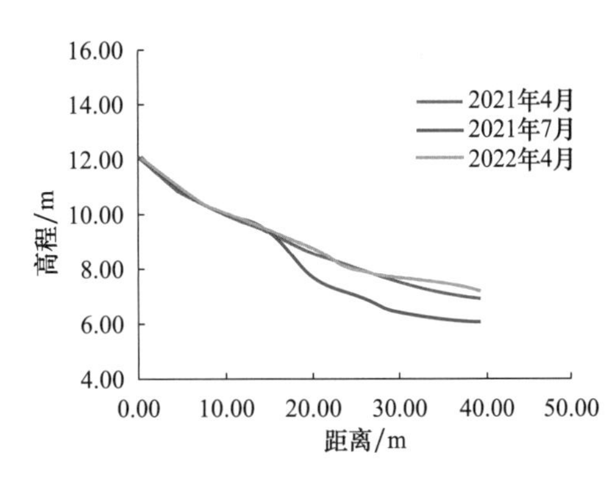

图 5-29　塘边湾岸段 PM308 岸滩剖面示意

侵蚀岸段理论上是塘边湾占比最大的类型，但是由于人类活动的影响范围较少，长度约 0.8 km，选取典型的剖面进行分析：PM304 最大侵蚀高度可达 64 cm，最小侵蚀高度为 20 cm，平均侵蚀速度为 42 cm/a，属于侵蚀状态(图 5-30)；PM306 最大淤积高度可达 43 cm，最大侵蚀高度为 29 cm，平均侵蚀速度为 9.2 cm/a，属于侵蚀状态(图 5-31)。

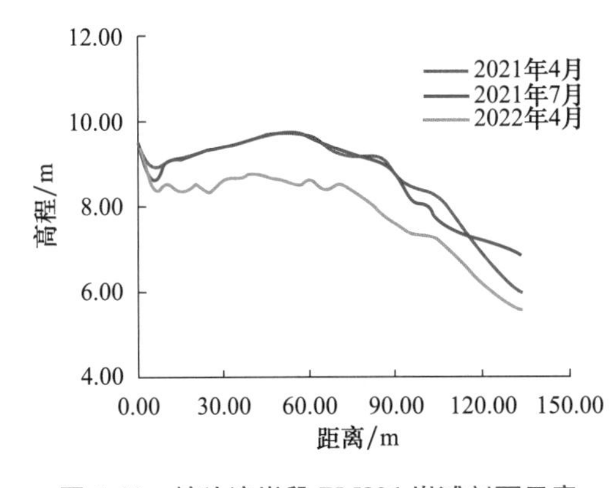

图 5-30　塘边湾岸段 PM304 岸滩剖面示意

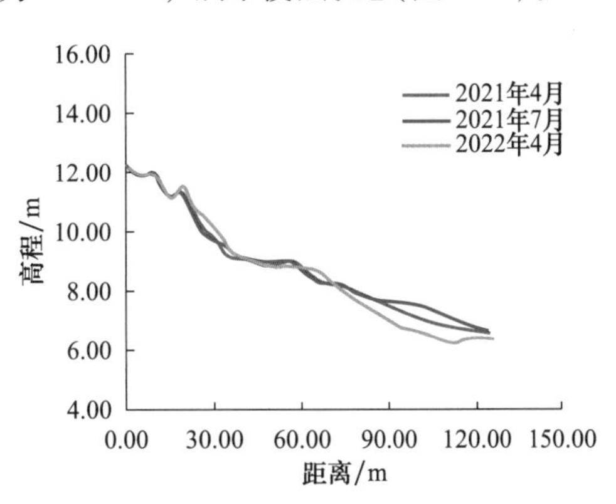

图 5-31　塘边湾岸段 PM306 岸滩剖面示意

(3)南山湾岸段。

南山湾位于广澳湾北部，主要为侵蚀岸段，选取典型的剖面进行分析：PM301 最大侵蚀高度可达 161 cm，最小侵蚀高度为 24 cm，平均侵蚀速度为 93 cm/a，属于严重侵蚀状态(图 5-32)；PM302 最大侵蚀高度可达 94 cm，最大淤积高度为 45 cm，平均侵蚀速度为 42 cm/a，属于严重侵蚀状态(图 5-33)。

总体而言，广澳湾岸段由北至南呈“侵蚀—稳定—淤积—稳定—侵蚀”状态，呈现“冬冲下淤”的特点，该岸段中部由于有海滩的缘故沙滩有补沙现象，导致个别断面有淤积现象，整体滩面平缓，有养殖废水经海滩排放入海，广澳湾北部的南山湾发育有侵蚀陡坎，陡坎高约2.5m，滩面漂浮有较多生活垃圾，由于地方政府的维护有了明显的好转。

12.00
10.00
8.00
6.00
4.00
高程/m
0.00
30.00
60.00
90.00
120.00
距离/m
2021年4月
2021年7月
2022年4月

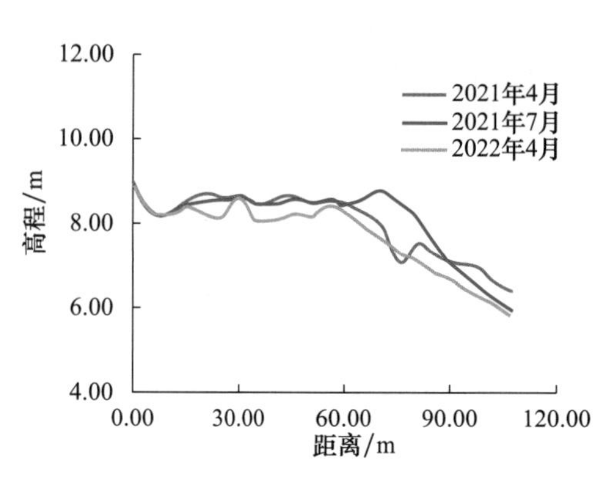

图5-32 南山湾岸段PM301岸滩剖面示意

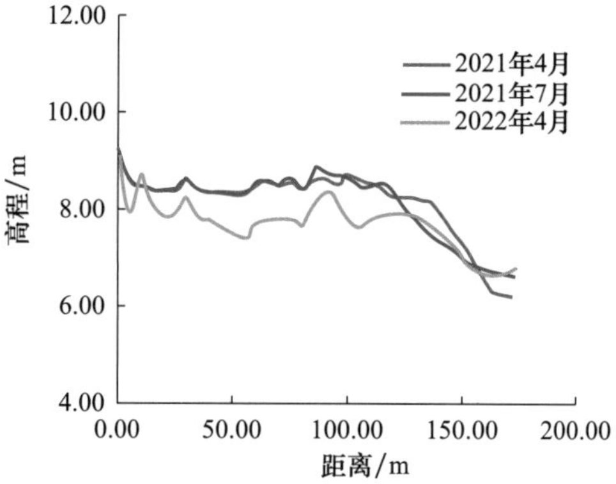

12.00
10.00
8.00
6.00
4.00
高程/m
0.00
50.00
100.00
150.00
200.00
距离/m
2021年4月
2021年7月
2022年4月

图5-33 南山湾岸段PM302岸滩剖面示意

5.4.4.3 莲阳河口

1）概述

莲阳河口砂质海岸位于研究区的澄海区的莲阳河入海口两侧，由北部的障壁岛沙滩与南部沙滩组成。砂质岸线长约7.22km，其中侵蚀岸线长约3.82km，占比52.91%；稳定岸线长约2.20km，占比30.47%；淤积岸线长约1.20km，占比16.62%，总体处于侵蚀状态（图5-34）。受海浪、潮汐等水动力影响，侵蚀较严重，现场明显看到多处侵蚀地貌。

莲阳河北
莲阳河
莲阳河南
图例
侵蚀
稳定
淤积

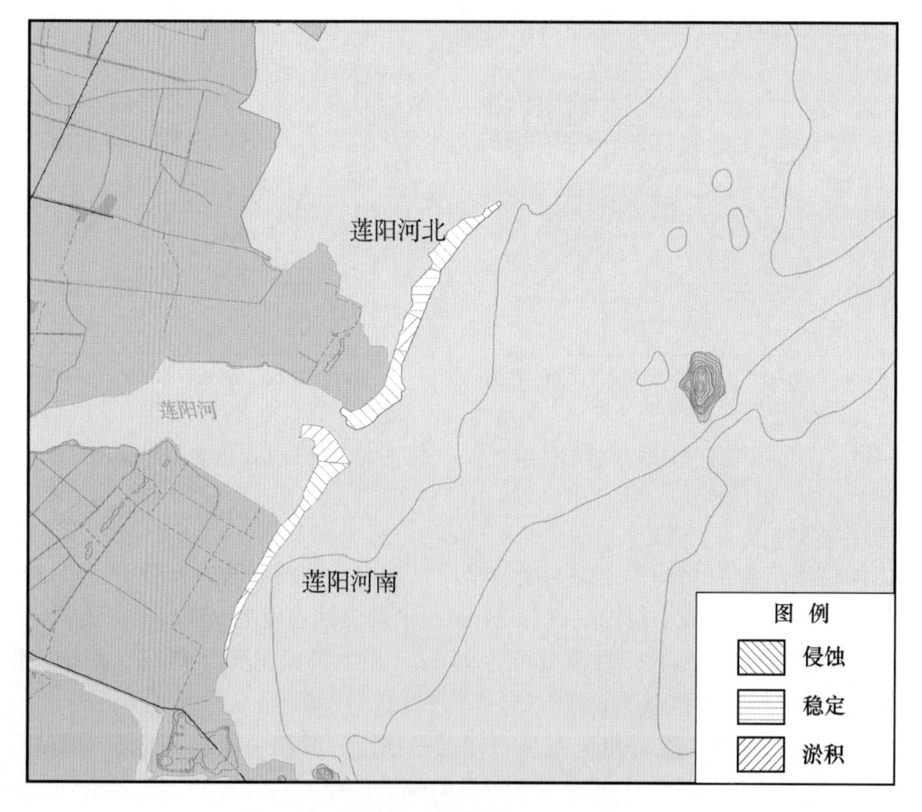

图5-34 莲阳河口海岸侵蚀淤积情况分布

莲阳河北部为一 NNE 向的障壁岛，障壁岛前缘处于严重侵蚀状态，中部处于轻微淤积或稳定状态，靠近河口区域处于严重侵蚀状态，为了防止进一步侵蚀，在河口附近埋有防浪桩，经过初步研究该障壁岛总体由海向陆迁移。

莲阳河口南侧海滩岸线位于澄海区南澳大桥两侧，岸线总体处于微侵蚀—稳定状态，河口附近处于轻微淤积状态，向外至南澳大桥附近侵蚀较为严重，该段发育有半封闭式潟湖，潟湖北侧有人工浇筑的防浪墙，宽 1 m，长约 150 m。向北延伸砂质海岸处于平衡—微淤积状态。受海风潮汐的影响，沿途海岸可见多处堆积的沙坝，位于后滨植被前缘处，沿途后滨植被发育，为乔木丛和人工种植林。

2）岸滩剖面

（1）侵蚀岸段。

莲阳河口侵蚀岸段主要分布于莲阳河北段的两端和南段的中部，选取典型的剖面进行分析：PM101 经过 3 期测量数据对比发现，2021 年 4 月与 7 月对比，在高潮线以上，岸线基本稳定，在高潮线到中潮带，海滩处于淤积状态，形成约 10 m 宽沙坝；最大淤积可达 110 cm，在低潮线以下海滩处于微侵蚀状态，侵蚀高度在 20 cm 以内。2021 年 4 月与翌年 4 月对比，岸线总体呈侵蚀状态，最大侵蚀高度可达 57 cm，最小侵蚀高度为 6 cm，平均侵蚀速度为 29 cm/a，属于严重侵蚀状态（图 5-35）；PM107 靠近莲阳河口，受到波浪和河流的双重影响，经过 3 期测量数据对比发现，2021 年 4 月和 7 月对比，在高潮线以上，岸线呈稳定状态，在高潮线以下，海滩处于侵蚀状态，最大侵蚀可达 200 cm，最小侵蚀可达 15 cm，属于严重侵蚀状态。2021 年 4 月和翌年 4 月对比，高潮线以上岸线由于人工补沙及风积原因而呈淤积状态；高潮线以下岸线总体呈侵蚀状态，最大侵蚀高度可达 210 cm，最小侵蚀高度为 18 cm，平均侵蚀速度为 64 cm/a，属于严重侵蚀状态（图 5-36）。

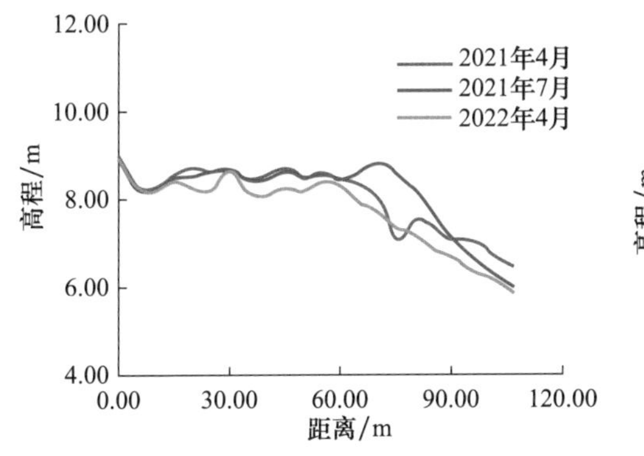

图 5-35　莲阳河口岸段 PM101 岸滩剖面示意

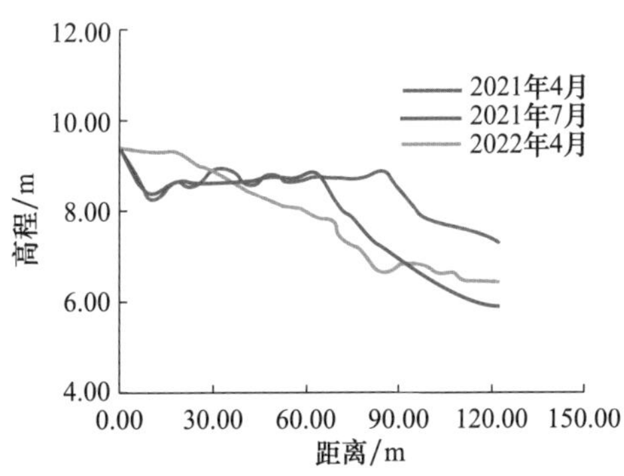

图 5-36　莲阳河口岸段 PM107 岸滩剖面示意

（2）稳定岸段。

莲阳河口稳定岸段主要分布于莲阳河北段的中部、莲阳河南段的南部，选取典型的剖面进行分析：PM103 最大侵蚀高度可达 17 cm，最大淤积高度为 20 cm，平均淤积速度为 4 cm/a，属于稳定状态（图 5-37）；PM112 最大淤积高度可达 35 cm，最大侵蚀高度为 33 cm，平均侵蚀速度为 3 cm/a，属于稳定状态（图 5-38）。

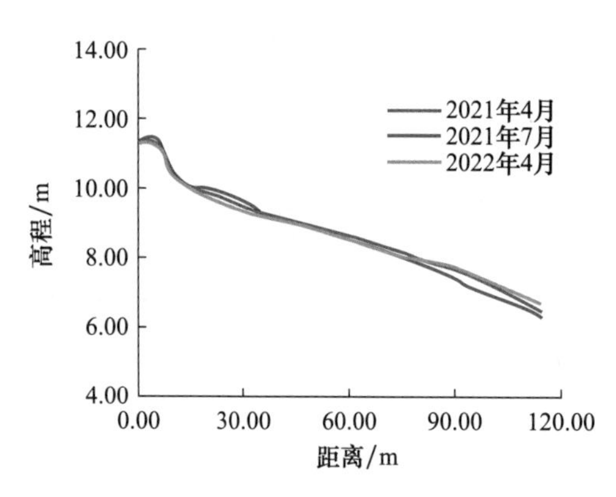

图 5-37　莲阳河口岸段 PM103 岸滩剖面示意

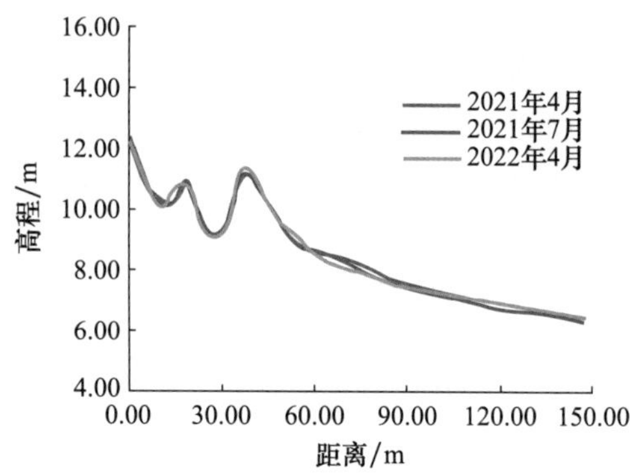

图 5-38　莲阳河口岸段 PM112 岸滩剖面示意

(3)淤积岸段。

莲阳河口淤积岸段有 3 处，选取典型的剖面进行分析：PM108 最大淤积高度可达 54 cm，最大侵蚀高度为 27 cm，平均淤积速度为 9 cm/a，属于淤积状态(图 5-39)；PM113 最大淤积高度可达 51 cm，最大侵蚀高度为 31 cm，平均淤积速度为 10 cm/a，属于淤积状态(图 5-40)。正常情况该处为侵蚀岸线，由于受人工填筑海岸和补沙影响较大，以及受潮汐、波浪的影响，总体呈平稳状态。

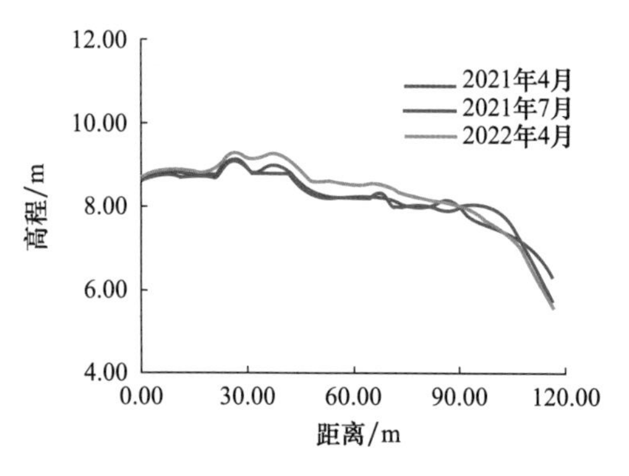

图 5-39　莲阳河口岸段 PM108 岸滩剖面示意

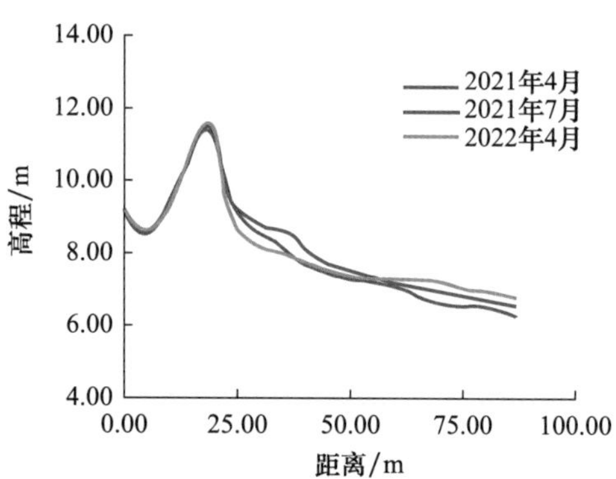

图 5-40　莲阳河口岸段 PM113 岸滩剖面示意

总的来说，莲阳河北部的障壁岛岸线由北至南依次为“侵蚀—稳定—淤积—侵蚀”状态；莲阳河南部岸线由北至南依次为“淤积—侵蚀—稳定—淤积”状态，其中侵蚀岸线占比最大，其次为淤积岸线，稳定岸线最小。莲阳河口砂质海岸目前处于半开发状态，滩面总体平缓，由于近年来沙滩有偷沙现象，砂质海岸受到人工威胁较大，地方政府采取圈封保护措施，并在后滨植被附近修筑沙堤，海滩垃圾定期进行清理。海滩后滨种植有人工防护林，起到防风固沙作用。

5.4.4.4　南澳诸湾

南澳诸湾海岸位于研究区的南澳岛南侧靠海一侧，由东至西依次为：前江湾、云澳湾、青澳湾等海湾。南澳诸湾岸线长约 8.81 km，其中侵蚀岸线长约 3.45 km，占比 39.16%；稳定岸线长约 1.82 km，占比 20.66%；淤积岸线长约 3.54 km，占比 40.18%；总体处于侵蚀与淤积状态，局部海湾处于稳定状态。

1）前江湾

前江湾岸段位于南澳县后宅镇，海岸后方为人工修建的石砌堤坝，为开发的旅游海滩，受人类活动影响大，滩面坡度较陡，宽度较窄。在监测剖面 PM201 上，经过 3 期测量数据对比发现，2021 年 4 月与 7 月对比，在高潮线以上，岸线总体处于淤积状态，高潮线以上由于受到人类活动影响呈侵蚀状态，从高潮线到低潮带，海滩处于淤积状态，最大淤积高度可达 49 cm，最小淤积高度为 2 cm。2021 年 4 月与翌年 4 月对比，岸线总体呈稳定状态，最大侵蚀高度可达 18 cm，最大淤积高度为 28 cm，平均侵蚀速度为 4 cm/a，属于稳定状态（图 5-41）。

在监测剖面 PM202 上，经过 3 期测量数据对比发现，滩面地形变化平缓，岸线总体呈侵蚀状态。2021 年 4 月与 7 月对比，在高潮线及以下滩面出现明显的侵蚀现象，侵蚀高度可达 63 cm。高潮线到低潮线之间有陡坎平台，滩面地形呈上陡下缓的趋势。2021 年 4 月与翌年 4 月对比，岸线总体呈侵蚀状态，最大侵蚀高度可达 61 cm，最小侵蚀高度可达 32 cm，平均侵蚀速度为 45 cm/a，属于侵蚀状态（图 5-42）。

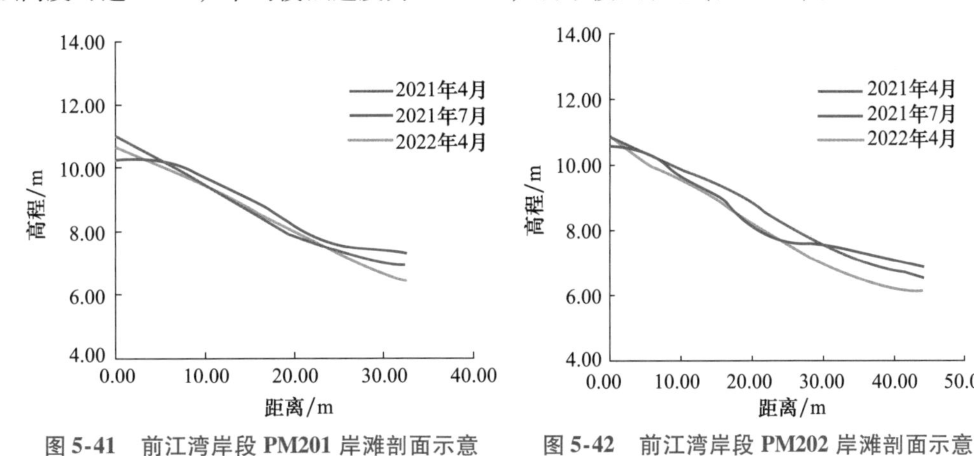

图 5-41　前江湾岸段 PM201 岸滩剖面示意　　图 5-42　前江湾岸段 PM202 岸滩剖面示意

总体而言，前江湾东部为稳定状态，西部为侵蚀状态，该海滩目前处于半开发状态，修建有海岸防护工程，常有游客到此游玩，滩面平缓，受人类活动的影响，常有人为补沙现象，滩面零星见生活垃圾。

2）云澳湾

云澳湾岸段位于南澳县云澳镇，海湾内整条岸线由东至西为“侵蚀—淤积”状态，侵蚀岸线长约 1.87 km，淤积岸线 2.02 km。在监测剖面 PM203 上，经过 3 期测量数据对比发现，2021 年 4 月与 7 月对比，在高潮线以上，岸线总体处于淤积状态，最大淤积高度可达 56 cm，最大侵蚀高度为 50 cm。2021 年 4 月与翌年 4 月对比，岸线总体呈侵蚀状态，最大侵蚀高度可达 43 cm，最大淤积高度为 20 cm，平均侵蚀速度为 7 cm/a，属于微侵蚀状态（图 5-43）。

在监测剖面 PM204 上，经过 3 期测量数据对比发现，岸线总体呈淤积状态。2021 年 4 月与 7 月对比，在高潮线及以下滩面出现明显的侵蚀现象，侵蚀高度可达 53 cm。

高潮线到低潮线之间有陡坎平台，滩面地形呈上陡下缓的趋势。2021 年 4 月与翌年 4 月对比，岸线总体呈淤积状态，最大侵蚀高度可达 18 cm，最大淤积高度可达 41 cm，平均淤积速度为 17 cm/a，属于淤积状态(图 5-44)。

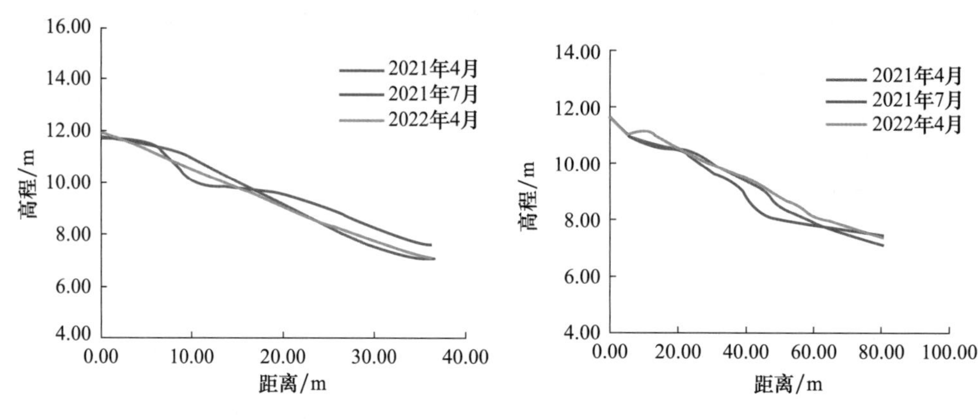

图 5-43　云澳湾岸段 PM203 岸滩剖面示意　　图 5-44　云澳湾岸段 PM204 岸滩剖面示意

总体而言，云澳湾东部岸线为侵蚀状态，西部为淤积状态，滩面发育多处侵蚀陡坎，滩面宽度较窄。海岸后方为人工修建的石砌堤坝，后滨发育有藤类植物，属于开发状态的旅游海滩，受人类活动影响大，滩面后缘人为地堆积成一条较长的沙堤。

3)青澳湾

青澳湾岸段位于南澳县青澳镇，海湾内整条岸线由东至西为“侵蚀—稳定”状态，侵蚀岸线长约 1. 18 km，淤积岸线 0. 71 km。在监测剖面 PM206 上，经过 3 期测量数据对比发现，2021 年 4 月与 7 月对比，在高潮线以上基本稳定，高潮线以下岸线总体处于淤积状态，最大淤积高度可达 50 cm，最小淤积高度为 3 cm。2021 年 4 月与翌年 4 月对比，岸线总体呈侵蚀状态，最大侵蚀高度可达 56 cm，最大淤积高度为 41 cm，平均侵蚀速度为 25 cm/a，属于侵蚀状态(图 5-45)。

在监测剖面 PM207 上，经过 3 期测量数据对比发现，岸线总体呈稳定状态。2021 年 4 月与 7 月对比，在高潮线及以下滩面出现明显的侵蚀现象，侵蚀深度可达 28 cm。2021 年 4 月与翌年 4 月对比，岸线总体呈稳定状态，最大侵蚀高度可达 17 cm，最大淤积高度可达 20 cm，平均淤积速度为 4 cm/a，属于稳定状态(图 5-46)。

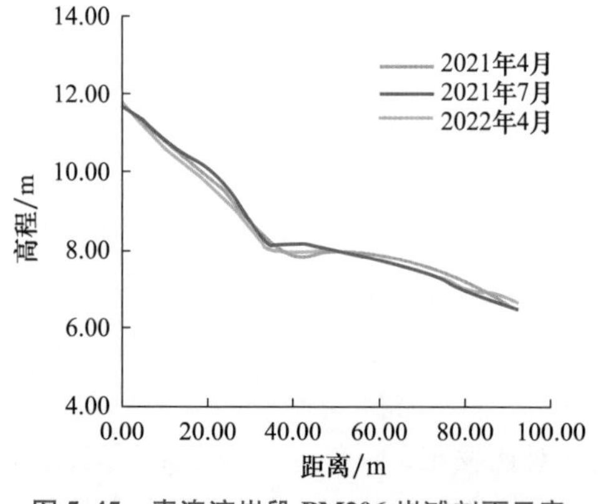

图 5-45　青澳湾岸段 PM206 岸滩剖面示意

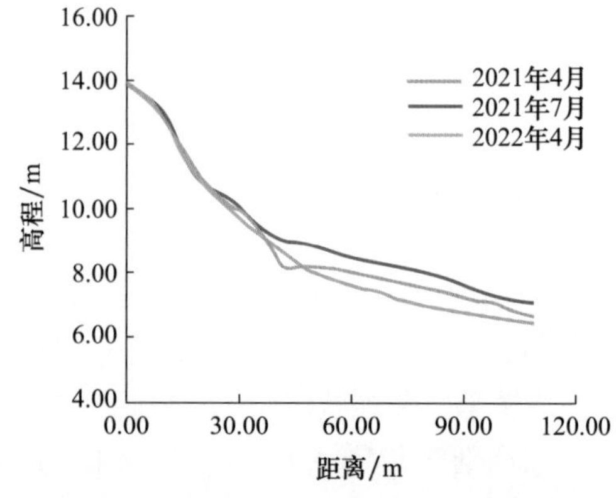

图 5-46　青澳湾岸段 PM207 岸滩剖面示意

总体而言，青澳湾内整条岸线呈“东侵西稳”状态，该海滩目前处于开发状态，平时有较多游客到此游玩，位于青澳湾东北侧湾内，滩面总体平缓，宽度较宽。受人类活动影响明显，周边有较多建筑物，滩后有人工种植树，滩面总体平缓；青澳湾西侧有人工防护墙防止海浪侵蚀，水动力较弱，湾内水质干净，环境较好。

5.4.5　风暴潮

风暴潮是指由于强烈大气扰动(如强风或气压骤变)所引起的海面异常(骤发性)升高或降低的现象，一般指升高潮(亦称风暴海啸)。它的危害主要是在滨海地带所出现的风暴潮洪水。风暴潮通常分为由热带气旋(台风、飓风)和温带气旋所引起的两大类。由超强台风引起的风暴潮灾害影响范围一般较广，直接经济损失大，对农业和渔业的影响大，使海岸防护工程受损，同时还可能携带大量泥沙上岸，给灾后重建带来困难。

韩江三角洲沿海一带，台风活动时沿海海水壅积，潮位急升，近 80 年来发生过多次灾害严重的风暴潮，潮位都在 3 m 以上。1922 年 8 月 2 日，风暴潮造成汕头沿海 7 万人伤亡；1969 年 7 月 28 日，风暴潮使汕头市中心区泛滥水深 1~3 m，牛田洋新垦围堤溃决；1979 年 8 月 2 日，风暴潮造成汕头市区外马路一带淹没，水深0. 8~1. 0 m。据研究，由于全球变暖，1955—1994 年，韩江口海平面上升，最大为东溪口站，达83 cm，1990—2030 年，韩江口相对海平面上升幅度约 20 cm，势必进一步提升风暴潮位和加剧海岸侵蚀(周英，2008)。

5.4.6　其他灾害地质

5.4.6.1　赤潮

赤潮又称红潮，是在特定的环境条件下，海水中某些浮游植物、原生动物或细菌暴发性增殖或高度聚集而引起水体变色的一种有害生态现象。发生时常常在海洋或湖面上形成一大片红色景象，因此被许多人比喻成红色幽灵。但赤潮并不一定都是红色，根据引发赤潮的生物种类和数量的不同，海水有时也呈现出黄、绿、褐色等不同颜色，赤潮只是各种颜色潮的总称。

赤潮是一种复杂的生态异常现象，发生的原因也比较复杂。关于赤潮的成因尚没有定论，科学家们一般认为赤潮的发生与海域水体的富营养化有关。赤潮生物的异常发展繁殖，可聚集至鱼、虾、贝等经济生物鳃部，造成这些生物因窒息而死亡。大量赤潮生物死亡后，可造成环境严重缺氧或者产生硫化氢等有害物质，使海洋生物缺氧或中毒死亡，造成渔业减产。

有些赤潮生物可分泌赤潮毒素。有毒赤潮生物产毒的原因比较复杂，一般来说与其所处的环境因素有关，如环境温度、光照强度、海水酸碱度、盐度、营养盐等一系列环境因素都会影响有毒赤潮生物的产毒。鱼、贝类摄食有毒的赤潮生物后，生物毒素可在其体内积累，这些富集了毒素的鱼、贝类被人食用可能引起人体中毒，严重时可导致死亡。

根据 2018—2020 年南海区海洋灾害公报，汕头市最近一次赤潮灾害发生在 2018 年

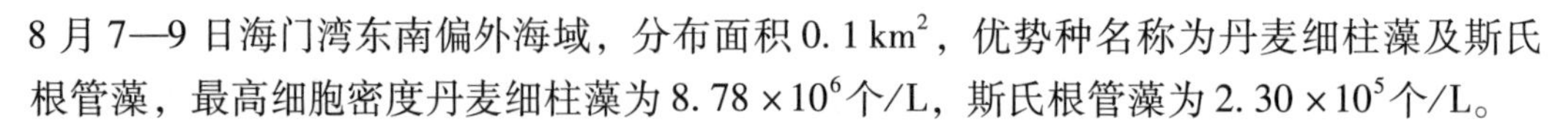

8 月 7—9 日海门湾东南偏外海域，分布面积 0. 1 km^2，优势种名称为丹麦细柱藻及斯氏根管藻，最高细胞密度丹麦细柱藻为 8. 78 × 10^6 个/L，斯氏根管藻为 2. 30 × 10^5 个/L。

5. 4. 6. 2　浅埋基岩

浅埋基岩是指埋深距海底 15 m 以内的不规则基岩。通常表现为基岩起伏过大，不规则的凸起或陡降，在地震剖面上表现出强反射或者侧反射，地震资料显示为不规则的高低起伏，基岩面的凸起为尖状、齿状或者冒顶状。不规则浅埋基岩及其出露现象常发育在基岩海岸。对于工程建设，基岩是很好的持力层；但如果基岩面起伏不平，由于其与围岩产生承载力差异，不利于工程构筑基础的选型，不利于持力层的选择。因此，对于插桩、输油管线铺设等海上工程，都应重视不规则基岩的存在，以避免产生不良的后果。不规则浅埋基岩主要由单道地震反射剖面所揭示，但埋藏较浅的基岩在浅层剖面上也有明显的判别特征。

起伏基岩面的反射特征以中-低频、强振幅、中-低连续性为主，反射形态主要表现为随机的高低起伏，基岩面的凸起多表现为圆锥状或尖峰状，内部反射模糊杂乱，无层次，部分可见绕射波。研究区近岸不规则浅埋基岩分布主要在沿岸区域和岛屿附近。不规则浅埋基岩面起伏都在 8 m 以上，最大起伏可达 50 m，局部出露海底成为暗礁，它们在高潮时淹没，低潮时可见白色的浪花，对船只的安全航行构成了威胁。

5. 4. 7　海岸带灾害地质风险评价

5. 4. 7. 1　评估方法

此次评价主要运用层次分析法，数据主要源于通过单道地震解译得到的研究区海域灾害地质分布图，评价因子按照层次分析法原理，将研究区海岸带灾害地质因子按照指标层、子指标层两级标准进行分级(表 5-6)(乔吉果 等，2014)。

表 5-6　韩江三角洲海岸带灾害地质风险评价层次分析指标

序号	指标层	子指标层
1	断裂时代 F1	全新世断裂(缓冲 1 km)
2		晚更新世断裂(缓冲 1 km)
3	断裂与基岩关系 F2	延伸到基岩(缓冲 1 km)
4		没有延伸到基岩(缓冲 1 km)
5	断裂断距 F3	0~3m(缓冲 1 km)
6		3~6 m(缓冲 1 km)
7		6~10 m(缓冲 1 km)
8	古河道平均埋深 F4	<14 m
9		14~20 m
10		20~26 m
11		>26 m

续表

序号	指标层	子指标层
12	古河道平均厚度 F5	<6 m
13		6~10 m
14		10~14 m
15		>14 m
16	浅层气 F6	有浅层气
17		无浅层气
18	浅埋基岩平均埋深 F7	<5 m
19		5~10 m
20		10~15 m

影响灾害地质的各因素对危险性地质单元破坏评估的作用有大小之分，因此，分析指标体系中的各项因素的相互作用和相互联系，确定它们在评价体系中的相对地位和相对影响即所占的权重，是正确进行危险性评价的重要条件。本书利用层次分析法来确定评价因子的权重。采用 10 分值，对海岸带 7 种灾害地质进行打分，并计算权重，专家打分见表 5-7(乔吉果 等，2014)。

专家打分根据对某指标的定性，即 F1、F2、F3 3 个断裂相关的指标影响最大，分值为 6~9，F4、F5 两个埋藏古河道相关的指标其次，分值为 5~7，F6、F7 两指标最次，分值为 2~5。经过相对简单的过程，确定断裂时代因子权重为 0. 166，断裂与基岩关系因子权重为 0. 193，断裂断距因子权重为 0. 191，古河道平均埋深因子权重为 0. 142，古河道平均厚度因子权重为 0. 142，浅层气因子权重为 0. 095，浅埋基岩平均埋深因子权重为 0. 071(表 5-7)。

表 5-7　专家打分

专家	F1	F2	F3	F4	F5	F6	F7
1	7	8	8	6	6	4	3
2	6	7	7	5	5	3	2
3	8	9	8	7	5	4	2
4	6	9	7	6	5	5	3
5	7	7	9	5	7	4	4
6	8	8	8	5	6	4	4
7	7	9	9	7	7	4	3
8	7	8	8	7	7	4	3
小计	56	65	64	48	48	32	24
权重	0. 166	0. 193	0. 191	0. 142	0. 142	0. 095	0. 071

危险性评估常用分级方法为逻辑信息分类法和特征分类法(李媛媛 等，2006；杜军 等，2008)，将级别划分为三级或五级。本书采用五级逻辑信息分类体系，将海岸带灾害

地质危险性划分为五个等级，低危险度($0<A\leq0.10$)、较低危险度($0.10<A\leq0.30$)、中危险度($0.30<A\leq0.50$)、较高危险度($0.50<A\leq0.75$)和高危险度($0.75<A\leq1.0$)。对于评价中的指标须量化，首先将各个因子按照对灾害危险贡献值大小，在 Spatial Analyst 中选择 Reclassify 进行重分类，将每个指标分为 1、2、3、4、5 五个等级，分别对应的危险性等级为低危险、较低危险、中危险、较高危险和高危险(乔吉果 等，2014)。

评价前先建立基础网格单元，根据研究区海岸带范围，建立 10 m × 10 m 的栅格单元。将各个因子按照 10 分制进行打分(表 5-8、表 5-9)，并与基础网格单元进行叠加分析，确定各个单因子评价。之后按照权重对每个单元的参数进行加权叠加，并对所有单元的数据进行归一化处理，经分级形成综合评价。

表 5-8　断裂因子要素分值

因子	要素	缓冲区	分值
断裂时代	全新世断裂	1 km	7
	晚更新世断裂	1 km	3
断裂与基岩关系	延伸到基岩	1 km	7
	没有延伸到基岩	1 km	3
断裂断距	0~3 m	1 km	3
	3~6 m	1 km	5
	6~10 m	1 km	7

表 5-9　古河道、浅层气和浅埋基岩因子要素分值

因子	要素	分值
古河道平均埋深	>26 m	2
	20~26 m	4
	14~20 m	6
	<14 m	8
古河道平均厚度	<6 m	2
	6~10 m	4
	10~14 m	5
	>14 m	7
浅层气	有浅层气	5
	无浅层气	0
浅埋基岩平均埋深	<5 m	9
	5~10 m	6
	10~15 m	3

各因子要素取值部分参考了前人的研究，另断裂断距、古河道平均厚度、古河道平均埋深因子要素分段取值依据 *K* 均值聚类法确定，经聚类处理的散点见图 5-47 至图 5-49。

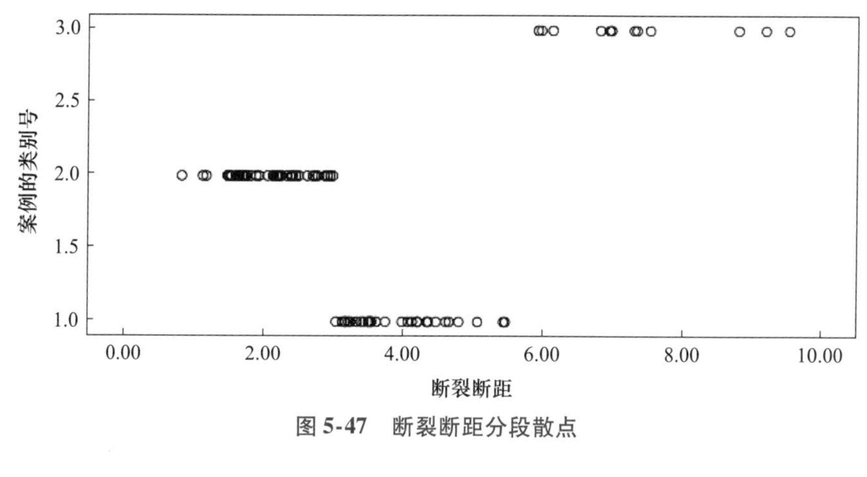

图 5-47　断裂断距分段散点

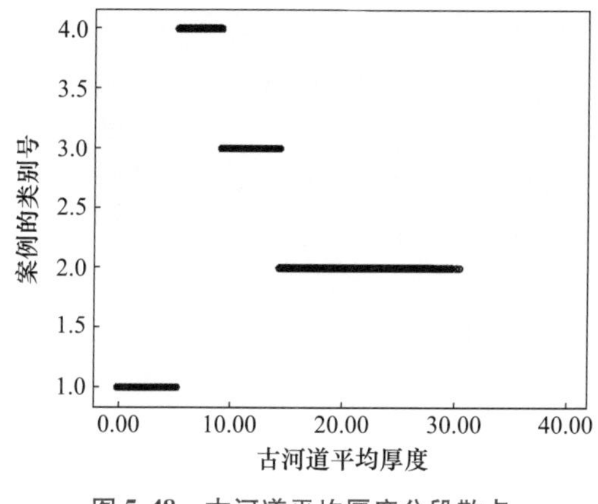

图 5-48　古河道平均厚度分段散点

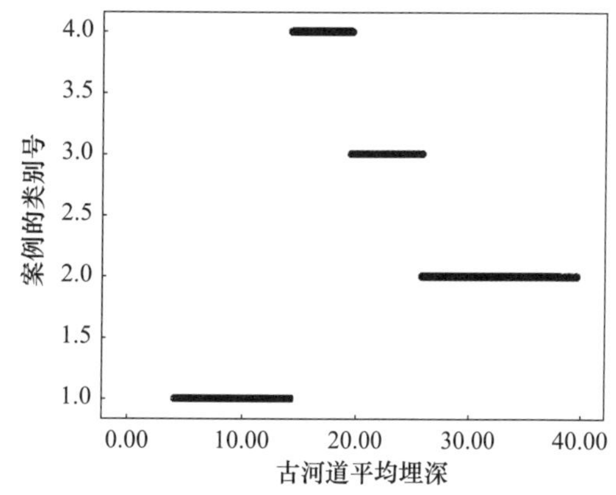

图 5-49　古河道平均埋深分段散点

5.4.7.2　评估结果

根据综合危险性评价结果，研究区海岸带灾害地质危险性较大的高危险区主要分布在多条断裂带与古河道叠加的区域，主要集中在研究区西部的广澳湾海域，此区域在全新世有较多河道下切形成的断层。较低危险区分布范围较广，主要受古河道控制，基本沿埋藏古河道展布，主要集中在海门湾与广澳湾海域，此区域在第四纪有多期水下三角洲发育，古河道较多，埋藏较浅的古河道造成该区域地层承载力不均等不良工程地质环境。中危险区分布在单一断裂影响的地区，基本沿断裂方向展布。较高危险区主要分布在广澳湾海域。低危险区主要在灾害地质分布较少、地形平坦、地貌类型简单、沉积物分布均匀的区域，在研究区占比较大，同时含浅层气、浅埋基岩这种单一限制性灾害地质因素的区块在本次评价中属于相对低危险度。各危险等级面积统计见表 5-10。低危险区和较低危险区占研究区面积的 90%。总的来说，汕头市近岸海域的工程地质条件较好，灾害地质低危险区的工程适宜性良好，高危险区虽然存在较高的灾害地质风险，但只要避免建设在类似断层、埋藏古河道、浅层气强烈区块，同样具备海上工程建设的地质条件。

表 5-10 各危险等级面积统计

序号	危险等级	面积/km^2	面积占比/%
1	低危险	1512.5355	64.27
2	较低危险	605.9023	25.74
3	中危险	197.5766	8.40
4	较高危险	34.0216	1.44
5	高危险	3.4362	0.15

第6章 海岸带典型生态系统

中国海洋工程咨询协会2020年发布的《海岸带生态系统现状调查与评估技术导则 第1部分：总则》(T/CAOE 20.1—2020)，将海岸带生态系统划分为红树林、盐沼、珊瑚礁、海草床、牡蛎礁、砂质海岸等典型海岸带生态系统，以及河口、海湾复合型生态系统。根据该技术导则，研究区内海岸带生态系统类型主要有红树林、砂质海岸、河口和海湾。其中红树林生态系统主要分布于义丰溪、莲阳河、黄厝草溪、外砂河入海口处，以及榕江内苏埃湾、牛田洋等地，前者为人工林，后者为天然林；砂质海岸生态系统主要分布于莲阳河培隆沙滩、广澳湾、海门湾，以及南澳岛青澳湾、烟墩湾、赤石湾、前江湾等；河口生态系统为受淡水和海水混合并相互影响的河流、滩涂、近岸海域，河流包括韩江(义丰溪、黄厝草溪、莲阳河、外砂河、新津河、梅溪河)、榕江、练江，近岸海域包括-20m等深线以内区域；海湾生态系统是指湾口两个对应岬角连线所形成的区域，主要有广澳湾、海门湾、青澳湾和云澳湾。

6.1 红树林生态系统

6.1.1 红树林现状

研究区历史上红树林分布相当广泛，20世纪50年代初期，汕头港的礐石、苏埃湾、澳头、葛洲泥湾、濠江口、磊口附近、河浦、牛田洋、潮阳龟头海、澄海盐鸿、南澳岛的深澳湾等地均有连片红树林分布，总面积超过1 000 hm^2(李国庆 等，1982；王伯荪 等，1997)；20世纪60—70年代，由于人为肆意破坏，围湖造田、乱砍滥伐以及环境污染，导致面积急剧减小；至80年代仅余一些次生林，面积减少超过50%(陈树培 等，1985)；90年代后，红树林面积下降至不足200 hm^2，约3/4的红树林从海岸线消失(王伯荪 等，1997)。2000年前后，汕头市在该地区种植了一定规模的红树林，并引种了无瓣海桑、海桑和拉关木(陈远合 等，2010)，红树林退化的趋势得到了减缓。据相关数据统计，从20世纪50年代至今，韩江三角洲围垦面积达18 368 hm^2(李平日 等，1987a)，大面积围垦是导致红树植物和伴生植物种群衰退、消失的主要原因。红树林的分布总体上呈现出急剧减少—维持稳定—缓慢增加的过程(彭逸生 等，2015)。现阶段，原生红树林面积持续减小，类型以人工林为主，虽然设立了保护区等，但为了给经济发展让步，保护区也有很大一部分被开发占用。其中濠江区苏埃湾红树林湿地，是我国现存面积最大、保存最完整的桐花树原生红树林，联合国环境规划署/全球环境基金将澳头村的苏埃湾湿地公园列为汕头海岸湿地国际示范区“南中国海项目”示范点，实行国际性的保护，但其面积仍在逐年缩小(王伯荪 等，1997；周炎武，2010；彭逸生 等，

2015)。

研究区红树林面积为400.79 hm^2，分布较为分散，主要分布于溪南镇义丰溪港口、莲上镇黄厝草溪、莲阳河口及培隆沙滩、新溪镇双涵、牛田洋西港口、牛田洋北岸、濠江区苏埃湾，林带宽度最宽为800 m，一般在100~400 m；另有部分地区零星分布红树植物，如濠江区澳头、肚侨、珠浦、松山(磊口)，潮阳区关埠石井、关埠尖头、关埠巷口，南澳岛深澳湾等地，这些地区历史上有小面积的原生红树林，目前仅剩零星的几株、十几株，或者仅剩一些伴生红树植物，面积小于0.01 hm^2。

研究区内红树林面积最大的为义丰溪港口处，达142 hm^2，面积最小的为新溪双涵，仅10.3 hm^2，大部分以人工林为主，天然林分布较少，其中人工林面积为349.4 hm^2，占比87.18%，天然林面积为51.4 hm^2，占比12.82%。人工林树种主要为无瓣海桑、海桑和秋茄，引种时间为1998年，大面积种植时间为2001年、2003年和2006年；天然林树种主要为桐花树，树龄普遍大于30年(表6-1)。

表6-1　研究区红树林分布及现状调查

地点	林带宽度/m	面积/hm^2	优势种	种植时间	备注
义丰溪港口	50~800	142	无瓣海桑、海桑、秋茄、拉关木	2001年、2003年	人工种植
黄厝草溪	100~580	91.4	海桑、无瓣海桑、秋茄	2001年	人工种植
培隆沙滩	50~470	28.8	无瓣海桑、秋茄	2001年、2003年	人工种植
莲阳河口	80~160	22.9	无瓣海桑、秋茄	2003年、2006年	人工种植
新溪双涵	30~220	10.3	海桑、无瓣海桑、秋茄	2001年	人工种植
苏埃湾	80~390	51.4	桐花树、秋茄、老鼠簕、木榄、红海榄	自然生长	树龄>30a
牛田洋西港口	70~240	14	海桑、无瓣海桑	2006年	人工种植
牛田洋北岸	10~70	40	无瓣海桑	2006年	人工育苗

6.1.2　红树物种和植被特征

红树林是热带海岸潮滩上特有的一种森林植被类型，包括涨潮被侵淹的所有木本性植物群落，按植被特征划分为木本植物、藤本植物和草本植物，按植物类别分为真红树植物、半红树植物和伴生植物。研究区内有天然红树种和人工引进红树种，其中人工引进4种红树种，分别为原产于孟加拉国于1998年引种的无瓣海桑、原产于海南和墨西哥于2000年引种的海桑和拉关木，以及20世纪60年代曾广泛分布、后因人为破坏消失的木榄。

在未引进外来物种时，本地红树植物共有11科17种，现有植物种类，若去掉外来引进种(无瓣海桑、海桑、拉关木)，植被类型有8科12种，共消失3科5种，分别为海杧果、榄李、角果木、瓶花木和钝叶臭黄荆。现有本地植物分布点普遍减少，仅有秋茄、卤蕨、许树等易存活的物种分布点相对较多(表6-2)。

本次调查共记录植物10科15种，其中真红树植物7科11种，半红树植物3科4

种，自然分布植物为11种，人工引进植物4种，其中红树科和海桑科植被为乔木，卤蕨科为蕨类植物，其他科为灌木或小乔木(表6-2)。

表6-2 研究区现有红树物种及已消亡红树物种名录

编号	科名	种数	植物种名	性状	备注
1	爵床科	1	老鼠簕(*Acanthus ilicifolius*)	灌木	红树林
2	大戟科	1	海漆(*Excoecaria agallocha*)	小乔木	红树林
3	紫金牛科	1	桐花树(*Aegiceras corniculatum*)	灌木	红树林
4	锦葵科	2	黄槿(*Hibiscus tiliaceus*)	小乔木	半红树林
			杨叶肖槿(*Thespesia populnea*)	小乔木	半红树林
5	红树科	3	木榄(*Bruguiera gymnorhiza*)	乔木	红树林
			红海榄(*Rhizophora stylosa*)	乔木	红树林
			秋茄(*Kandelia obovata*)	乔木	红树林
6	海桑科	2	无瓣海桑(*Sonneratia apetala*)	乔木	红树林
			海桑(*Sonneratia caseolaris*)	乔木	红树林
7	卤蕨科	1	卤蕨(*Acrostichum aureum*)	蕨类植物	红树林
8	菊科	1	阔苞菊(*Pluchea indica*)	灌木	半红树林
9	马鞭草科	2	许树(苦郎树)(*Clerodendrum inerme*)	灌木、小乔木	半红树林
			海榄雌(白骨壤)(*Avicennia marina*)	灌木、小乔木	红树林
10	使君子科	1	拉关木(*Laguncularia racemosa*)	灌木、乔木	红树林
11	夹竹桃科	1	海杧果(*Cerbera manghas*)	乔木	已消亡
12	使君子科	1	榄李(*Lumnitzera racemosa*)	灌木、乔木	已消亡
13	红树科	1	角果木(*Ceriops tagal*)	灌木、小乔木	已消亡
14	茜草科	1	瓶花木(*Scyphiphora hydrophyllacea*)	灌木	已消亡
15	马鞭草科	1	钝叶臭黄荆(*Premna obtusifolia*)	灌木、小乔木	已消亡

研究区红树林植被虽然种类较多，但以外来植物海桑和无瓣海桑为主，其分布点在所有红树林植物中最多、种群面积最大，是研究区目前最具代表性的红树林植物。各红树林种群规模差异较大，种群规模较大的为人工林，植被类型有6种，以海桑科植被为主，其他类型植被仅少量生长；天然林以紫金牛科桐花树和红树科植被为主，植被类型达9种，但仅有桐花树呈连片分布，其余植被在自然条件下仅分布于红树林边缘或零星分布。

在植株密度方面，最高为苏埃湾达9 800 株/hm^2，最低为新溪双涵 1 000 株/hm^2；在平均株高方面，最高为黄厝草溪达7.8 m，最低为苏埃湾仅2.6 m；在平均胸径方面，最高为黄厝草溪为14.8 cm，最低为苏埃湾仅4 cm；人工林树龄约5~20 a，人工林平均植株密度为3236 株/hm^2(其中海桑科密度为2143 株/hm^2，秋茄密度为1093株/hm^2)，平均株高6.5 m(其中海桑科株高8.1 m，秋茄株高3.5 m)，平均胸径10.6 cm(其中海桑科胸径12.9 cm，秋茄胸径5.8 cm)，人工林均采取了复层混交结构，上层为无瓣海桑、海桑，下层为秋茄；天然林仅在苏埃湾处，其植株高度和胸径虽然比人工林小，但其植

株密度远远高于人工林。

6.1.3 红树林生物群落特征

红树林生态系统中，生物群落包括底栖藻类、大型底栖动物、小型底栖动物等。

调查采集的生物种类有55种，其中底栖藻类有2种，大型底栖动物有40种，小型底栖动物有13种，通过收集资料得出鸟类179种(赵扬，2008)。其中大型底栖动物的种类组成中，软体动物23种，环节动物7种，节肢动物7种，腔肠动物、星虫动物、扁形动物各1种。小型动物类群13个，海洋线虫占比80.13%，多毛类占比11.71%，桡足类占比6.34%，其他类群包括介形类、涡虫、缓步类、寡毛类、甲壳类、甲壳类幼体、端足类、双壳类、节肢类和海螨。按不同生物群落，现分述如下。

6.1.3.1 底栖藻类

研究区内藻类主要为浒苔(*Enteromorpha* spp.)和墨绿颤藻(*Oscillatoria nigroviridis*)，藻体成鲜绿色，细丝状，主要分布在红树林高潮带，中潮带少部分地区可见，低潮带几乎未见藻类发育，这与海水的涨落潮及侵淹时间和红树林的呼吸根密度有关。在低潮带海水侵淹时间较长，藻类无法生长，在中潮带呼吸根数量相对较少，藻类附着生长能力较低，相对在高潮带，海水侵淹时间较短，呼吸根数量较多，容易生长且快速附着，生物量较大。部分地区的生物量与污染物的堆积有关，如黄厝草溪，林内覆盖一层塑料垃圾，藻类完全没有生长的空间和条件。

红树林内藻类平均生物量为157.64 g/m^2，莲阳河口生物量最高为343.2 g/m^2，培隆沙滩生物量最低为61.01 g/m^2，新溪双涵和苏埃湾未见大型藻类。在垂直分布方面，高、中、低潮带藻类差异巨大，高潮带生物量为463.28 g/m^2，中潮带生物量为9.2 g/m^2。同时地域之间生物量也有差异，潮带区分明显的地区，藻类较为发育，潮带区分不明显的地区，在涨潮时海水同时侵淹整片红树林，藻类几乎不发育，如新溪双涵；苏埃湾中以桐花树为主的植被异常茂密，植被低矮，藻类生长环境较差，无法生存。

藻类在有机质含量较高的水中迅速繁殖，可作为海水有机质污染的标志，这也说明在黄厝草溪、义丰溪港口以及莲阳河口有机污染较为严重，这也在海水的检测结果中体现明显。

6.1.3.2 大型底栖动物

红树林研究区内大型底栖动物种类较为丰富，定量及定性采集的动物标本经鉴定有40种，定量调查中采集动物16种，定性调查中采集动物26种，其中琵琶拟沼螺、粗糙滨螺在定量和定性调查中均有采集。在各类群动物的种类组成中，种类数最多的是软体动物门，有23种，占总种类数的57.5%；其次为环节动物多毛类和节肢动物门，均有7种，均占比17.5%，以上三大门类占比92.5%，是最主要的大型底栖动物类群；星虫动物门、扁形动物门和腔肠动物门各1种，均占比2.5%。其中许多动物为常见热带种。

1)定量底栖动物特征

在定量底栖动物调查中，获取到动物种类16种，种类最多的为软体动物，共8种，占比50%；环节动物多毛类4种，占比25%；节肢动物门2种，占比12.5%，以上三大门类占比87.5%，是最主要的大型底栖动物类群；扁形动物门和星虫动物门，各1种，均占比6.25%。

根据2021年5—10月红树林底栖动物调查结果，研究区红树林内平均栖息密度为72.37个/m²，培隆沙滩最高，为154.66个/m²，新溪双涵和苏埃湾最低，为0个/m²，人工红树林内平均栖息密度为84.44个/m²，说明在生物量和栖息密度上，人工林生物生存环境要好于原生红树林；各底栖动物以大眼蟹属栖息密度最高，达16.76个/m²，次为蟹守螺，为15.24个/m²，大盘扁涡虫栖息密度最低，为0.76个/m²。

红树林平均生物量为3.78 g/m²，培隆沙难最高，为12.19 g/m²，新溪双涵和苏埃湾最低，为0 g/m²，人工红树林内平均生物量为4.408 g/m²；各底栖动物以大眼蟹属生物量最高，达1.51 g/m²，次为蟹守螺，为1.21 g/m²，生物量最低的是德氏狭口螺，为0.01 g/m²。

在各类群生物的组成中，平均栖息密度以软体动物最高，达41.95个/m²，次为节肢动物，为39.82个/m²，最低的为扁形动物，为0.356个/m²；软体动物栖息密度在莲阳河口处最高，达112个/m²，环节动物栖息密度在义丰溪河口处最高，达37.3个/m²，节肢动物栖息密度在义丰溪公园处最高，达96个/m²，星虫动物栖息密度在义丰溪河口处最高，达16个/m²，扁形动物在培隆沙滩处栖息密度最高，达1.78个/m²。

平均生物量以节肢动物为最高，达2.341 g/m²，占总生物量的56.6%，在义丰溪公园内最高；次为软体动物，生物量达1.198 g/m²，占比28.97%，在培隆沙滩处最高；星虫动物为第三位，生物量为0.315 g/m²，占比7.6%，在培隆沙滩处最高；环节动物为第四位，生物量为0.273 g/m²，占比6.6%，在义丰溪河口处最高；生物量最少的为扁形动物，生物量仅为0.007 g/m²，在培隆沙滩处最高。

从丰度上来看，节肢动物占据绝对优势，达320个/m²，占总平均丰度的46%，软体类为240个/m²，占总平均丰度的35%，环节动物为128个/m²，占总平均丰度的18%，扁形动物为5个/m²，占总平均丰度的1%。研究区底栖动物丰度范围为0~1 145.78个/m²，平均丰度为73.40个/m²，培隆沙滩丰度最高，约为124.95个/m²；新溪双涵丰度最低，为0个/m²。

红树林内以中潮带的生物量和栖息密度最高，分别为9.63 g/m²和266.67个/m²，其次为高潮带，生物量为4.8 g/m²，栖息密度为112个/m²，最低为低潮带，生物量为4.797 g/m²，栖息密度为58.67个/m²，生物量和栖息密度由高到低依次为中潮带、高潮带、低潮带。

2）定性底栖动物特征

红树林作为滩涂树林，植株上的茎、叶和根上都有生物栖息，所以在定量采集底栖动物之外，还要对调查样方周围进行定性底栖动物采集，主要以附着、爬动和钻空动物为主，其中大部分生物以附（固）着或爬动于植被茎为主。附着生物以营滤食为主，因而和水流紧密相关，水流大、饵料多，则生长较快，数量较多；钻空动物则以蟹类、鱼类为主；营爬动生活的动物随潮水的涨退而上下移动，营钻空生活的动物生长在树茎的下部和根部。在研究区内主要采集到的定性动物有26种，其中腔肠动物1种，环节动物3种，软体动物17种，节肢动物5种。

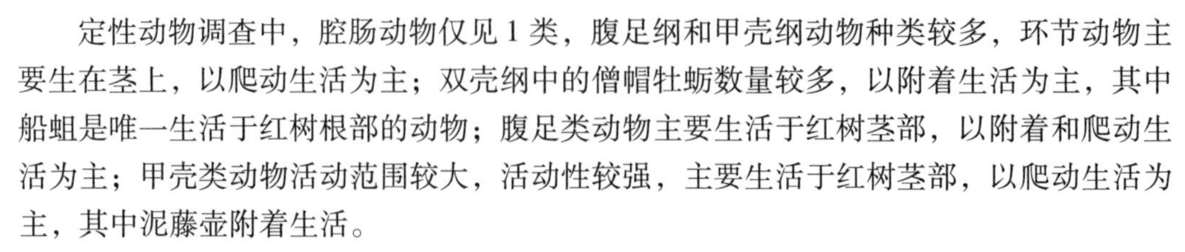

定性动物调查中，腔肠动物仅见1类，腹足纲和甲壳纲动物种类较多，环节动物主要生在茎上，以爬动生活为主；双壳纲中的僧帽牡蛎数量较多，以附着生活为主，其中船蛆是唯一生活于红树根部的动物；腹足类动物主要生活于红树茎部，以附着和爬动生活为主；甲壳类动物活动范围较大，活动性较强，主要生活于红树茎部，以爬动生活为主，其中泥藤壶附着生活。

3）蟹洞调查

蟹类是红树林生态系统的消费者，有着较高的物种数量，在红树林内是一个优势动物类群，也是底栖动物的重要组成部分。蟹类还是红树林动物中主要的生境改造者，它们通过摄食、掘穴和排泄等活动，对其栖息地进行改造，并与其他底栖生物相互作用，对沉积物颗粒粒度及有机质的空间分配，沉积物化学性质的改变，沉积物中微生物活动都有重要影响，蟹洞调查能直观反应蟹类的数量和生存现状，是预测红树林生态环境质量的指示数据之一。

本次在开展大型底栖动物调查中同步开展蟹洞调查，调查结果显示，研究区内红树林蟹洞密度平均值为141.5个/m^2，义丰溪心滩洲蟹洞密度最高，达682.6个/m^2，最低为苏埃湾，为8个/m^2；按蟹洞大小来看，2~8 mm蟹洞有3138个，占比85.04%，其次为8~15 mm蟹洞，占比9.21%，其余占比5.75%（表6-3、表6-4）。

表6-3 研究区红树林各斑块蟹洞密度统计 单位：个/m^2

地点	义丰溪公园	义丰溪心滩洲	黄厝草溪			培隆沙滩			莲阳河口	新溪双涵	苏埃湾	平均值
			高潮带	中潮带	低潮带	高潮带	中潮带	低潮带				
数量	294.6	682.6	96	30	22	17.3	32	77.3	32	16	8	141.5
			49.3			42.2						

表6-4 研究区红树林各斑块蟹洞大小统计 单位：个/m^2

地点	义丰溪公园	义丰溪心滩洲	黄厝草溪				培隆沙滩				莲阳河口	新溪双涵	苏埃湾	总数	平均值
			总数	高潮带	中潮带	低潮带	总数	高潮带	中潮带	低潮带					
2~8 mm	756	1776	230	160	40	20	312	52	96	164	24	16	24	3138	448.2
8~15 mm	124	176	12	—	8	4	20	—	—	20	8	—	—	340	68
15~25 mm	—	48	4	—	4	—	16	—	—	16	—	—	—	68	22.6
25~35 mm	—	16	48	32	8	8	12	—	—	12	—	—	—	76	25.3
35~45 mm	4	32	12	—	—	12	20	—	—	20	—	—	—	68	17
总计	884	2048	306	192	60	44	380	52	96	232	32	16	24	3690	527.1

注：—表示在调查中未见到蟹洞。

蟹洞数量垂直分布特点：以培隆沙滩为标志，按从多到少排序表现出低潮带、中潮带、高潮带的特点，低潮带蟹洞密度约为中潮带的2.4倍，为高潮带的4.5倍，黄厝草溪呈相反的特点，是因为该地塑料垃圾污染严重，垃圾主要分布于中、低潮带，生物难以生存，故特点相反，但不能作为普遍性特征。蟹洞大小的垂直分布特点：高潮带以2~5 mm的蟹洞为主，中潮带以2~8 mm的蟹洞为主，低潮带2~45 mm的蟹洞均有出现，且数量较多，这与低潮带的海水涨落潮频繁有关，每次涨落潮均有大量的物质交换，蟹类的食物充足，繁殖条件较好。这其中还有两个现象值得注意，一是在红树林内潮水沟及其两侧，蟹洞发育较多，如黄厝草溪高潮带处；二是在义丰溪心滩洲红树林，人类影响较小，蟹类可充分繁殖，数量是其他地方的 2 倍多，蟹洞大小也普遍较大，说明人类活动和垃圾污染对蟹类的生长发育造成了极大的影响。

从蟹洞密度和大小上可以看出，义丰溪心滩洲环境质量最好，其次为义丰溪公园，黄厝草溪和培隆沙滩均有海水养殖塑料垃圾和工业废水排放污染，导致其环境较差，而莲阳河口、新溪双涵和苏埃湾均是因红树林生长环境本身的限制，导致蟹类生物量较低。

6.1.3.3　小型底栖动物

红树林调查研究区内小型底栖动物种类丰富，共鉴定出 13 个类群。其中海洋线虫为丰度和生物量的优势类群，占比 80.13%，其次为多毛类（11.71%）、桡足类（6.34%）、涡虫（1.39%），其他类群包括介形类、缓步类、寡毛类、甲壳类、甲壳类幼体、端足类、双壳类、节肢类和海螨，占比 0.43%。其中海洋线虫、桡足类和多毛类在所有站位均有分布，其他类群则仅在部分站位有分布。

丰度的平均值每 10 cm^2 为（2160 ± 1440）个，最高值为义丰溪公园（3315 ± 1092）个，最低值为培隆沙滩中潮带 370 个，变化范围为（2945 ± 1092）个。垂直分布上，大部分站位小型底栖动物超过 70% 存在于 0~2 cm 表层沉积物中，而培隆沙滩站位 85% 的小型底栖动物集中于 2~5 cm 沉积物中。

6.1.4　红树林环境特征

6.1.4.1　水环境要素

红树林水环境要素包括盐度、pH、溶解氧、无机氮、活性磷酸盐、总氮、总磷和石油类，采集海水为孔隙水，根据《海水水质标准》（GB 3097—1997），对红树林生态系统水环境要素进行分析。本次调查由北至南分为 6 个不同的红树林斑块和穿过红树林的黄厝草溪河流（表 6-5）。

表 6-5　研究区各红树林斑块及河流水质数据统计

地点	温度/（℃）	pH	盐度	溶解氧/（mg/L）	无机氮/（mg/L）	活性磷酸盐/（mg/L）	总氮/（mg/L）	总磷/（mg/L）	石油类/（mg/L）
义丰溪心滩洲	22.5	8.00	12.38	5.06	0.461	0.044	1.26	0.071	0.278
义丰溪公园	24.6	7.75	6.45	4.33	0.489	0.033	4.45	0.061	0.103
黄厝草溪	23.1	7.52	10.57	2.41	4.502	0.097	11.8	7.285	0.085
培隆沙滩	22.1	7.46	23.98	1.74	0.998	0.060	3.98	0.121	1.591
莲阳河口	23.2	8.17	26.49	5.61	0.274	0.01	6.49	0.023	0.0156
新溪双涵	23.4	7.83	16.91	3.71	2.9	0.027	3.2	0.181	0.242
苏埃湾	22.6	6.38	8.31	1.19	0.815	0.052	5.57	0.144	0.12
黄厝草溪河流	24.1	7.20	0.31	5.47	1.76	0.451	—	—	0.12

盐度：河流径流是影响河口处盐度的重要因素，盐度以莲阳河口为最高，为 26.49，该地海水影响较大，故盐度最高；在红树林生长区义丰溪公园最低，为 6.45，

该地离河口较远，海水影响较小，故盐度较低。

pH：主要受淡水径流、生物活动和潮汐的影响，以莲阳河口为最高，为8.17，苏埃湾最低，为6.38，同时期所测海水平均pH值为7.66，其中培隆沙滩、苏埃湾、黄厝草溪及其河流pH值小于海水平均pH值外，其他地区均大于海水平均pH值，推测这与其地理位置有关，大于海水pH的位置均在河口处，说明受河流淡水影响，pH较高；苏埃湾、黄厝草溪和培隆沙滩离河流较远，pH较小，说明由于生物活动大量有机质降解，排出较多二氧化碳，促使pH下降。随着林下土壤pH的下降，林下大型底栖动物生物量和物种多样性也明显下降(唐以杰 等，2016)。

溶解氧：影响溶解氧含量的因素主要有温度、盐度及有机质分解，温度降低时水的氧溶解度升高，有机质分解时溶解氧含量下降。根据《海水水质标准》(GB 3097—1997)，6个地区的红树林内水质均在二类水质以上，其中义丰溪心滩洲、莲阳河口和黄厝草溪河流水质为二类水质，义丰溪公园为三类水质，新溪双涵为四类水质，黄厝草溪、苏埃湾和培隆沙滩均为超四类水质，四类水质以内地区，海水温度较高，盐度较低，有机质分解量较少，而超四类水质的地区，海水温度较低，盐度较高，有机质分解较多，故其溶解氧含量较低。

营养盐：红树林内营养盐来源主要有：①矿物在岩石风化过程中分解和天然有机物分解产物；②河流径流所携带的工业废水和生活用水中所含的营养盐；③深层水所含营养盐丰富，常伴海流、潮流和上升流等被输送到沿岸近海；④生物的遗体和残渣经微生物分解，有机质转化为营养盐，生物自身通过胞外产物，直接向海水排出营养盐。

水质营养盐为无机氮和活性磷酸盐，黄厝草溪含量最高，为超四类水质；莲阳河口含量最低，为一类水质；义丰溪心滩洲和义丰溪公园为四类水质；培隆沙滩和新溪双涵为超四类水质，说明除莲阳河口为一类水质外，其他地区均为四类以上水质，莲阳河口处污染较轻，其他地区不管是河流输入还是生物产生，其营养盐含量均非常高，污染相对严重。

总氮、总磷：根据海水水质中总氮、总磷评价标准，义丰溪、莲阳河口、苏埃湾及新溪双涵为混合区，黄厝草溪和培隆沙滩为海水区，按总氮的评价标准，仅义丰溪心滩洲为二类水质，其他地区均为超四类水质；按总磷的评价标准，义丰溪公园和莲阳河口为一类水质，培隆沙滩、苏埃湾和义丰溪心滩洲为二类水质，新溪双涵为三类水质，黄厝草溪为超四类水质，总磷数据是四类标准值的29倍，总氮数据是四类标准值的5倍。

石油类：最高值在培隆沙滩，达1.591 mg/L，为超四类水质；最低值在莲阳河口，仅0.0156 mg/L，为二类水质，其他地区除培隆沙滩外均为三类水质；数值在0.3~0.5 mg/L时，为四类水质，而培隆沙滩石油类含量是超四类标准的3倍以上，说明该地的油类污染非常严重，推测原因为来自黄厝草溪和莲阳河的污染物输入，再加上该地地理位置特殊，处于河流沙嘴内侧，水质交换不通畅，因海洋水动力作用，此处反而更容易富集污染物，受红树植被的聚集作用，更加会导致油类污染物严重超标。

6.1.4.2 沉积环境要素

红树林沉积环境要素包括沉积物粒度、有机碳、硫化物、总磷、总氮、石油类、重金属、沉积速率。采集样品均为表层样，根据《海洋沉积物质量》标准(GB 18668—2002)，对红树林生态系统沉积环境要素进行分析(表6-6)。

表 6-6 研究区各红树林斑块沉积物环境数据统计

地点	有机碳/(g/kg)	硫化物/(mg/kg)	总氮/(mg/kg)	总磷/(mg/kg)	石油类/(mg/kg)	重金属/(mg/kg)						
						汞(Hg)	镉(Cd)	铅(Pb)	锌(Zn)	铜(Cu)	铬(Cr)	砷(As)
义丰溪心滩洲	19.4	9	2320	1087	319.7	0.103	0.19	90.1	173	47.6	72.9	17.13
义丰溪公园	20	74.9	2574	980	444.3	0.093	0.18	80.5	136	38.5	63.2	16.3
黄厝草溪	55	825.7	5415	1407	3014.5	0.143	0.95	68.0	283	73.2	108.5	12.91
培隆沙滩	41.46	454.3	4413	1321	1927.9	0.116	0.22	73.3	177	50.7	72.4	15.03
莲阳河口	21.1	0.47	2000	690	513	0.095	0.14	78.7	127	33.9	62.3	8.78
新溪双涵	17.1	0.04	1810	730	273	0.072	0.13	76.2	108	25.5	50.4	11.2
苏埃湾	58.6	411.7	4006	676	699.3	0.19	0.15	69.2	74.8	21.8	37.1	5.92

沉积物粒度：研究区各红树林斑块沉积物粒度特征略有不同(表6-7)，义丰溪心滩洲为黏土质粉砂；义丰溪公园为砂质粉砂，边缘处为粉砂质砂；黄厝草溪为粉砂及砂质粉砂；培隆沙滩以粉砂为主，次为黏土质粉砂和砂质粉砂；莲阳河口为细砂；新溪双涵为砂质粉砂；苏埃湾为砂质粉砂。总体来看，红树林内沉积物颗粒普遍较细，仅莲阳河口处较粗，大部分以砂质粉砂和粉砂为主，林区内表层沉积物中细颗粒的累积，归因于红树植物枝干及大量根系对水流的缓冲效应，这种缓冲效应促进了细颗粒的沉积和固定；细颗粒含量较高的为义丰溪心滩洲，这与该地红树林种植密度较高且面积较大有关；而颗粒较粗的莲阳河口，与该地的水动力强度有关，河流流速较快，细颗粒含量相对较少。

苏埃湾天然次生林以砂质粉砂为主，在林内和林地边缘细颗粒含量分布较均匀，且上层和下层细颗粒含量差异不显著，主要由于该林区特殊的水交换系统。现场调查发现，该林区被一大片养殖塘所包围，涨潮期潮水流经多个养殖塘后进入桐花树林区，潮水经过多个池塘的沉淀作用，进入红树林区时悬浮颗粒物含量已明显降低。

通过柱状样粒度分析，培隆沙滩沉积物细颗粒百分含量随深度增加呈先降低后升高的变化趋势，其中30 cm处沉积物细颗粒含量最低。

表 6-7 研究区各红树林斑块沉积物粒度特征

地点	粒度含量/%				粒度参数				沉积物名称
	砾 >2 mm	砂 0.063~2 mm	粉砂 0.004~0.063 mm	黏土 <0.004 mm	中值 Md	平均粒径 Mz	分选系数 σ_i	偏态 S_{k_i}	
义丰溪心滩洲	0.28	11.97	63.66	24.09	7.02	6.72	2.18	-0.21	黏土质粉砂
义丰溪公园	0.64	35.43	47.30	16.63	5.14	5.33	2.34	0.15	砂质粉砂
黄厝草溪	1.38	18.17	67.85	12.59	6.29	5.78	2.38	-0.33	粉砂及砂质粉砂
培隆沙滩	0.26	11.73	72.86	15.15	6.59	6.39	1.83	-0.22	粉砂
莲阳河口	0.82	73.39	19.69	6.10	1.99	3.23	2.55	0.64	细砂
新溪双涵	0.13	42.89	47.34	9.64	4.40	4.76	2.23	0.24	砂质粉砂
苏埃湾	1.43	25.31	63.22	10.03	6.16	5.19	2.76	-0.49	砂质粉砂

注：因数值修约，部分数值相加不为100，全书同。

有机碳：红树林区有机碳的累积主要来源于红树植物枯枝落叶及死根的分解产物，义丰溪心滩洲和新溪双涵为第一类沉积物，义丰溪公园和莲阳河口为第二类沉积物，培隆沙滩、黄厝草溪、苏埃湾为超三类沉积物。红树林恢复促进了林下表层沉积物中有机碳的累积，上层0~20 cm含量明显高于下层20~40 cm，沉积物中有机碳含量随着深度加深呈下降趋势，这暗示随着红树林的发展，林下沉积物有机碳的累积呈加速趋势。

硫化物：红树林沉积物中硫化物的累积主要来自两个方面：一是红树植物对海水中硫的吸收与归还，二是沉积物中的嫌气微生物(主要是还原硫细菌)将海水中的 SO_4^{2-} 转化为黄铁矿，尤以后者的作用更为重要。分析表明，平均硫化物含量最高的为黄厝草溪，达825.7 mg/kg，沉积物质量属于超三类，最低的为新溪双涵，为0.04 mg/kg；义丰溪心滩洲、义丰溪公园、莲阳河口、新溪双涵为第一类沉积物，培隆沙滩和苏埃湾为第二类沉积物，在近岸海域所测硫化物平均含量为58.9 mg/kg，前人所测近岸海域硫化物平均含量为91.6 mg/kg。

与近岸海域相比部分红树林内硫化物含量相当高，黄厝草溪和培隆沙滩可能与它们所处位置和工业排污有关，由陆地排出的工业污水经林地边缘排向大海，两地又位于莲阳河口沙嘴内侧，完全受海水侵淹，水质交换不通畅，故硫化物积累较多；含量较低地区，如新溪双涵、义丰溪及莲阳河口，水深较浅，悬浮泥沙较多，水质交换频繁，悬浮物会携带硫化物进入近岸海域沉积，这也是近岸海域硫化物含量比河口处含量高的原因。

义丰溪公园红树林林内和林缘表层沉积物(0~10 cm)硫化物含量普遍高于林上和林下光滩，林内和林缘硫化物含量的垂直变化较为复杂，林外光滩表现为随深度增加，硫含量先升高后降低，且最高值均出现在20 cm层。

总磷、总氮：总磷、总氮选用《第二次全国海洋污染基线调查技术规程》指定沉积物标准进行评价，总磷的标准线为600 mg/kg，总氮的标准线为550 mg/kg。氮、磷的含量取决于输入量的多少及保存能力，沉积物粒径对氮、磷的积累有着重要的影响，粒径越小，表面积越大，吸附能力越强，由表6-7中可以看出，各地沉积物细颗粒组分(<0.063 mm)含量变化由小到大依次为培隆沙滩、黄厝草溪、义丰溪心滩洲、苏埃湾、新溪双涵、义丰溪公园、莲阳河口。从表6-6中数据可以看出，总氮的含量均超过标准值，为标准值的3~10倍，属于高富集状态，其中又以黄厝草溪和培隆沙滩为最高，为9~10倍；总磷的含量均超过标准值，又以黄厝草溪和培隆沙滩为最高，超过标准值的2~3倍，属于高富集状态。

沉积物中碳氮比(C∶N)、碳磷比(C∶P)、氮磷比(N∶P)，既可以表明土壤内部碳、氮、磷元素循环特征，又可以说明土壤有机质的组成和质量程度。C∶N值是判断有机质来源而对沉积物进行源解析的重要指标，不同来源有机质其C∶N值不同，比值越大，表明陆源输入的有机质成分越高，当C∶N值大于10时，沉积物有机质以外源为主，当C∶N值小于10时，沉积物有机质以内源有机质为主，当C∶N值约等于10时，表明内源与外源有机质达到平衡状态，外源主要为河流的输入，而内源主要为浮游生物的分解。根据表6-8可以看出，红树林C∶N平均值为10.04，其中义丰溪心滩洲和义丰溪公园C∶N值小于10，以内源有机质为主；苏埃湾C∶N值大于10，以外源有机质为主；而其他地区比值在10左右，属于内源与外源有机质的平衡状态。

表6-8　红树林各斑块碳氮磷比值

碳氮磷比值	义丰溪心滩洲	义丰溪公园	黄厝草溪	培隆沙滩	莲阳河口	新溪双涵	苏埃湾	平均值
碳氮比	8.36	7.77	10.16	9.39	10.55	9.45	14.6	10.04
碳磷比	17.85	20.41	39.09	31.39	30.58	23.42	86.68	35.63
氮磷比	2.13	2.63	3.85	3.34	2.90	2.48	5.92	3.32

氮和磷对植物生长、发育和生态系统结构、功能起着重要的作用，同时也是限制红树林生态系统的两个主要因子，氮主要来源是河流、凋落物的沉积和大气氮沉降，磷的来源是河流输入及岩石的风化，一般认为N:P值低于10为氮限制，高于16为磷限制，研究区平均值为3.32，说明为氮限制。表层沉积物的氮、磷含量较高，与凋落物的含量有关。

石油类：红树林沉积物中石油类主要来源于3个方面，一是陆地含油污水的排放顺河流汇聚输入到林内，二是船舶排污由潮汐作用输入林内，三是大气石油烃沉降。石油类污染的危害主要有：①影响浮游植物和藻类的光合作用，油膜覆盖于表面，减弱太阳辐射，影响氧和二氧化碳的交换，并直接损害浮游植物和藻类的生长；②海水中的石油类最终会沉淀到沉积物中，降低底栖生物数量并毒化底栖生物，底栖生物是石油类的直接受害者。

研究区红树林各斑块中黄厝草溪石油类含量最高，达3014.5 mg/kg，为超三类沉积物，其数值更是超三类标准值的2倍以上，污染相当严重，最低处是新溪双涵，为273 mg/kg，为第一类沉积物，培隆沙滩为超三类沉积物，义丰溪心滩洲和义丰溪公园为第一类沉积物，莲阳河口及苏埃湾为第二类沉积物；根据2021年度调查结果，河流及河口处石油类平均含量约283.8 mg/kg，莲阳河平均含量为106.8 mg/kg，外砂河平均含量为829.5 mg/kg，榕江平均含量为373.5 mg/kg，濠江平均含量为238.7 mg/kg，近岸海域平均含量约180.7 mg/kg。由以上数据可以看出，黄厝草溪和培隆沙滩两个地区均为超三类沉积物，其来源最可能为陆源输入，实际调查中更是在林内发现大量塑料和有机污染物，这也是含量较高的原因；新溪双涵在外砂河口处，虽然外砂河石油类含量较高，但红树林内含量反而较低，推测由于该地水动力较强，在潮汐和河流双重作用下，石油类较少沉降到此区域；义丰溪心滩洲及义丰溪公园，河流输入较少，故其总体含量较低。莲阳河石油类平均含量较低，但河口处红树林含量却较高，说明在水动力作用下，将石油类聚集在红树林内，导致其含量较河流及河口外均较高；影响苏埃湾的河流为榕江，其平均含量较低，苏埃湾内含量却较高，是由于红树林的聚集作用，使得污染含量较高。

重金属：重金属元素有Hg、Cd、Pb、Zn、Cu、Cr、As，由表6-6可以看出，汞元素均未超标，属于第一类沉积物；镉元素仅在黄厝草溪为第二类沉积物，其他地区均为第一类沉积物；铅元素含量普遍较高，均为第二类沉积物，在义丰溪公园和义丰溪心滩洲为最高，平均为85.3 mg/kg；锌元素仅在义丰溪心滩洲、培隆沙滩和黄厝草溪为第二类沉积物，黄厝草溪处含量最高，达283 mg/kg，其他地区均为第一类沉积物；铜元素在莲阳河口、新溪双涵、苏埃湾为第一类沉积物，其他地区均为第二类沉积物，在黄厝草溪处为最高，达73.2 mg/kg；铬元素仅在黄厝草溪为第二类沉积物，达108.5 mg/kg，其他地区均为第一类沉积物；砷元素均未超标，均属于第一类沉积物。

红树林对重金属具有很好的截留累积效果，因沉积物的厌氧还原性质，富含硫化物和有机质而成为重金属的易累积区，重金属由于其固有的不可降解和累积特性，对红树林的冲击则更加显著；不同断面沉积物物理化学性质往往存在很大的差异，重金属含量也往往差异很大，林内沉积物重金属含量通常高于林外光滩沉积物，普遍高于研究区河流平均值，远高于近岸海域平均值和粤东背景值(表6-9)，上层沉积物重金属含量通常高于下层沉积物。红树林沉积物能有效去除地表径流、潮汐海水和暴雨径流中所携带的重金属，红树林沉积物通常成为重金属污染物的汇，这些被截留的重金属及有机污染物最终都会富集在生物体内，随食物链传递。

表6-9　研究区表层沉积物中7种重金属含量

	Hg/(mg/kg)	Cd/(mg/kg)	Pb/(mg/kg)	Zn/(mg/kg)	Cu/(mg/kg)	Cr/(mg/kg)	As/(mg/kg)
河流平均值	0.13	0.25	73.13	166.99	38.25	—	5.4
近岸海域平均值	0.08	0.12	37.03	74.86	13.96	—	2.7
粤东背景值	0.05	0.15	32.87	58.58	19.22	28.39	1.4

注：—表示未收集到相关数据。

沉积速率：利用植被调查固定样方的4个标桩作为沉积速率调查桩，2021年标桩测量时间分别为5月和10月，根据测量数据，得出每个红树林各斑块沉积速率如表6-10所示。

表6-10　红树林各斑块沉积速率统计　　单位：mm/a

地点	义丰溪心滩洲	义丰溪公园	黄厝草溪	培隆沙滩	莲阳河口	新溪双涵	苏埃湾	平均值
沉积速率	-0.67	-1.2	-6.4	7.4	54.2	-1.27	5.16	15.3

由表6-10可以看出，义丰溪心滩洲、义丰溪公园、黄厝草溪、新溪双涵的沉积速率为负值，表明为侵蚀状态；培隆沙滩、莲阳河口和苏埃湾的沉积速率为正值，表明为淤积状态。

6.1.5　红树林威胁因素

6.1.5.1　自然因素

自然威胁因素有台风、极端气温、全球变暖和海平面上升及有害生物。

1)台风

据2020年汕头市气候公报统计，影响汕头地区的台风，每年平均3.7个，其中风力大于10级(强热带风暴以上)概率达73.1%，根据前人研究台风对红树林的影响结果，只有在风力大于11级以上才会对红树林生态系统造成损害。对海桑类树种的损害率最高达80%，严重影响红树林的防护功能。

主要危害的树种为人工林海桑类，也是研究区主要种植的树种，分析其原因为：①海桑类树木树体高大，树冠浓密，树木所承受风力较大，很容易折断或吹倒；②海桑类是速生树种，茎干、枝条比较轻脆，韧性差，在巨大风力作用下容易折断；③海桑类主干通直细长，尖削度小，在风力作用下极易从树干中上部折断；④主根明显，但侧根较少，而且无支柱根或板状根，生长于低潮滩松软淤泥中的根系支撑力差，在台风作用下，树体容易吹倒，严重时根部暴露，海桑的根系比无瓣海桑深，故其抗风能力较无瓣海桑强。

天然红树林树种如秋茄、木榄、桐花树、白骨壤等基本不受台风的影响，因为这些树种生长缓慢，茎干树枝致密坚硬，韧性大，抗风能力强，树体也较海桑类矮小，直径与树高的比值较海桑大得多，分枝较多，根系密集，增加了固着淤泥的能力，因而稳固性大，具有较强的抗风性能。

受台风影响的红树植被多为老龄大树，幼树幼苗受害较小，一旦受到台风影响的红树植株，如折断或倾倒则很难再正常生长，很多会枯死，倾倒的红树植株更是会影响幼苗的生长和发育；在整片红树林内，若有部分形成林窗，其防风护岸功能将大打折扣。

提高红树林植被的抗风能力的措施有：①适当密植红树林，较密的海桑类红树林基本未受损害，故在人工种植海桑植被时建议以2 m×2 m的规格为最佳，以提高抗风能力；②红树林带要达到一定宽度，防浪护岸红树林带至少要50~100 m宽，形成连续的一片，才能充分发挥其在滩涂上的防风削浪功能；③在种植红树林时，海桑类速生树种的幼树要用竹竿固定，提高幼树幼苗成活率；④可把海桑类和秋茄混种种植，形成复层混合林冠，使得林内结构较为致密，台风通过后能逐渐被削弱，保持较为稳定的生态系统。

2）极端气温

极端天气主要为低温冻害，本地红树种类秋茄、桐花树、白骨壤等，由于长期适应于冬季较低的气温，或在种植前经过抗寒锻炼，具有较强的抗寒能力。而引进种海桑对温度的敏感性最强，抗寒能力最低，无瓣海桑较海桑稍好，幼苗的抗寒能力低于成年植株。

自引种红树植被以来，研究区低温出现过两次，在2004年和2008年1—2月连续20多天低温，最低气温4.2℃，海桑和无瓣海桑苗木、林木出现了不同程度的冻害现象。2004年海桑林木只有枝梢及叶片受到冻害，平均冻死枝条长度38~45 cm，平均有30%~87%的叶片掉落。2008年枝梢均受到更大的冻害，平均冻死枝条长度分别为50 cm和80 cm，叶片全部掉落，但在4月已经萌芽，海山镇浮任的海桑在2008年全部死亡（肖泽鑫 等，2004）；无瓣海桑幼苗不同的种植时间，其存活率不同，10个月人工种植幼苗成活率95%，5个月人工种植幼苗成活率65%，7个月自然更新幼苗成活率87%，1年以上的自然更新苗木基本不受冻害，未萌发的种子比幼苗抗寒力强。在盐度较高的地区幼苗抗寒能力弱，盐度较低的地区幼苗抗寒能力较强。

冻害的防治：海桑、无瓣海桑育苗地宜选择盐度较低的地方，并采取保护措施（如塑料网）。播种时最好选择可灌溉的水田，寒流来时可引水，加薄膜，在边上加火盆，选择适当的育苗时间避开寒流，海桑林受冻较重，可考虑采取在秋季喷生长抑制剂，控

制其生长，从而达到降低受害程度的目的。

3）全球变暖和海平面上升

近百年来全球气候呈现以变暖为主要特征的显著变化，并且在过去的30年里，气候变暖已在全球对人类社会和自然生态系统产生了诸多负面效应。最新预测表明，这种变暖趋势将会继续，到21世纪末全球气温将会上升1.1%~6.4%。而随着全球变暖，近40年来海平面也上升约136 mm，未来海平面还会持续升高，这将对脆弱的红树林生态系统造成巨大威胁。全球变暖和海平面上升对红树林会产生以下影响。

（1）栖息地的萎缩。

红树林虽是滩涂植物，但在沿岸滩涂分布的潮差范围较小，植株禁不起长时间在水中浸泡，尤其是幼龄期，根系不发达时，长时间的浸泡会导致植株死亡；海平面的不断上升，致使红树林植被会有更长一段时间在水中度过，红树的生长将受到极大威胁，同时红树林其前缘因全球气候变化引起的海平面上升，淹水时间增加会使其有后退分布的趋势，而其后缘又有坚固的海岸建筑堤坝约束，红树林的栖息地也将不断萎缩。

（2）影响水文过程。

气候变化通过改变水循环的现状而引起水资源在时空上的重新分布，导致大气降水的形式和量发生变化，对红树林生态系统的水文过程产生重要影响。同时，气候变化对气温、辐射、风速以及干旱、洪涝极端水文事件发生的频率和强度造成直接影响，从而改变红树林地蒸散发、径流、水位、水文周期等关键水文过程。

（3）生境酸化。

气候变暖会加速大气沉降，包括碳、氮、硫沉降的速度，其结果将导致红树林生境酸化，红树植物、底栖生物的生长与代谢以及鸟类等都会受生境酸化的负面影响。

（4）虫害的增加。

红树林中一些有害生物在越冬时，会因为极端低温而导致种群密度急剧下降，翌年便不会产生灾害，如在桐花树的毛颚小卷蛾（*Lasiognatha cellifera*）和秋茄的棉古毒蛾（*Orgyia postica*），但由于气候变暖，导致虫害越冬时不会大量消亡，从而危害红树植被。

4）有害生物

红树林主要病害为真菌病害（苗木病害和叶部病害），据调查，病原真菌有12种（纪丹虹 等，2011）。2004年广西山口红树林保护区，暴发了严重的广州小斑螟虫灾，造成当年白骨壤种子的绝收，以及40 hm^2白骨壤的变黄、变枯；2006年钦州市沿海一带红树林无瓣海桑遭受白囊戴蛾虫害，危害平均密度超过100条/株，而且虫害会在省际间传播；2008年年初，广西沿海红树林广州小斑螟虫灾再次大暴发，造成部分白骨壤群落颗粒无收。从历史上多次病虫害大暴发的经验来看，红树林病虫害一旦暴发就不排除今后周期性暴发的可能，这一点已经得到证实。

研究区红树林分布面积连片，树种种类较为单一，极易使病虫害大暴发。研究区内病虫害发生的种类较复杂，主要危害桐花树和秋茄，其中鳞翅目害虫危害较重，如不及时控制，有可能暴发成灾，危害桐花树的还有毛颚小卷蛾；介壳虫危害红海榄叶片；广州小斑螟危害白骨壤。引进种中，棉古毒蛾危害海桑幼林；豹蠹蛾危害无瓣海桑，幼虫在其主干或枝条上蛀孔，在引种海桑时，育苗试验发现海桑苗灰霉病发生较为严重，有时发病率达80%，染病苗木后期一般呈立枯型死亡(张锦新 等，2006)。从枯死树的调查来看，其基本上是从枝干内部蚀空，外表与其他植被无差别，易折断，折断后内部可见大量有害生物，叶片随之凋落，说明几乎所有的枯死树为有害生物所致。从枯死树的分布来看，苏埃湾天然林平均枯死树最多，达1866.7 株/hm^2，次为培隆沙滩1770 株/hm^2，最少的为义丰溪心滩洲，未见枯死树，其他地区枯死树均较少，且枯死树多为秋茄，其次为海桑和无瓣海桑。

研究区虽未见大面积有害生物暴发，但也存在许多病虫害及隐患，目前在国内，对红树林病虫害控制技术研究甚少，多着重于病虫害种类调查及多样性分析，涉及病虫害防治的研究极少；缺乏对红树林病虫害的监测技术和监测网络，只有当大面积暴发成灾后，才意识到其危害的严重性，因此急需在各红树林保护区建立相应的监测点，采用统一的监测技术，建立监测网络。

红树林受潮汐影响，因此对其病虫害的防治异常困难，一般难以采用化学药物手段进行防治，目前几乎没有应急防治办法，病虫害一旦暴发将难以控制。同时，对红树林害虫天敌的研究也很少，缺乏天敌资源的开发和利用技术，以及红树林病虫害的综合防控技术。因此，对红树林病虫害及防控技术的研究迫在眉睫，对今后红树林的恢复发展、管理维护具有重要意义。

6.1.5.2　人为因素

人类活动的影响因素主要有海水养殖、污染物排放和海洋(海岸)工程。

1)海水养殖

海水养殖是汕头农业与农村经济的重要组成部分，2020 年海水养殖总面积为11058.29 hm^2，养殖总产量约206034 t，主要分布在南澳县周边，其余各区也具有一定的养殖规模；南澳县四面环海，适宜养殖的水域范围大，是汕头市海水养殖面积最大的县，养殖面积约3324 hm^2，占全市海水养殖面积的30.06%；澄海区海水养殖主要集中在盐鸿镇东部至莱芜的大片范围内，面积约2210 hm^2，占总面积的19.99%；濠江区海水养殖区主要位于西北部的三屿围、濠江两岸等地，面积约2151 hm^2，占总面积的19.45%；潮阳区海水养殖区主要分布在榕江周边、牛田洋和练江流域，面积约1787.29 hm^2，占总面积的16.16%；金平区海水养殖区均分布在牛田洋浅海滩涂，面积约1097 hm^2，占总面积的9.92%；潮南区和龙湖区海水养殖面积较小，共489 hm^2，占总面积的4.42% 。

养殖种类主要有鱼类、甲壳类、贝类、藻类及其他海产品。鱼类养殖面积约2115.5 hm^2，占比19.13%，产量占比18.75%，养殖区主要分布在澄海区、潮阳区和濠江区；养殖品种主要有鲈鱼、美国红鱼、鮸鱼、石斑鱼、大黄鱼及鲷鱼等；养殖方式以陆基池塘和普通网箱为主。甲壳类养殖面积约2994.5 hm^2，占比27.08%，产量占比9.88%，主要分布在澄海区、濠江区、金平区和潮阳区；养殖品种主要有南美白对虾、斑节对虾、刀额新对虾、青蟹等；养殖方式主要为陆基池塘。贝类养殖面积约3973.76 hm^2，占比35.93%，产量占比44.47%，养殖区主要分布在南澳县、金平区、濠江区和潮阳区，其中南澳县养殖面积最大；养殖品种以牡蛎为主，其次为寻氏肌蛤、红肉河蓝蛤、巴非蛤、扇贝、鲍、蚶等；养殖方式包括筏式、吊笼、底播。藻类养殖面积

约1912.49 hm^2，占比17.29%，产量占比25.59%，养殖区主要集中在南澳县，多数为太平洋牡蛎吊养区间隔养殖；养殖品种以江蓠、紫菜为主，其次为海胆、海参和珍珠贝等；养殖方式除利用礁岩养殖外，还发展了工厂化养殖，但其产量不大(表6-11)。

表6-11　研究区各区县2020年海水养殖面积及种类统计

	养殖总面积		养殖总产量		鱼类		甲壳类		贝类		藻类		其他	
	总面积/hm^2	比例/%	总产量/t	比例/%	面积/hm^2	产量/t	面积/hm^2	产量/t	面积/hm^2	产量/t	面积/hm^2	产量/t	面积/hm^2	产量/t
合计	11058.29	100	206034	100	2115.5	38628	2994.54	20349	3973.76	91621	1912.49	52716	62	2720
金平区	1097	9.92	11537	5.60	73	455	238	1174	786	9908	0	0	0	0
龙湖区	149	1.35	2209	1.07	0	0	11	15	138	2194	0	0	0	0
濠江区	2151	19.45	24805	12.04	511	7125	989	6204	423	9033	226	1973	2	470
潮阳区	1787.29	16.16	29432	14.29	452.5	7527	391.54	6513	898.76	14652	44.49	740	0	0
潮南区	340	3.07	3000	1.46	240	2389	50	250	50	361	0	0	0	0
澄海区	2210	19.99	18747	9.10	589	11706	1265	1606	169	3315	187	2120	0	0
南澳县	3324	30.06	116304	56.45	250	9426	50	4587	1509	52158	1455	47883	60	2250

海水养殖带来的影响，主要有海水的污染和养殖废弃物的污染。养殖区水体相对平静，饵料及排泄物导致海水富营养化严重，有机质增加，药物和有机肥的不合理使用，会造成重金属含量超标，抗生素污染等；而养殖废弃物的随意丢弃，养殖泡沫、木棍及塑料垃圾等在海水的潮汐作用下被带到红树林中，红树林内又有聚集作用，导致这些垃圾永久性的停留在林内，对红树林造成严重危害。

2)污染物排放

污染物排放主要有生活污水、工业废水和工业废气。生活污水主要含有城市生活中使用的各种洗涤剂和污水、垃圾、粪便等，多为无机盐类，含氮、磷、硫及致病菌较多；工业废水的污染物质有石油类、重金属、有机物、营养盐等；工业废气有二氧化碳、二氧化硫、硫化氢、氟化物等，这些气体经过沉降会再次回到地面，影响环境。

3)海洋(海岸)工程

红树林海岸或周边主要开发的海岸工程有防潮堤、港口码头、跨河大桥及人工填海。防潮堤主要修建位置为澄海区河流两侧及海岸沿岸、龙湖区东海岸，总长度约52.07 km，红树林大多数分布于防潮堤前，同时对红树林也有一定的限制作用，只能向海扩张。

港口码头主要在义丰溪河口、莲阳河口及外砂河口。在码头处有40~60艘小型船只停靠，多数为捕鱼船，码头设施较为简陋。外砂河口处码头建在红树林湾内，停靠船只50~60艘；莲阳河口处码头几乎废弃不用，很少停靠船只；义丰溪河口处码头主要为附近渔民的渔船停靠，约有船只40艘。

跨河大桥主要有：①汕头海湾大桥，长2.5 km，主要影响的红树林斑块为濠江区苏埃湾；②中砂大桥，位于外砂河口，目前处于在建状态，计划长度1325 m，距离新溪双涵红树林保护区仅300 m；③莲阳河特大桥，目前处于在建状态，与中砂大桥属于同一条道路的两个大桥，桥长1458 m，该大桥将穿过莲阳河口红树林片区。

人工填海主要在汕头市东海岸，填海导致河流入海口加长，使得该地由滨海红树林变成河口红树林，填海面积约 24 km^2，目前处于正在开发的状态。

6. 1. 6　红树林生态状况评估

红树林生态状况评估从红树林植被、生物群落和环境要素 3 个方面进行，具体评估指标与权重赋值见表 6-12。

表 6-12　红树林生态状况评估指标与权重赋值

评估内容	评估指标	指标权重赋值	评估内容	评估指标	指标权重赋值
红树林植被	总面积	15	生物群落	大型底栖动物多样性指数	5
	盖度	15		鸟类物种数	5
	幼苗比例	10	环境要素	水体盐度	10
	林带宽度	10		水体溶解氧	5
	红树植物物种数	5		沉积速率	10
生物群落	大型底栖动物丰富度指数	5		沉积物类型	5

评估以各红树林斑块为单位，首先选取参照系，参照系按以下方式选取和使用：①收集研究区域的历史资料，包括常规监测、专项调查、文献资料等，建立参照系；②参照系采用上述数据中有代表性、能够反映生态系统变化的相关资料；③当历史资料齐全时，以历史资料作为综合评估的参照系；④当有部分历史资料时，以部分历史资料作为单项评估的参照系，缺少历史数据的部分指标仅作现状描述；⑤当无历史资料时，仅作现状描述，其结果宜作为以后评估的参照系。

6. 1. 6. 1　红树林植被评估

红树林植被评估以红树林总面积变化、盖度变化、幼苗比例、林带宽度和红树植物物种数变化来赋值评估，其评估指标、分级与赋值如表 6-13 所示。

表 6-13　红树林植被评估指标、分级与赋值

序号	指标	Ⅰ(稳定)	Ⅱ(受损)	Ⅲ(严重受损)
1	总面积变化	≥ -3%	≥ -10% 且 < -3%	< -10%
	赋值	15	9	3
2	盖度变化	≥ -3%	≥ -10% 且 < -3%	< -10%
	赋值	15	9	3
3	幼苗比例	≥50%	≥20% 且 <50%	<20%
	赋值	10	6	2
4	林带宽度/m	≥100	≥50 且 <100	<50
	赋值	10	6	2
5	红树植物物种数变化	> -20%	> -40% 且 ≤ -20%	≤ -40%
	赋值	5	3	1

注：林带宽度考虑红树林林带宽度对减灾护岸功能的影响，取林带宽度值；植物物种数为乡土红树植物物种数，外来物种数不计入评估指标。

表6-13中总面积变化为[(参照系面积－实测总面积)/参照系面积]×100%，盖度变化为[(参照系盖度－实测盖度)/参照系盖度]×100%，幼苗比例为(调查样方内幼苗植被株数/成年植被株数)×100%，林带宽度为调查斑块林带平均宽度，红树植物物种数变化为[(参照系物种种数－实际调查物种种数)/参照系物种种数]×100%，根据以上计算方法，各斑块植被赋值数据见表6-14。

表6-14 研究区各红树林斑块植被赋值统计

指标	义丰溪心滩洲	义丰溪公园	黄厝草溪	培隆沙滩	莲阳河口	新溪双涵	苏埃湾
总面积变化赋值	15	15	15	15	15	15	3
盖度变化赋值	15	15	15	15	15	15	3
幼苗比例赋值	6	2	2	2	2	2	2
林带宽度赋值	10	10	10	10	6	10	10
红树植物物种数变化赋值	5	5	5	5	5	5	3
赋值总计(I_V)	51	47	47	47	43	47	21

I_V为红树林植被状况指数，当$43<I_V\leqslant 55$时，红树林植被为稳定；当$31<I_V\leqslant 43$时，红树林植被为受损；当$11\leqslant I_V\leqslant 31$时，红树林植被为严重受损。可以看出，目前红树林植被整体稳定，人工林整体属于稳定状态，仅在莲阳河口为受损状态，苏埃湾天然林为严重受损状态，也是唯一严重受损的红树林斑块。

6.1.6.2 红树林生物群落评估

红树林生物群落评估内容有大型底栖动物丰富度指数、大型底栖动物多样性指数和鸟类物种数，其评估指标、分级与赋值见表6-15。

表6-15 红树林生物群落评估指标、分级与赋值

序号	指标	Ⅰ(稳定)	Ⅱ(受损)	Ⅲ(严重受损)
1	大型底栖动物丰富度指数	≥2.5	≥1且<2.5	<1
	赋值	5	3	1
2	大型底栖动物多样性指数	≥2.0	≥1且<2.0	<1
	赋值	5	3	1
3	鸟类物种数	≥65	≥30且<65	<30
	赋值	5	3	1

其中大型底栖动物丰富度指数按式(6.1)计算，大型底栖动物多样性指数按式(6.2)计算。

计算式(6.1)为，Magalef丰富度指数：

$$d=\frac{S-1}{\ln N} \tag{6.1}$$

式中，d 为 Magalef 丰富度指数；S 为种类数；N 为生物总体丰度。

式(6.2)表示多样性指数(香农-威纳指数)：

$$H' = -\sum (P_i \ln P_i) \quad (6.2)$$

式中，H'为香农-威纳指数；P_i为第 i 种的个体数与样品中的总个体数 N 的比值。

鸟类物种数为调查记录的鸟类种数，各斑块生物群落赋值数据见表 6-16。

表 6-16 研究区各红树林斑块生物群落赋值统计

指标	义丰溪心滩洲	义丰溪公园	黄厝草溪	培隆沙滩	莲阳河口	新溪双涵	苏埃湾
大型底栖动物丰富度指数	3	1	1	1	1	1	1
大型底栖动物多样性指数	1	1	1	1	1	1	1
鸟类物种数	5	5	5	3	3	3	5
总计(I_B)	9	7	7	5	5	5	7

I_B为生物群落状况指数，当 $11 < I_B \leqslant 15$ 时，生物群落为稳定；当 $7 < I_B \leqslant 11$ 时，生物群落为受损；当 $3 \leqslant I_B \leqslant 7$ 时，生物群落为严重受损。由结果看出，仅义丰溪心滩洲为受损状态，其他斑块均为严重受损状态。

大型底栖动物作为红树林生态系统中物质循环、能量流动积极的消费者和转移者，对红树林生态系统的生态功能有重要指示意义。大型底栖动物的多样性和丰富度指数对天然和人工恢复红树林的生境变化均具有潜在的生物、生态指示作用。其中又以方格星虫(沙蚕)为特别，该生物对生长环境的质量十分敏感，一旦污染，则不能生存，有环境标志生物之称，在各斑块中均是少量出现。

6.1.6.3 红树林环境要素评估

红树林环境要素评估以水体盐度、水体溶解氧、沉积速率和沉积物类型来赋值评估，其评估指标、分级与赋值见表 6-17。

表 6-17 红树林环境要素评估指标、分级与赋值

序号	指标	Ⅰ(适宜)	Ⅱ(中度适宜)	Ⅲ(不适宜)
1	水体盐度	≥5 且 <25	<5 或≥25 且≤30	>30
	赋值	10	6	2
2	水体溶解氧/(mg/L)	≥5	≥3 且 <5	<3
	赋值	5	3	1
3	沉积速率/(mm/a)	≥0 且≤20	>20 且≤60	>60 或 <0
	赋值	10	6	2
4	沉积物类型	黏土	粉砂	砂
	赋值	5	3	1

其中水体盐度、水体溶解氧为年度调查站位平均值，沉积速率为年度监测值，沉积物类型为粒度检测分类，通过上述计算方法，各斑块环境要素赋值数据见表 6-18。

表 6-18 研究区各红树林斑块环境要素赋值统计

指标	义丰溪心滩洲	义丰溪公园	黄厝草溪	培隆沙滩	莲阳河口	新溪双涵	苏埃湾
水体盐度	10	10	10	10	6	10	10
水体溶解氧	5	3	1	1	5	3	1
沉积速率	10	10	2	10	6	2	6
沉积物类型	3	3	3	3	1	3	3
总计(I_E)	28	26	16	24	18	18	20

I_E为环境要素状况指数，当 $22 < I_E \leqslant 30$ 时，环境状况为适宜；当 $14 < I_E \leqslant 22$ 时，环境状况为中度适宜；当 $6 \leqslant I_E \leqslant 14$ 时，环境状况为不适宜。可以看出，目前红树林环境状况均为适宜和中度适宜。

6.1.6.4 红树林生态状况综合评估

红树林生态状况综合评估，是对红树林植被状况、生物群落状况和环境要素状况的综合评估，如表 6-19 所示。

表 6-19 研究区各红树林斑块综合评估赋值统计

指标	义丰溪心滩洲	义丰溪公园	黄厝草溪	培隆沙滩	莲阳河口	新溪双涵	苏埃湾
红树林植被状况指数(I_V)	51	47	47	47	43	47	21
生物群落状况指数(I_B)	9	7	7	5	5	5	7
环境要素状况指数(I_E)	28	26	16	24	18	18	20
综合指数(I_M)	88	80	70	76	66	70	48

I_M为红树林生态状况综合指数，当 $I_M > 76$ 时，红树林生态状况为稳定，评估等级为Ⅰ级；当 $52 < I_M \leqslant 76$ 时，红树林生态状况为受损，评估等级为Ⅱ级；当 $I_M \leqslant 52$ 时，红树林生态状况为严重受损，评估等级为Ⅲ级。由表中结果可以看出，义丰溪心滩洲、义丰溪公园属于稳定状态，黄厝草溪、培隆沙滩、莲阳河口、新溪双涵属于受损状态，苏埃湾属于严重受损状态。

6.2 河口生态系统

河口生态系统主要为河流入海口、淡水与海水混合并相互影响的海域，包括河流近口段、河口段和口外海滨段，研究区内韩江各支流均建有河闸，因此韩江支流没有近口段，仅在榕江内有此区域；河口段是指具有双重水流作用下的河段，韩江各支流为河闸到口门处，榕江为从牛田洋到口门处；口外海滨段为口门至水下三角洲前缘区域。主要调查内容为河口生境、河口地形地貌与淤蚀状态、河口底栖生物、河口水文连通性和河口生态压力。

6.2.1 河口生境特征

6.2.1.1 河口水质

本次调查以 5 条主要河流为调查对象，各河流水质数据如表 6-20 所示。

表6-20　研究区河口生态系统水质数据统计

地点	无机氮/(mg/L)	活性磷酸盐/(mg/L)	溶解氧/(mg/L)	化学需氧量/(mg/L)	活性硅酸盐/(mg/L)	重金属/(mg/L)						
						汞(Hg)	砷(As)	铜(Cu)	锌(Zn)	镉(Cd)	铅(Pb)	铬(Cr)
莲阳河口	0.96	0.017	7.85	1.76	4.22	△	△	0.0050	0.030	△	△	△
莲阳河口外海滨	0.10	0.012	7.53	4.00	0.34	△	△	0.0064	0.041	△	△	△
外砂河口	0.61	0.028	7.41	1.46	2.21	△	△	0.0017	0.017	△	△	△
外砂河口外海滨	0.08	0.020	5.81	1.26	0.45	△	△	0.0014	0.016	△	△	△
榕江口	0.94	0.062	6.15	2.72	2.52	△	△	0.0017	0.016	△	△	△
榕江口外海滨	0.28	0.029	6.07	1.06	0.86	△	△	0.0022	0.018	△	△	△
濠江口	0.10	0.028	6.23	1.75	0.83	△	△	0.0017	0.018	△	△	△
濠江口外海滨	0.03	0.006	6.34	1.50	0.44	△	△	△	0.017	△	△	△
练江口	1.11	0.052	5.88	3.87	3.18	△	△	0.0019	0.013	△	△	△
练江口外海滨	0.01	0.002	6.66	1.63	0.32	△	△	△	0.015	△	△	△

注：△表示未达到检出限。

(1)溶解氧。影响溶解氧含量的因素主要有温度和盐度及有机质分解，温度降低时水的氧溶解度升高，有机质分解时溶解氧含量下降。根据《海水水质标准》(GB 3097—1997)，河口地区的水质，在外砂河口外海滨处及练江口为第二类水质，其他地区均为第一类水质。练江河流区，由于污染程度较高，其溶解氧含量较低，而外砂河口近岸处，由于榕江口建设的拦沙坝，近岸海水在外砂河-榕江地区水流较缓，呈环流状，波浪潮汐作用较小，形成泥沙及海洋垃圾聚集地，故其溶解氧含量较低。

(2)化学需氧量。反应水中还原性物质污染的程度，主要为有机污染物(农药、有机肥料、化工污染物)，含量越高表示水中污染物越严重。可以看出，榕江为第二类水质，练江和莲阳河近岸海域为第三类水质，其他地区为第一类水质。说明在榕江和练江，有机污染物排放较多，导致河流中污染较为严重；莲阳河口化学需氧量为1.76 mg/L，而其口外海滨含量为4.00 mg/L，说明口外海滨化学需氧量含量较高的原因，不是来自于河流，而是来自于海域养殖，南澳岛周边及六合围处养殖所产生的有机污染，使得莲阳河口处化学需氧量含量较高。

(3)活性硅酸盐。活性硅酸盐为海洋浮游植物所必须的营养盐之一，随季节变化较大，尤其在硅藻类浮游植物繁盛季节，海水中硅酸盐浓度会大大降低，与氮、磷在表层水要经过多次被生物利用后才有机会以颗粒形式沉降到海底再溶解相比，硅比氮、磷更快地从表层沉降到深水层。其来源途径和方式与营养盐一致，但主要为含硅岩石风化和污染物排放随河流流入海洋，因此河口区水体硅酸盐含量均高于近岸海域，河流中从近口段-河口段含量也逐渐减小。

(4)重金属。在7类重金属元素指标中，仅有铜和锌能测出数值，其他元素均未达到检出限，铜元素仅在莲阳河外海处为第二类水质，其他地区均为第一类水质。根据数据可以看出，外海的元素浓度一般比河流内浓度低。莲阳河为第一类水质，而其外海为第二类水质，说明其来源不仅来自于河流，推测可能的来源为澄海区排污随潮汐输送所致。锌元素仅在莲阳河及其外海为第二类水质，其他地区为第一类水质，说明莲阳河流域锌元素污染较为严重。一般情况下，河流内元素浓度要高于外海浓度，而锌元素在莲阳河、榕江、练江数据呈相反状态，说明有其他排污方式，在不通过河流的情况下，直接排放入海，导致近岸海域元素浓度较高，这与本年度实际调查情况相符，在海湾及河口外，有较多直排海的排污口。

营养盐。来源主要有：①矿物在岩石风化过程中分解和天然有机物分解产物；②河流径流所携带的工业废水和生活用水中含的营养盐；③深层水含营养盐丰富，常伴海流、潮流和上升流等被输送到沿岸近海；④生物的遗体和残渣经微生物分解，有机质转变为营养盐，生物自身通过胞外产物，直接向海水排出营养盐；⑤大气沉降。在无机氮指标中，莲阳河、外砂河、榕江、练江均为劣四类水质，濠江为第一类水质，榕江近岸海域为第二类水质，其他河流近岸海域为第一类水质；在活性磷酸盐指标中，莲阳河、外砂河及近岸海域、濠江、榕江近岸海域为第二类水质，榕江、练江为劣四类水质，其他河流近岸海域为第一类水质。河流中营养盐含量普遍高，除濠江为第二类水质外，其他河流均为劣四类水质，说明河流污染物排放量依然很高，河流中污染物含量普遍比河口外含量高。

N/P 值：海洋中浮游植物是按一定比例吸收营养盐，这一恒定比例称为 Redfield 系数，正常情况下 N/P 值为16:1，过高或过低均会导致浮游植物的生长受到某一相对低含量元素的限制，并显著影响水体中浮游植物的种类组成。Butler(1979)实验发现，当 N/P 值大于30 时浮游植物生长受 P 限制，当 N/P 值小于 8 时浮游植物生长受 N 限制。浮游植物吸收 P、N、Si 大致比例为1:16:22。研究区河流生态系统水质营养盐特征值如表 6-21 所示。

表 6-21　研究区河流生态系统水质营养盐特征值　　单位：摩尔比

地点	DIP	DIN	Si	N/P	Si/N	P:N:Si
莲阳河	0.017	0.96	4.22	121	9	1:121:266
莲阳河外海	0.012	0.10	0.34	19	6	1:19:30
外砂河	0.028	0.61	2.21	48	7	1:48:86
外砂河外海	0.020	0.08	0.45	9	11	1:9:25
榕江	0.062	0.94	2.52	32	5	1:32:43
榕江外海	0.029	0.28	0.86	21	6	1:21:32
濠江	0.028	0.10	0.83	8	17	1:8:32
濠江外海	0.006	0.03	0.44	11	29	1:11:78
练江	0.052	1.11	3.18	46	6	1:46:65
练江外海	0.002	0.01	0.32	11	65	1:11:174

在 N/P 值中可以看出，莲阳河、外砂河、榕江、练江为受 P 限制，而外海及濠江不受 N、P 的限制；在 Si/N 值中可以看出，河口地区均不受 Si 限制。这也说明河流区域均受 P 的限制，而外海水质正常。

6.2.1.2　河口沉积物

沉积物与水质同步调查，各河流底质沉积物数据如表 6-22 所示。

表 6-22　研究区河流生态系统沉积物数据统计

地点	有机碳/(g/kg)	硫化物/(mg/kg)	总氮/(mg/kg)	总磷/(mg/kg)	石油类/(mg/kg)	重金属/(mg/kg)						
						汞(Hg)	镉(Cd)	铅(Pb)	锌(Zn)	铜(Cu)	铬(Cr)	砷(As)
莲阳河口	7.05	23.9	1102	595	106.8	8.6	0.16	75.8	129.5	30.6	66.75	0.05
莲阳河口外海滨	5.4	55.1	721	440	103.0	17.1	0.13	73.6	88.3	22.4	56.3	0.04
外砂河口	8.2	270.0	1103.5	600	829.5	17.1	0.16	79.2	126.0	34.3	57	0.04
外砂河口外海滨	3.35	0.02	456.5	415	118.5	14.9	0.11	46.8	80.1	22.3	78.85	0.03
榕江口	7.9	112.1	1068.3	745	373.5	16.8	0.38	88.9	248.8	51.1	84.7	0.07
榕江口外海滨	4.37	139.9	627.5	487.5	176.5	9.9	0.10	51.9	92.5	19.2	59.02	0.04
濠江口	7.55	87.4	834.5	460	238.7	7.1	0.19	54.4	123.5	28.1	49.6	0.04
濠江口外海滨	5.8	176.0	1390	650	141.0	8.0	0.09	56.3	122.0	29.9	73.5	0.05
练江口	5.95	648.0	1285	700	500.5	9.3	0.23	51.7	125.5	34.4	56.3	0.07
练江口外海滨	0.6	0.4	245	410	36.2	5.2	0.10	33.2	58.6	7.5	55.5	0.02

1)有机碳

沉积物中的有机碳主要是因各类颗粒有机碳发生沉降所形成的，有机碳的埋藏被认为是海洋碳汇作用的最终效应，同时沉积物中有机碳能判断有机质的来源，它反映了表层水体的初级生产力状况和陆源有机物的输入状况，有利于研究碳循环和全球气候变化。粒度是控制表层沉积物中有机碳含量和分布的一个重要因素，主要体现在水动力分选过程对有机碳的影响。数据显示，河口地区有机碳含量均未超标，属于一类沉积物。根据不同河口区粒度特征，其粒度越细，有机碳含量越高，粒度越粗，有机碳含量越低；且河流内有机碳含量普遍比河口外高，练江输沙量较少，其口门外为砾质砂，有机碳含量仅有 0.6 g/kg。有机碳主要来自海洋中的浮游植物，而浮游植物的生长又取决于营养盐的含量，在河流中营养盐含量较高，其有机碳含量也相对较高，近岸海域中营养盐含量较低，其有机碳含量也普遍较低。

2)硫化物

黄铁矿(FeS)是沉积物中硫的主要存在形式，是海洋沉积物中最稳定的硫化物矿物，自生黄铁矿是表层沉积物中最常见的自生矿物，分布广泛。海洋沉积物在还原条件下，硫酸盐被有机物还原为硫化物，有机质的含量决定了硫化物的含量，有机质含量增

加，硫化物含量增高；硫化物的来源有两种，一是硫酸盐转化，二是陆地硫污染物随江河进入海洋。数据显示，仅练江内硫化物含量超标为劣三类沉积物，其他地区均为第一类沉积物，但其他地区的硫化物含量也有一定的规律，莲阳河、榕江、濠江3条河流内硫化物含量比口门外低，说明这3条河流及口门外，以海水转化为主，河流输入为辅；在外砂河及练江河流内硫化物含量较高，口门外含量极低，说明以陆源输入为主，海水转化为辅。

3）总磷、总氮

总磷、总氮选用《第二次全国海洋污染基线调查技术规程》指定沉积物标准进行评价，总磷的标准线为600mg/kg，总氮的标准线为550mg/kg，由表6-22可以看出，总氮在外砂河及练江口外海滨未超标，其他河流及口外海滨均超标；总磷超标的有外砂河口、榕江口、练江口及濠江口外海滨，其他地区均未超标。氮、磷的含量取决于输入量的多少及保存能力，沉积物粒径对氮、磷的积累有着重要的影响，粒径越小，表面积越大，吸附能力越强；据粒度特征，河流中粒度较细，河流内总氮、总磷含量普遍较高，河流口门外粒度较粗，其含量普遍较低；但濠江数据相反，口门外含量比河流内含量高，其原因为濠江口门外港口的建设，港口外围的防潮堤影响了水动力条件，在此处水动力较弱，且海水在口门外形成环流作用，使沉积物中总磷、总氮含量普遍较高。

4）石油类

沉积物中石油类主要来源于3个方面，一是陆地含油污水的排放顺河流汇聚输入到海洋中，二是船舶排污造成污染，三是大气石油烃沉降。石油类污染的危害主要有：①影响浮游植物和藻类的光合作用，油膜覆盖于海水表面，减弱太阳辐射，影响氧和二氧化碳的交换，并直接损害浮游植物和藻类的生长；②海水中的石油类最终会沉淀到沉积物中，底栖生物是石油类的直接受害者，降低底栖生物数量，并毒化底栖生物。由表6-22可以看出，石油类仅在外砂河口和练江口为第二类沉积物，其他地区均为第一类沉积物，且河流内的含量比口门外含量高，说明石油类的输入以河流为主。

5）重金属

重金属元素有Hg、Cd、Pb、Zn、Cu、Cr、As，沉积物中重金属不易降解，在水体中被水生生物富集，通过食物链对人体造成威胁。Hakanson（1980）的重金属传输模型表示，其传输途径为水—沉积物—生物—鱼—人体，毒性水平由大到小为汞、镉、砷、铅、铜、铬、锌。从表6-22可以看出，汞元素均超标且超过劣三类指标的5~17倍，说明研究区内河流及近岸海域沉积物中汞元素均属于超标状态，该地区汞元素排放量较高；镉元素均未超标；铅元素在莲阳河口、外砂河口、榕江口及莲阳河口门外为第二类沉积物，其他地区为第一类沉积物，说明在这3条河流中铅元素排放量属于超标状态；铜、锌元素仅在榕江内为第二类沉积物，说明榕江内污染物排放铜、锌元素属于超标状态；铬元素在榕江内为第二类沉积物；砷元素均未超标。

6.2.1.3 河口海洋水文

本次调查以5条主要河流为调查对象，各站位均为瞬时采样，各河流水文数据如

表 6-23所示。

表 6-23　研究区河流生态系统水文数据统计

	温度/(℃)	pH	盐度	透明度/cm	采样地点	采样时间
莲阳河口	30.6	7.7	2.6	92.5	河口内河流	6 月 10 日 11:34
莲阳河口外海滨	30.8	7.5	31.4	173	河口外海域	6 月 10 日 14:03
外砂河口	30.8	7.6	11.4	117.5	河口内河流	6 月 10 日 15:36
外砂河口外海滨	28.9	7.7	34.3	117	河口外海域	6 月 10 日 08:50
榕江口	29.4	7.4	17.9	87.2	河口内河流	6 月 9 日 12:46
榕江口外海滨	28.1	7.7	33.4	129.5	河口外海域	6 月 9 日 15:11
濠江口	31.3	7.6	28.4	84.5	河口内河流	6 月 14 日 12:02
濠江口外海滨	31.1	7.6	29.3	97	河口外海域	6 月 14 日 13:09
练江口	29.8	7.2	17.7	53	河口内河流	6 月 11 日 09:33
练江口外海滨	30.4	7.4	34.1	105	河口外海域	6 月 11 日 10:04

温度：研究区年平均水温等温线走向与等深线分布一致。春夏季为升温期，秋冬季为降温期，日平均最低水温出现在冬季的 1—2 月，最高水温出现在夏季的 7—8 月。沿岸水温的梯度变化明显，表层水温受各种不同因子的影响，各河口地区的水温有差异。所测水温时段为夏季，表层水温范围为 28.1~31.3℃，较近时段测量显示，河流水温较口门外水温高；通过 CTD 数据显示，从沿岸往外海水温递减。在河口区受陆地气候影响，水温普遍较高，在沿岸海域，受上升气流影响，表层水温较低，夏季沿岸水温具有分层现象，垂直梯度大，在 0.4℃/m，在较浅的河流、港湾或外海低温高盐水上升的水域，水温梯度值在 1℃左右。

通过收集各月的表层平均水温(表 6-24)可以看出，3—5 月为沿岸最快的增温期，表层平均水温 9 月达到最高值，秋季为降温期，降温最快的时间为 11—12 月，冬季表层、底层水温分布均匀。

表 6-24　研究区各月的表层平均水温统计

	1 月	2 月	3 月	4 月	5 月	6 月	7 月	8 月	9 月	10 月	11 月	12 月
平均水温/(℃)	14.7	14.1	15.6	19.6	23.6	25.5	24.8	25.9	26.5	24.6	20.9	17.1

pH：海水 pH 的变化受海水中二氧化碳、温度、盐度和生物活动的影响，它们之间的关系复杂。一般来说，盐度低、二氧化碳含量高的海区，pH 低；浮游植物大量繁殖海区，由于光合作用消耗大量二氧化碳，使海水 pH 上升；海洋动物活跃区，由于呼吸作用，排出大量二氧化碳，或者大量有机质降解区排出大量二氧化碳，均会促使 pH 下降。沿海海水 pH 变化还受淡水径流影响，径流强时，pH 下降，反之则上升，近岸向外海呈递增的趋势。

在水平分布方面，由表6-23可以看出，河流pH较低，外海pH较高，练江及其外海均低于其他河流，主要是由污染引起。pH在垂向上变化不大，仅在河流和淡水较多的港湾差值较大。

盐度：海域盐度主要受大陆径流形成的沿岸低盐水和外海高盐水两大水系的制约，它们的消长决定了表层盐度的地理分布和年变化，研究区表层盐度等值线大致与海岸线平行，由近岸向外海递增，河口区盐度等值线密集，日变化较大，丰水期表层盐度等值线呈舌状向海延伸，盐度较低的河流(莲阳河)说明其径流强度高于海水潮流，盐度较高的河流(濠江)说明其径流强度较弱，海水潮流影响较大。春季沿岸盐度变化大，榕江内形成低盐舌，盐度的垂直分布，底层较表层高，练江口外海滨底层平均盐度大于34，表明外海的高盐水在海岸的涌升现象春季已开始出现；夏季是海岸高盐水涌升较强的季节，沿岸表层普遍盐度高，在练江口外海滨可见低温高盐水区，最低温度22. 24℃，表层盐度最高为34. 5；秋季正值枯水期，表层盐度偏高，分布较均匀；冬季表层盐度分布均匀，盐度的年变化呈双峰型，研究区以南澳岛云澳站为代表，第一次峰值出现在5月，第二次峰值出现在11—12月。

透明度：近岸水域透明度等值线分布与海岸线大致平行，沿岸小，湾口与外海大；河流透明度普遍较低，近岸海域普遍较高，主要原因为河流的泥沙含量较大，海水中泥沙沉降使得透明度较高；外砂河及外砂河口门外透明度几乎一致，推测其原因为外砂河上游挡水坝沉积了大部分入海泥沙，径流量也相应减小，使得在河口处泥沙含量与外海几乎一致，所以透明度相似。练江入海口泥沙含量较低，但其透明度最小，与该河流严重污染有关，降低了透明度。

6. 2. 2 河口地形地貌与淤蚀状态

6. 2. 2. 1 地形地貌变化

自20世纪80年代至今，河口地区地形地貌变化较大的区域主要有3个，一是汕头东海岸的围垦，二是莲阳河口处沙嘴和口门拦沙坝的形成，三是榕江内围填海建设港口码头，其他变化区域主要为港口码头的建设，如广澳码头、海门码头。水下地形的变化主要在义丰溪六合围、后江水道、东海岸沿海及榕江口，义丰溪六合围在2005年之前与柘林湾连通，有2~5 m深水道，在该通道被围填海之后，六合围已被河流泥沙充填，2 m和5 m等深线均移至后江水道处；在后江水道处可明显看出10 m等深线扩大，说明该地受侵蚀的影响较大，水动力发生了变化；东海岸沿海区域主要由于围填海的地形变化，导致水下地形也发生改变，2 m等深线在海岸线处，5 m等深线逐渐靠近海岸，10 m等深线变化不大，但20 m等深线也向岸移动；榕江口处10 m等深线缩小，2 m和5 m等深线向海移动，说明淤积加重。

5 m等深线代表水下浅滩的外缘，在2016—2019年的海图上，5 m等深线一般距岸线约2 km，与1971年的海图平均4 km相比，现在5 m等深线正在向岸靠近。从达濠岛广澳大山-北溪河口0~5 m浅滩面积约为131. 93 km^2，1971年面积为213. 06 km^2。若参照珠江三角洲的情况，即按照韩江平均每年78. 3%的输沙量沉积在口门及口外浅滩来算，2019年韩江及榕江输沙量为294. 88万t，则每年在0~5 m水深的平均堆积厚度为

1.08 cm，也就是说，要使 5 m 等深线以内的海域自然淤积成为陆地，约需 200 年的时间。10 m 等深线是三角洲前缘与前坡的过渡带，一般距岸约 8 km，距岸最远的是义丰溪，约 11 km，最近的为莲阳河口，约 4 km，按照前述平均年沉积速率来算，10 m 等深线淤积成为陆地需要 500 年。

6.2.2.2　影响地形地貌变化的因素

影响河口地形地貌的自然因素主要有两个方面，一方面是外营力因素，它是起主导作用、积极、活跃的因素，包括气候、海洋动力、河流动力等；另一方面是内营力因素，包括地貌条件和地质条件，它们是起制约作用、相对静态的间接因素。各因素具有如下具体影响方式。

(1)气候因素：韩江三角洲地处南亚热带，北回归线从汕头市中部通过，研究区的年平均气温为 23.1℃，终年高温无霜雪，日夜温差小，极端气温变幅不大，且降雨充沛，多年平均降雨达 1528 mm，降水主要集中在夏季，雨热同期，按季节统计，1—3 月的降水量占全年的 10%，4—6 月占 42%，7—9 月占 41%，10—12 月占 7%，降水的季节分配与径流、泥沙的分配基本一致。这样的气候条件有利于岩石的化学风化作用，形成深厚的风化壳，风化的产物入河入海，增加了水中泥沙的含量，加速了淤泥和地形地貌的改变。

对研究区内沙陇地带的影响主要为风的作用，NEE 向常向风与研究区内的滨岸沙陇方向一致，因而能更有效地起着修饰和延长沙陇的作用。区内各月最多风向主要为 NE 风，偏东风(包括 NNE—SSE)的频率达 56%，研究区海岸为 NE—SW 走向，冬、夏季的 NEE 向常风大体与海岸平行，促使 SW 向的沿岸流将莲阳河、外砂河、新津河输出的泥沙往 SW 方向搬运，其中一部分输移到汕头港口后被潮流(冬、春季涨潮流最为强盛)带到港内，加强了汕头港内的淤积。夏季的 SE 向常风，正好与自 NW 流向 SE 的汛期高含沙量洪水相遇，因而来自 SE 向的风浪往往使河流输出的泥沙阻滞于口门附近，波浪的分流又使泥沙顺海岸运移，所以研究区的水下沙坝皆以 NE—SW 向发育，岸上沙陇也是此方向。

(2)海洋动力因素：通过潮汐、海流、波浪等作用而被搬运、堆积、聚散，使地形地貌发生变化。研究区潮差较小，妈屿站多年平均潮差 1.02 m，南澳岛平均潮差 1.22 m，各月平均潮差的多年平均值差别不大，季节变化不显著，所以潮汐作用不显著，潮水上溯不远，加之现在建立防潮闸，潮水只能到闸口处。且涨落潮历时不相等，妈屿岛平均涨潮历时 7 h 6 min，落潮历时 5 h 24 min，据前人资料显示，研究区涨潮历时明显大于落潮历时，底层涨潮历时比表层涨潮历时更长，汕头港内底层涨落潮历时达 17 h，且表层、底层涨落潮历时的明显差异造成底层以进水为主，表层以出水为主。

研究区海流可以分为沿岸流和潮流两类，研究区的沿岸流除 6 月、7 月为自 SW 往 NE 方向流动外，其余 10 个月均为自 NE 往 SW 方向流动，说明沿岸密度流基本上是流向 SW，表层沿岸流的流向与海区的盛行风向基本一致。而且研究区邻近台湾海峡，深受海峡气流束管效应的影响，NE 风比较强劲，尤以冬季为甚，冬季沿岸流的流速达 0.5~0.8 kn，春季为 0.3~0.4 kn，夏季 NE 向沿岸流的流速约 0.3~0.4 kn，秋季 SW 向沿岸流的流速为 0.4~0.6 kn，由于 SW 向沿岸流历时最长，对研究区沿海泥沙输移的影响最大。潮流具旋转流性质，其流速和流向的变化都因季节和地貌部位的不同而有所差异，夏季涨潮流偏向 NE，落潮流偏向 SW，冬季涨潮流偏向 NW，落潮流一般偏向 SE。

总的来看，落潮流不占明显优势，说明径流在出海口影响较弱，潮流、沿岸流和波浪等海洋动力才是塑造地形地貌的主要作用力。

注入汕头港的河流主要是榕江和梅溪河，前者多年平均径流量为 28.21 亿 m^3，后者为 30.24 亿 m^3，共 58.45 亿 m^3，平均全年纳潮量为 720 亿 m^3，径流仅占全年纳潮量的 8.1%，因此汕头港主要受潮流控制，港内潮流为往复流，基本为东西向，港口潮流受两岸地形控制而稍偏向西北，在礐石口处，水面宽度收窄，宽约 1000 m，落潮流速大于涨潮流速，表层流速大于底层流速，北岸流速最大；泥湾段水面宽阔，表层流速大于底层流速，落潮流速稍大于涨潮流速，中部深槽的流速大于边滩的流速；港口段束窄，中间又有妈屿、鹿屿两个花岗岩岛屿，所以潮流较急，由于不断围垦，水域面积不断缩小，大潮期间通过潮汐通道的最大流量及纳潮量都有缩减的趋势，从低潮至高潮的半潮周期内通过水道进入海湾的全部水体就是海湾的纳潮量，纳潮量的增减与海湾的冲淤有十分密切的关系。

研究区内波浪在冬半年以东及东北向为主，夏半年则以西南向为主，这些波浪方向恰好与岸线 2 m、5 m 等深线斜交，其波能沿岸分量指向西南，致使河流地区滨岸沙陇沿东北—西南向发育，现代的海岸输沙方向也是如此。

（3）河流动力因素：河流径流丰富，集水迅猛，水土流失严重，河流含沙量多，时间分配不均，中下游汊道径流分配不均，是该地区的特点。韩江各河流汊道占比分别为，西溪（梅溪河、新津河、外砂河）占 48.78%，东溪（外砂河）占 43.51%，北溪（义丰溪河）占 7.71%。韩江多年平均径流量为 800.3 m^3/s，多年平均含沙量为 0.35 kg/m^3；榕江多年平均径流量为 92.57 m^3/s，多年平均含沙量为 0.31 kg/m^3。韩江是一条较多沙的河流，例如含沙量比东江多 97%，比钱塘江多 47%，比闽江多 1.2 倍，而流域面积东江比韩江大 56%，闽江比韩江大 1 倍，侵蚀模数（每平方千米集水面积的输沙量）更能反映河流泥沙的多寡，其数值比邻近的九龙江大 21.5%，比辽河、淮河大 1 倍，正是这种充足的泥沙供给，使得现代河流更容易淤积。

研究区内泥沙的运移特点为河流泥沙含量较大，大部分已在河口区及近岸沉积，近岸海域泥沙含量较低，含沙量没有明显的季节变化，底层含沙量常高于表层含沙量，涨潮输沙量亦高于落潮输沙量。结合潮汐及海流作用，故泥沙易于在河口处淤积。

（4）地貌因素：这是影响河口发展的边界条件之一，起着制约作用，包括第四列岛丘的影响、水下地形的影响、人工地貌的影响。

第四列岛丘的影响：第四列岛丘在 NE 向南澳断裂带与汕头-饶平断裂之间，位于三角洲的外缘，主要由海岛组成，如海山岛、凤屿、大莱芜、小莱芜、妈屿等岛丘组成，对外海风浪起一定的障壁作用。在柘林湾-凤屿，南澳岛和海山岛遮蔽了东面和东北面的风浪，导致该地历史时期没有形成滨岸沙陇，并沉积了相对细粒物质，这些岛屿不仅阻挡着南海的风浪，对沿岸流也有很大的影响。粤东沿岸流除 6—8 月为自西南往东北流向外，其余月份均为自东北往西南流向，岛屿对沿岸流的阻隔，使北溪河及柘林湾处更易沉积泥沙。广澳的磊口山-礐石的香炉山，对汕头港和牛田洋的现代地貌发育起着重要作用，这些山限定了汕头港南岸的边界，花岗岩的风化碎屑会近源堆积在河口湾内，广澳半岛对夏季的长向风浪（SEE）有一定的阻挡作用，且对夏季 NE 向沿岸流有明显的影响，在一定程度上掩蔽了汕头港和韩江三角洲南部前缘，有利于三角洲向海推进。

水下地形的影响：在南澳岛与莱芜岛之间有一条海流冲刷形成的水深约 13 m 的水下深槽(南澳深槽)，深槽西北坡坡度为 4.2×10^{-3}，约为浅滩坡度的 10 倍，东南坡因受南澳岛陡崖的影响，坡度很陡，达 8.4×10^{-3}，比西北坡大 1 倍。深槽属于沿岸海流冲刷槽，它制约着义丰溪处浅滩的发展，由于围填海，该深槽处通道变窄，水流流速增大，整体冲刷变强，10 m 等深线扩大。

人工地貌的影响：①人工河流围堤约束着现在的河流，使河床日益加高，现在韩江的河床已高出两岸平原，成为地上河，同时迫使大量泥沙向口门及口外海滨输出，有利于水下浅滩的淤积，但不利于港口、航道的建设和维护。由于围堤的形成，使河流及其河口处地貌趋于稳定，地貌发展更受人为因素的影响。②研究区内现有的 6 座防潮闸，起着防咸和调节径流的作用，但目前在闸前出现了严重的泥沙淤积，闸前相当长的一段河道也因受回水滞留的影响，容易发育心滩，对河床起着促淤作用。③围海造田主要是在河流的边滩及汊道围垦，给现代的地貌发育带来了重大影响，围垦起着人为促淤的作用，如牛田洋的过度围垦，使纳潮量减少了一半以上，破坏了冲淤平衡，加速了湾内的淤积。河滩的围垦使河道收束，改变冲淤平衡，有利于束水攻沙保持河道的顺直畅通，刷深下游河道。

(5)地质因素：主要为构造运动，由于不同强度的构造活动，使得河流河道分叉数量不同，东溪河流分叉较多，西溪河流分叉较少，由于强烈的河流分叉和冲刷，使得北溪近岸不易形成海岸的沙陇。南澳深槽主要与南澳断裂带有关，会限制北溪及东溪三角洲未来的发展，现代构造活动活跃可以加剧土壤的侵蚀，增加输沙量，增强泄洪能力。

6.2.2.3　韩江水下三角洲淤蚀状态

韩江水下三角洲区域的冲淤演变情况如图 6-1、图 6-2 所示，由图可以看出，1971—2014 年这 43 年内，南澳岛西侧附近海域总体呈淤积状态，南澳岛北侧、韩江义丰溪河口处于淤积态势，淤积厚度为 0~3 m；南澳岛西南侧、外砂河和莲阳河口的大部分地区处于冲淤相对平衡状态，冲淤变化幅度小于 2 m，南澳岛西北侧则表现出较强的淤积态势，局部区域淤积变化幅度超过 7 m。仅在南澳岛东北侧、后江水道和外砂河口的局部地区表现为冲刷状态，冲刷变化幅度为 0~4.6 m。

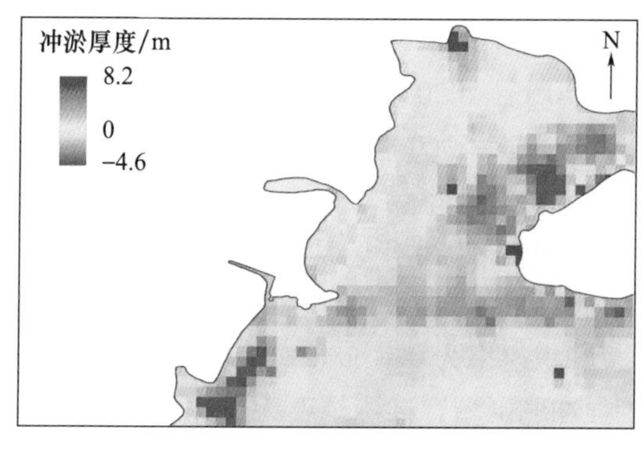

图 6-1　1971—2014 年韩江水下三角洲冲淤变化幅度

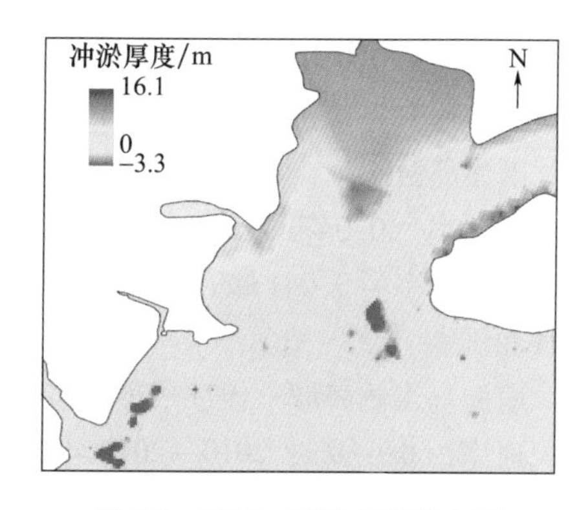

图 6-2　2014—2020 年韩江水下三角洲冲淤变化幅度

2014—2020 年，南澳岛西侧海域总体出现小幅淤积，南澳岛东北侧、韩江义丰溪河口处于淤积态势，淤积幅度为 2~10 m。南澳岛西南侧、外砂河和莲阳河口基本处于冲淤平衡状态，冲淤变化幅度小于 2 m，外砂河口、南澳岛西南侧零星区域为冲刷状态，冲刷幅度小于 3 m。

1971—2020 年，南澳海域总体表现为略微淤积态势(图 6-3)，靠近南澳岛尤其是地形拐弯处，由于流速较小，淤积趋势比较明显，其中南澳岛东侧和东南海域由于受勒门列岛影响，流速比较小，出现了明显淤积，淤积幅度在 10 m 以上。韩江口与南澳岛中间区由于水道流速相对较大，且离岛海域来沙少，属于冲淤平衡或冲刷区域，冲刷深度小于 4 m。1980—2020 年，南澳岛东部淤积比较明显，韩江口则多为冲淤相对平衡区域，且研究区靠近南侧，距离泥沙供应区较远，整体表现为略微冲刷的态势。

图 6-3　1971—2020 年南澳海域冲淤变化幅度

研究区以韩江口外海域和南澳岛周边海域为主，北部为稳定性较好的半封闭型海湾柘林湾，同时分布着海山、西澳和汛洲等岛，南部有勒门列岛、南澎列岛等岛屿分布，东部受台湾海峡构造影响，岛礁零星分布，西侧沿岸分布有韩江、榕江两大水系入海口。为方便分析，将研究区域分为南澳岛北侧、西侧、东侧海域 3 个区域。

南澳岛北侧海域：1971—2010 年，最大淤积速率为 0. 077 m/a；1971—2014 年，最大淤积速率为 0. 069 m/a；1971—2016 年，最大淤积速率为 0. 067 m/a；1971—2020 年，最大淤积速率为 0. 061 m/a；2010—2016 年和 2016—2020 年，冲淤基本平衡。

南澳岛西侧海域：1971—2010 年，最大淤积速率为 0. 051 m/a；1971—2014 年，最大淤积速率为 0. 047 m/a；1971—2016 年，最大淤积速率为 0. 044 m/a；1971—2020 年，最大淤积速率为 0. 041 m/a；2010—2016 年和 2016—2020 年，冲淤基本平衡，局部地区略微冲刷。

南澳岛东侧海域：1971—2010 年，最大淤积速率为 0. 7 m/a；1971—2020 年，最大淤积速率为 0. 6 m/a；2010—2016 年，为较强冲刷区域，冲刷幅度为 2~10 m。

综上所述，研究区韩江水下三角洲近 50 年整体仍处于淤积状态，但可以看出，淤积速率在逐渐减小，近 10 年已经转变为冲淤平衡或者局部冲刷。

6.2.2.4　榕江口淤蚀状态

榕江口区也叫汕头港，牛田洋（最宽 4 500 m）和泥湾（最宽 3 500 m）为宽阔段，汕头至礐石（最窄处仅 980 m）和妈屿河口处（最窄处 1 200 m，鹿屿岛附近宽1 700 m）为束窄段，共同构成葫芦状的汕头港。这样的地形轮廓，使两个宽阔段流速缓慢，泥沙易于在两侧边滩的低压静水区淤积，在束窄段则形成急流高压冲刷区。汕头港经 20 世纪 50 年代开始人工围垦，水域面积已大为缩小（李平日 等，1987a），1931 年汕头港（妈屿岛以西）水域面积为 139.8 km^2，1983 年水域面积为67.4 km^2，2020 年水域面积为 68.05 km^2（包括妈屿岛东侧水域面积 4.96 km^2），若不算妈屿岛东侧面积，则汕头港水域面积为 63.09 km^2（东侧水域面积为人工围填海之后的河流面积），汕头港内水域整体面积一直在减小，与 1931 年相比水域面积缩小 71.75 km^2，缩减了 51.32%。汕头港是依靠潮汐维持通道的潮汐通道型河口湾，水域面积的大量缩减，意味着纳潮量的大减。如按水域面积乘以平均大潮潮差的方法来计算纳潮量损失，可以得出：妈屿站 1983 年平均最大潮差为 1.853 m（因无 1931 年潮差数据，故按 1983 年数据计算），2020 年平均最大潮差为 1.667 m，1931 年汕头港的大潮纳潮量为 $2.590 \times 10^8 m^3$，1983 年汕头港的大潮纳潮量为 $1.249 \times 10^8 m^3$，2020 年汕头港的大潮纳潮量为 $1.134 \times 10^8 m^3$，也就是说，相比于 1931 年，2020 年纳潮量减少了 56.2%，而纳潮量的锐减会促使河口湾的淤积。

汕头港在构造上属于榕江断陷区的下段，新构造表现为轻微沉降，全新世海平面上升使其成为河口湾。汕头港接受榕江、梅溪河及外海随潮汐带入的泥沙，地形、地质、外动力条件都决定了它必然日渐淤积缩小，加之近年来纳潮量大幅度减少，势必加速它的自然淤积过程。水下地形的变化也较大，通过海图对比，5 m 等深线之间的范围缩窄了，现在仅有 400~500 m，10 m 等深线依然在汕头–礐石和妈屿岛附近，但范围缩小了近一半以上，前者等深线西移，进一步说明在牛田洋大量围垦后，岸线外移，使水流的流速加快，因而等深线西移。泥湾一带的等深线外移明显，表明泥湾淤积迅速，可能是因为牛田洋缩窄后水流流速变快，榕江带来的悬移质不易在牛田洋落淤，而是集中在相对宽阔流速较慢的泥湾淤积。汕头港内水下地形的新变化带来新的信息，由于牛田洋缩窄，水流被收束，港内不少地方的场流和流态都有了新变化，将会发生新的冲淤平衡。

榕江的淤积问题由来已久，目前调查淤积的方法手段较少，主要为瞬时的水深测量、海图对比等方法，但没有长时间的监测和记录数据。而通过泥沙淤积模拟可以进行长时间的演变推算，模拟过后再经过实测的数据验证，进一步优化模拟的准确性和可靠性，使之形成较为准确的模拟数据。本次榕江口泥沙淤积模拟，主要计算榕江内泥沙的淤积速率及泥沙淤蚀区，通过收集大量的实测、监测数据，其中包括遥感解译河流岸线、海岸线、河流近 5 年的径流量和输沙量，再建立数据网格，共建 26 682 个计算三角形和 15 283 个控制节点，搭建出数据模型，模型中地形数据主要来自遥感的反演和海图矢量化后的提取。使用模型模拟在不同的潮汐、河流作用下，榕江内泥沙淤积的特征和速率。

影响数值模拟的因素有水动力环境和泥沙来源，前者包括河流径流量和海洋潮汐，

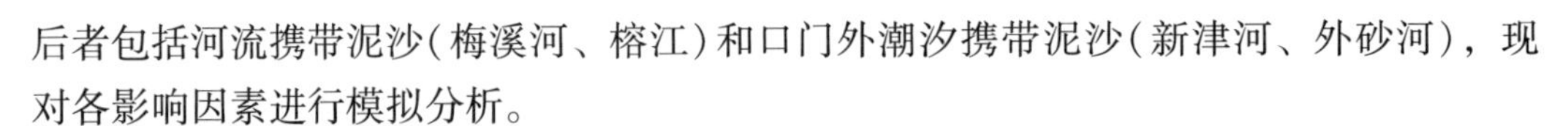

后者包括河流携带泥沙(梅溪河、榕江)和口门外潮汐携带泥沙(新津河、外砂河)，现对各影响因素进行模拟分析。

1)水动力环境

汕头港位于榕江口区域，此处水流一方面受到海洋潮汐的影响；另一方面又受到上游河水流量的影响，因此，需要对两个方面进行分析。

海洋潮汐的影响主要由潮涨潮落引起，图6-4为涨潮涨急时刻的流速、流向分布，图6-5为落潮落急时刻的流速、流向分布。由图可以看出，涨潮时海水受引潮势作用，由榕江口与濠江口进入河流水域。在榕江口附近，原始平行岸线的海流受到人工修建的防波堤阻挡而流向改变，进入河口的海水方向较为均一，呈现SE—NW流向。进入河口的海水流速平均在0.5m/s，在两个岛屿附近受地形的收窄，水流汇聚，流速上升。尤其在岛屿的南侧，流速可达1m/s。此后，海水绕过岛屿，地形迅速开阔，水流速度也迅速放慢，进入汕头港后，流速降至0.4m/s以下，在港口南侧的淤泥区域，水流速度更是不足0.2m/s。海水由濠江进入内河，濠江宽度较小且呈现由海侧向内河一侧江面的逐步收窄。同榕江口一致，濠江入海口处同样存在防波堤，致使海水进入河流后流向均一。但整体上受水域宽度的影响，进入濠江的水量有限，且在穿过河道进入榕江后水面迅速开阔，流速也降至0.2m/s以下。整体上由濠江进入内河的水体对汕头港的水动力分布影响较小。整体而言，落潮的过程与涨潮时相反，流速的分布规律基本一致，表现为港内流速较小，在岛屿附近存在流速较大的区域并且在入海口处表现为流向较为均一的趋势。

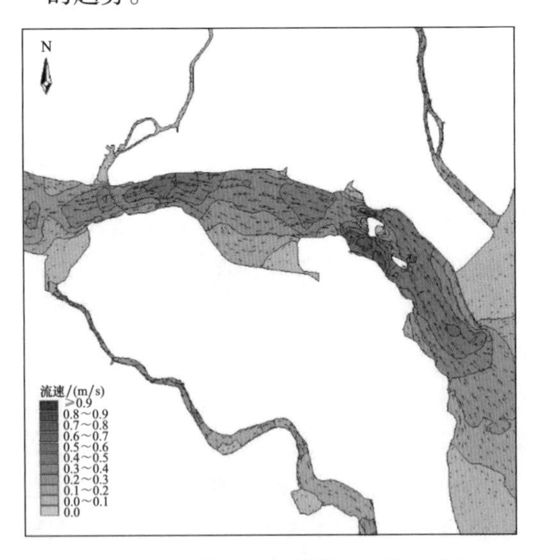

图6-4　涨潮涨急时刻的流速、流向分布

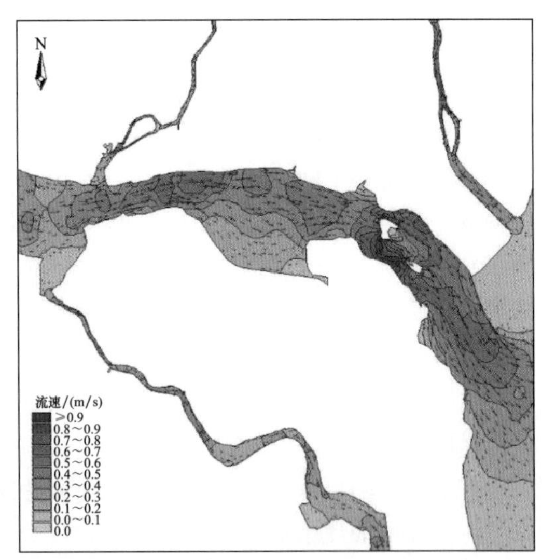

图6-5　落潮落急时刻的流速、流向分布

河流的影响分为平水期和泄洪期，通过比较一般情况与开闸泄洪时汕头港内的水动力情况(图6-6为上游关闸时平潮时刻汕头港的流速、流向分布)，此时影响河口水流的两个因素，即河流水量与潮汐均处于一个低值，整个汕头港与榕江口区域流速小于0.1m/s，水面几乎处于静止状态，容易引起泥沙的沉积。图6-7为上游开闸放水时刻汕头港的流速、流向分布。放水期间，榕江河道内记录的单日水流平均流量可达正常状态下的10余倍，大量水流短时间内由上游倾泻而下。此时，港口主航道内流速接近1 m/s，在南侧的淤泥区流速相对缓慢，但也可接近0.3 m/s。水体沿航道流向海洋，同时在岛屿的后侧，受阻挡形成了流速较为缓慢的区域。而受防波堤的阻挡，水流流向整体与防波堤平行，流速较快。榕江口的防波堤延伸进了海洋，在防波堤的尽头位置，进入海洋的水体动力骤然减小，流速在短时间内降低，同时水体的流向也有较为均一的转变，向各个方向扩散，与天然河口的入海处类型相似，泄洪后水体中搬运的泥沙在此处发生一定的沉积。

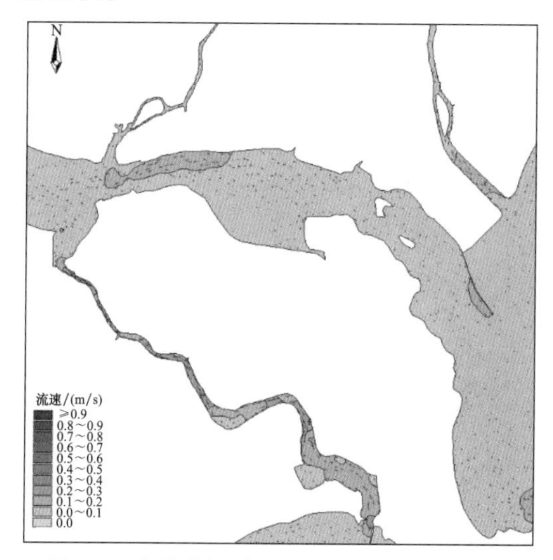

图6-6 上游关闸时平潮时刻汕头港的流速、流向分布

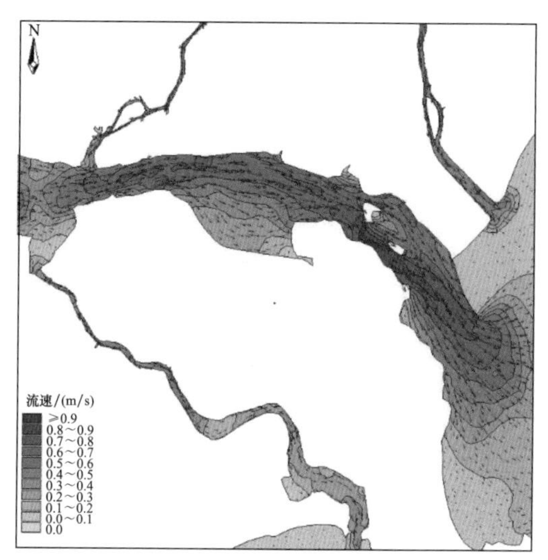

图6-7 上游开闸放水时刻汕头港的流速、流向分布

韩江通过梅溪与榕江连通，韩江河水流量可高达榕江的近十倍，同时韩江的含沙量相对更高。因此，韩江通过梅溪对汕头港水动力的影响也是需要考虑的。图6-8、图6-9为韩江正常状态下与上游放水时梅溪入榕江口处流速、流向分布图。前者为一般情况下的状态，韩江河水部分水流通过梅溪进入榕江，但梅溪较为狭窄，且河道较浅，因此通过梅溪进入榕江的水量不大且一般状态下流速仅在0.3 m/s左右。后者为韩江上游放水时的状态，韩江单次泄洪量普遍较大，因此韩江的水流更急。相比于一般情况，通过梅溪进入榕江的水体增加幅度极大，流速普遍超过1 m/s，由梅溪进入的水流与榕江河道大致呈现接近90°的夹角，因此进入榕江后，梅溪的水流南北向速度很快消散，并沿榕江向东流动。受入口处夹角的限制，整体上梅溪对榕江河道内水流的影响并非十分巨大。

2）泥沙来源

汕头港的泥沙来源主要包括3个部分，分别是直接来自榕江的泥沙、通过梅溪来自韩江的泥沙以及在潮汐作用下来自海洋的泥沙（林宝荣 等，1986），现将3种泥沙来源对榕江淤积的作用进行分析。

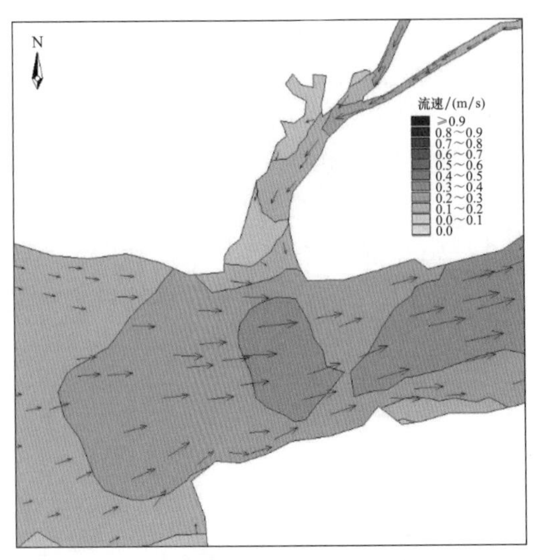

图 6-8　韩江正常状态下梅溪入榕江口处流速、流向分布

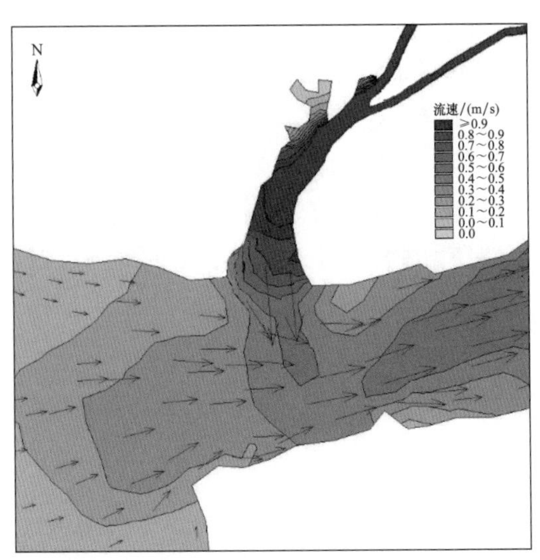

图 6-9　韩江上游放水时梅溪入榕江口处流速、流向分布

榕江在正常情况下，其流量较小，含沙量也较小，仅在上游水坝开闸放水期间存在较大的水量及含沙量。因此，通过选择洪季时段(2016 年 8 月 15—20 日)一次榕江开闸放水过程进行分析，在此时段内，榕江流量可达 509 m^3/s，同时含沙量也高达 250 g/m^3，而此时韩江的含沙量低于 200 g/m^3，处于一个相对的低值，因此选择此时段进行分析减小了韩江对它的影响，更能直接指示榕江对汕头港淤积的贡献。汕头港的淤积包括 2 个部分，一处是靠近上游的面积大、厚度浅的淤积，另一处是靠近河口的面积小、厚度深的淤积。图 6-10为 8 月 15 日 00 时洪峰前的淤积体，图 6-11 为 8 月 20 日 23 时洪峰过后的淤积体，通过两图对比可以看出，泄洪后靠近港口一侧的淤积体面积有所增加，而靠近河口的淤积体变化则不明显，这说明榕江泄洪带来的泥沙在进入港口附近的开阔河道后很快便发生了沉降，对靠近河口的淤积体影响程度较小。若在非泄洪期间，榕江对汕头港的淤积贡献则更小。

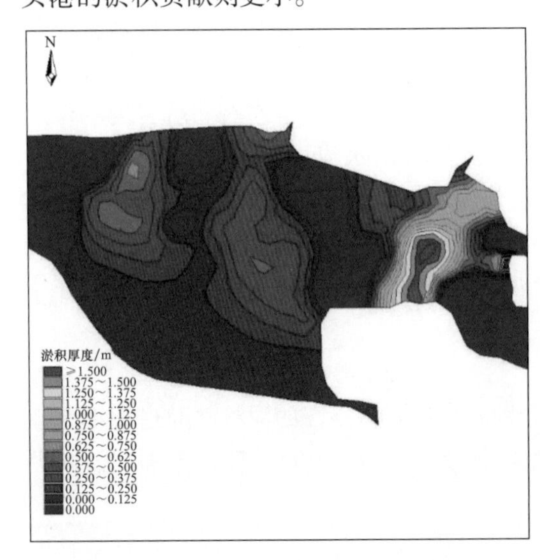

图 6-10　榕江泄洪前汕头港淤积状况

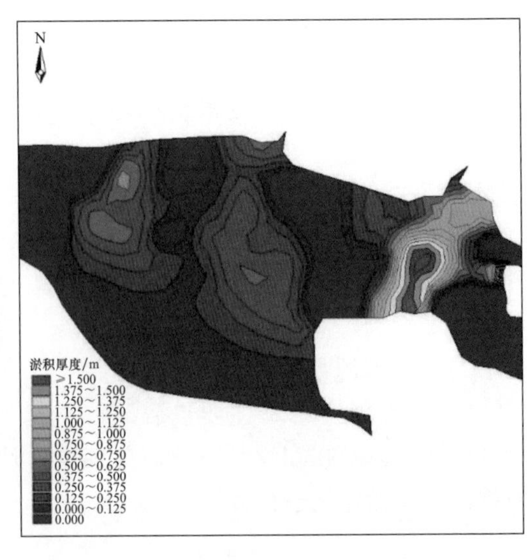

图 6-11　榕江泄洪后汕头港淤积状况

梅溪为韩江的支流，其径流量占韩江的 11%（吴天胜 等，2007），虽然它在韩江中占比较低，但其总量与榕江相差不大，为了更好地分析梅溪对汕头港的淤积贡献，选取 2016 年 10 月 18—23 日的一次典型泄洪时段进行对比。此次韩江放水与 8 月底榕江放水时间间隔较短，且之间不存在其余的泄洪，同时两者均在当月的 20 日前后，潮汐条件较为一致。图 6-12 为 2016 年 10 月 18 日 00 时泄洪前汕头港淤积状况，图 6-13 为 2016 年 10 月 23 日 23 时泄洪后汕头港淤积状况，通过对比可以看出，淤积体的变化程度相当有限，甚至不如榕江泄洪时淤积体的变化幅度。通过计算发现，虽然此次韩江泄洪时流量可达 670 m^3/s，但分到梅溪时流量已相对较低，就单次韩江的泄洪而言，其对汕头港淤积的贡献不如榕江大。

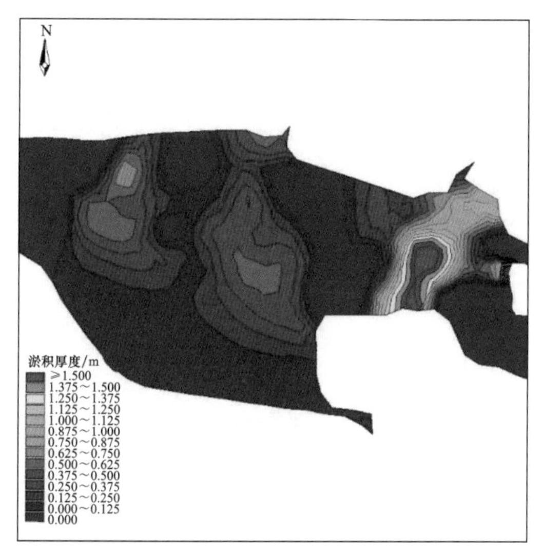

图 6-12　梅溪泄洪前汕头港淤积状况

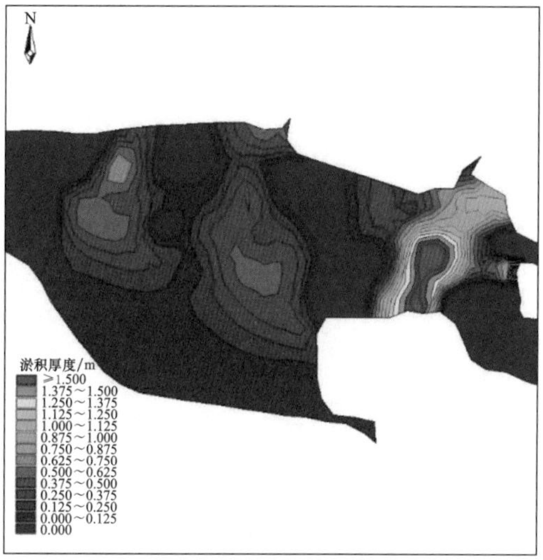

图 6-13　梅溪泄洪后汕头港淤积状况

虽然韩江泄洪对汕头港的影响较小，但对梅溪河口及牛田洋的影响较大，当梅溪进入榕江时，受水动力夹角的影响，其类型可以类比河流入海。图 6-14 为梅溪河口泄洪前淤积状况，图 6-15 为梅溪河口泄洪后淤积状况，通过对比可以看出，单次泄洪后在梅溪河口处因水动力变化产生了较为明显的淤积，部分泥沙向下游输运，而大部分则在此沉降，因此韩江的泥沙仅有少量随榕江水流进入汕头港内。从 5 年的调查尺度来看，韩江泄洪的次数与规模均高于榕江，虽然单次泄洪对汕头港的淤积贡献有限，但长时间尺度下，其作用依然是可观的。

为了探明长时间尺度下韩江对汕头港淤积的影响，设计了以下模拟实验对其进行验证。将韩江泥沙含量设定为 0，其余条件保持一致，对比 1 年时间内汕头港的淤积情况。图 6-16 为有韩江泥沙输入下汕头港的淤积情况，图 6-17 为无韩江泥沙输入下汕头港的淤积情况。通过对比可以看出，1 年的时间内，若没有韩江的影响，汕头港的泥沙淤积会有一定程度的减小，不论是港口内部的大范围淤积还是靠近河口的集中淤积均相对减缓，但就整体趋势而言并没有明显的改变。因此，可以得出韩江对汕头港的淤积具有一定的贡献，但不是主要因素。

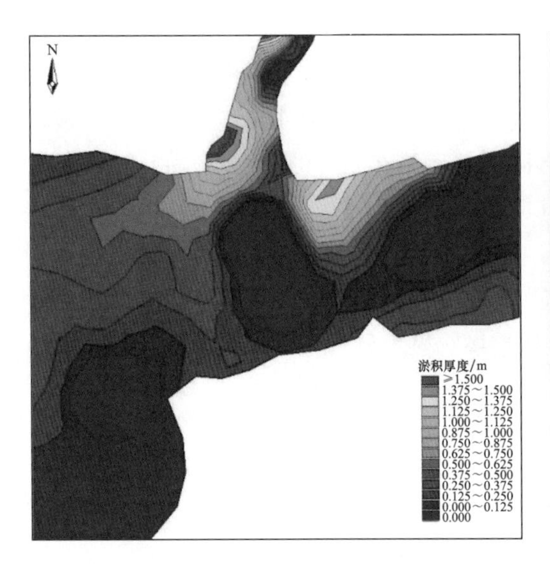

图 6-14　梅溪河口泄洪前淤积状况

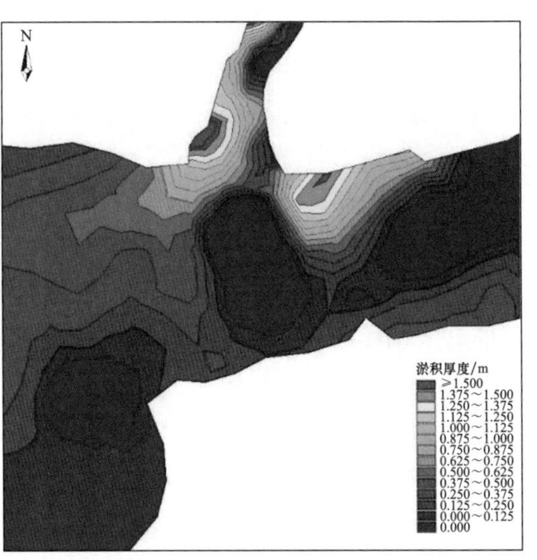

图 6-15　梅溪河口泄洪后淤积状况

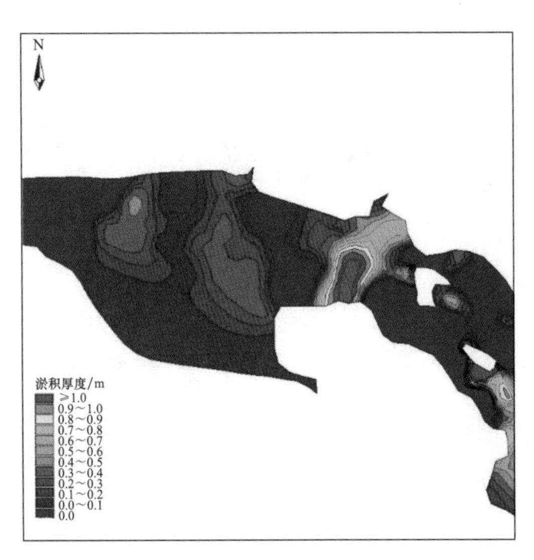

图 6-16　有韩江泥沙输入下汕头港淤积情况

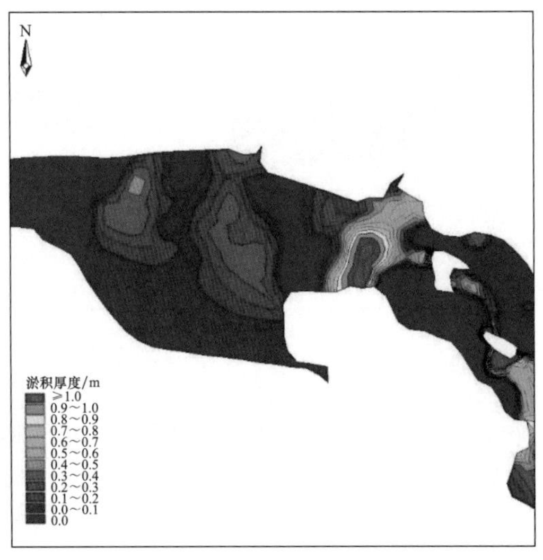

图 6-17　无韩江泥沙输入下汕头港淤积情况

通过泥沙来源的模拟结果和对比分析发现，榕江的泥沙主要在汕头港港口附近沉降，对淤积具有一定的贡献，但影响较小；梅溪河所携带泥沙，大部分在梅溪河口处淤积，仅有少量在汕头港内淤积，贡献也较小。可以看出这两条河流均不是汕头港淤积的主控因素，因此，通过潮汐潮流进入港口的泥沙以及在潮水作用下床底的侵蚀堆积才是汕头港淤积的主控因素。

3）泥沙淤积区域

通过模拟得出榕江流域 2015—2019 年淤积状况如图 6-18 所示，泥沙的主要淤积区包括 4 处，分别为新津河口淤积区、外砂河口淤积区、榕江口淤积区以及汕头港内淤积区，其余区域也同样存在部分小型的淤积区。现对各淤积区进行描述。

新津河口淤积区淤积状况如图6-19所示，该淤积区泥沙来源主要为河水携带泥沙。河水从上游流到下游时，由于河床逐渐扩大，降差减小，在河流注入大海时，水流分散，流速骤然减小，再加上潮水的阻滞作用，尤其是海水中较多电离性强的氯化钠，使悬浮泥沙逐渐沉淀，在河口处沉积成扇形形状，这是典型的河口三角洲式沉积，核心沉积区大致呈 NE—SW 走向与岸线平行。沉积超过1 m 的区域其长轴约1560 m，沉积区面积约0.96 km^2。

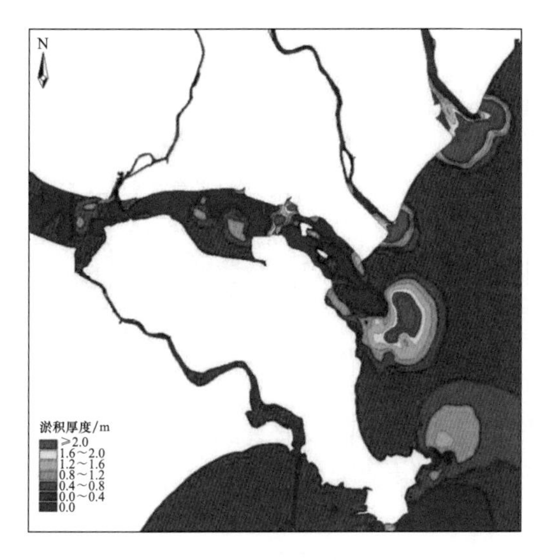

图6-18　榕江流域2015—2019年淤积状况

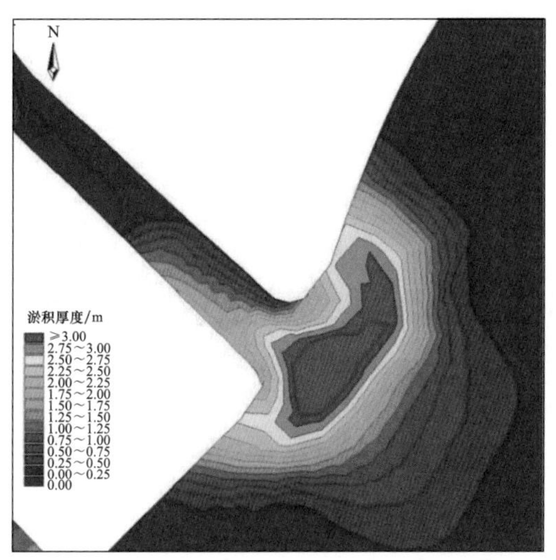

图6-19　新津河口淤积区淤积状况

外砂河口淤积区淤积状况如图6-20所示，它与新津河口的泥沙沉降类型基本相同，均为河口入海后水动力减弱产生的泥沙沉降，不同之处在于外砂河口的沉积区形状不是规整的扇形，而是西南侧沉积略厚，东北侧沉积较薄。主要原因是在入海口处，北岸逐渐向远离河道的方向拓宽，致使河道变宽，水流流速下降，原本的水流仍沿南岸流动，导致南岸流速大于北岸，故东北侧的泥沙沉积量少于西南侧。

榕江口淤积区淤积状况如图6-21所示，淤积区位于口门及口门东北侧，主要原因为河口处修建防波堤，该堤堤长7.95 km，分为AB、BC、CD段，长度分别为3.1 km、2.1 km、2.75 km，方向分别为135°、165°、142°，堤高分别为2.2 m、3.4 m、－1.2 m（黄利周，2001）。防波堤有效地改变了自然状态下海水的流势和水体交换能力（黄广灵等，2015），导致了悬浮泥沙在此周围沉积，形成了两个沉降中心。泥沙主要来源为韩江西溪（外砂河、新津河）入海泥沙，在潮汐、潮流作用下进入榕江。涨潮时海水与岸线平行由西南流向东北，流速较快的潮流绕过达濠岛南侧，一部分向北流入榕江进入汕头港，而另一部分继续向东北方向流动，两部分潮流在防潮堤处分开，分开之处流速较为缓慢，导致了悬浮的泥沙沉积，形成了西南侧的沉积中心。落潮时则与外砂河及西溪的情况类似（不过将河水换作了潮流），流至防波堤的潮流迅速分散，导致水动力减弱以及泥沙的沉降。正因为涨潮与落潮时的差异，所以形成了两个沉降中心。由于榕江本身的泥沙含量较少，所以在河口处的沉积厚度比外砂河、新津河低。

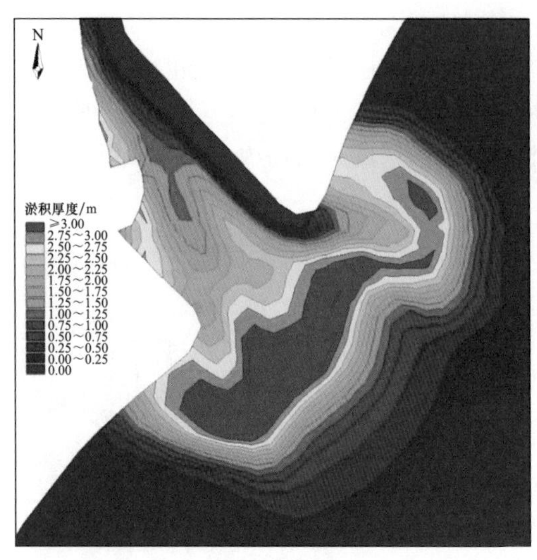

图 6-20　外砂河口淤积区淤积状况

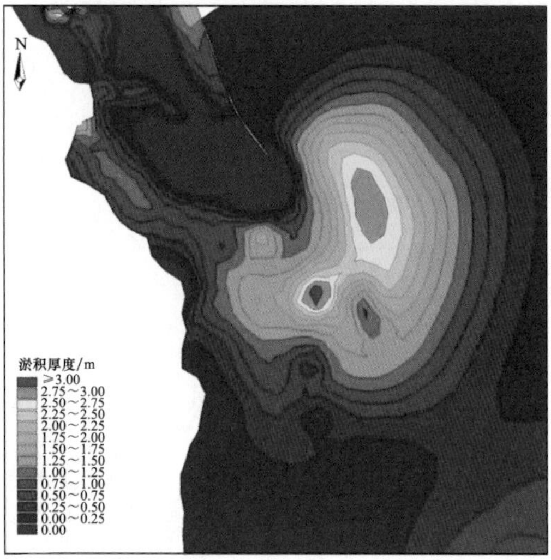

图 6-21　榕江口淤积区淤积状况

汕头港内淤积区(图 6-22)主要在港口南侧泥湾附近，以及靠近岛屿处，港内的泥沙淤积问题整体较为严重，存在着连片的淤积区，但淤积程度较河口处略轻。靠近泥湾附近的淤积区，淤积范围大，淤积厚度小，距离主航道存在一定的距离，对港口运营的影响程度较轻。靠近岛屿淤积区，淤积体长轴与河流流向大致垂直，呈现出类似于截断河流的趋势。此处淤积面积较小，分布较为集中，但淤积厚度较厚，且分布区域覆盖了整个航道，对通航影响较大。

4)淤积模拟验证

查阅历史海图发现，汕头港的淤积速度在不同的历史阶段也是不同的，据李春初等(1983)的研究，1919—1959 年，汕头市工业及商贸规模有限，汕头港内河道大致呈现出一种自然淤积的状态。40 年间平均淤高 1.29 m，平均每年 3.2 cm。此后连续不断的海滩围垦致使汕头港的水域面积不断减小，30 年间水域面积减少约 40%，同时导致了港内纳潮量减少约 42%。这导致了汕头港内泥沙淤积的速度增加。截至 2019 年，汕头港水域面积仅为 63 km^2，这个值在 1956 年为 126 km^2。

通过模型模拟计算，在无人工干预情况下，汕头港（从梅溪河口至航道上靠近港口的第一个岛屿处）2015—2019 年淤积高度为 0.416 m，平均每年淤积厚度为 8.32 cm（图 6-23）。根据实测资料进行估算，假设汕头港水域面积恒定，并且河流及潮汐等自然因素带来的泥沙含量大致恒定，则 2015—2019 年平均每年淤积厚度应在 9 cm 左右，略高于模型模拟结果。但考虑榕江入海口处防波堤的修建，原本部分进入港口的泥沙在河口处沉降，导致真实淤积速度低于估算值。因此，初步验证表明模型模拟结果较为准确。

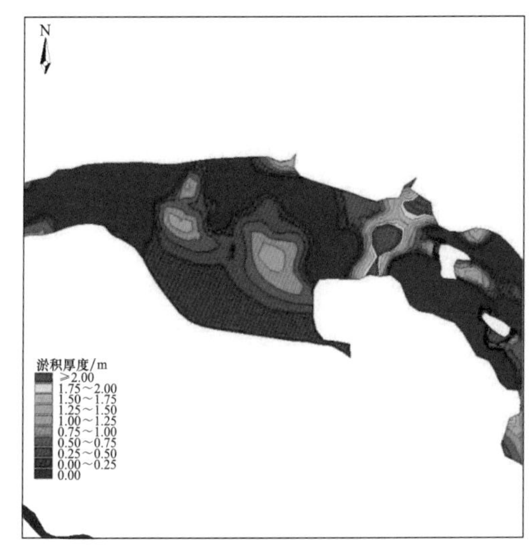

图 6-22　汕头港内淤积区淤积状况

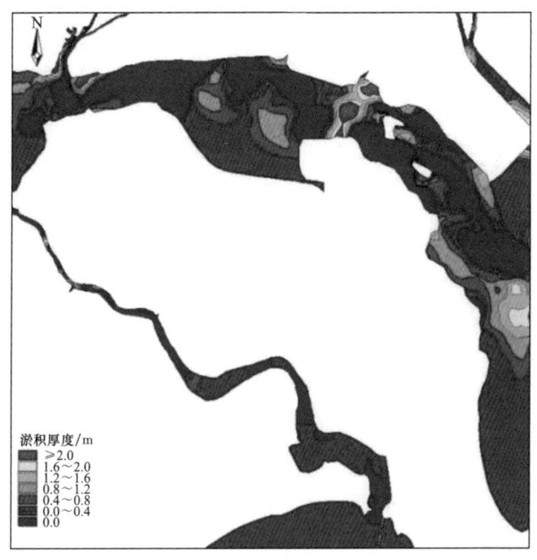

图 6-23　2015—2019 年汕头港河床底部变化情况

5) 汕头港未来发展趋势

汕头港内轮廓的改变：汕头港内大规模的围垦已使地形轮廓发生了一系列的变化，尤其是牛田洋形状的改变。牛田洋上段莲塘港至西胪港的断面宽度由过去的 4 800 m 缩窄为 1 800 m，现在的宽度只有原来的 37. 5%；中段植农至桑田断面原是牛田洋的最宽处，过去宽达 7400 m，现今只有 2600 m，仅为原来宽度的 35. 1%，最宽处东移了 2. 8 km；下段梅溪河口至草屿的断面宽度过去为 4 800 m，现在为 2 500 m，为原来宽度的 52. 1%，也就是说，港内普遍缩窄了 1/2~2/3，由原来的葫芦形变为长藕节形。宽度和形状的改变，也引起了其他条件的改变，如场流相对集中，流速加快，沉积物变粗。过去牛田洋流场流速较缓，主要沉积物为黏土，现在流速加快，潮水形成潮水楔，从河流底部上涌，表层河水流速加快，会遏制潮水的深入；过去盐水楔在非汛期可到牛田洋，现已东移，沉积物主要是粉砂质砂，而不是黏土。汕头港内明显缩窄，会使汕头港外（珠池至泥湾宽阔段）的地位和作用发生新的变化，现在珠池至泥湾段的宽度为 3 500 m，流场和流速的变化都不大，因而汕头港内的沉积中心将由牛田洋逐渐转移到泥湾。汕头港内的主流线是弯曲的，珠池至泥湾段的主流线偏北，泥湾位于主流线的凸岸，有利于淤积，后续的淤积速度还会加快。

汕头港淤积不可避免，主要有以下 4 个方面，一是从地貌发展史来看，汕头港是个尚未淤满的河口港，随着榕江和韩江的进一步发展，势必淤满整个河口湾。二是汕头港 2020 年的纳潮量比 1931 年缩减 56. 2%，过去汕头港依靠每日两次吞吐约 2. 6 亿 m^3 的潮水来维持其潮汐通道的作用，现在纳潮量只剩 1. 13 亿 m^3，纳潮量的剧减，使潮汐通道的稳定性难以保持，势必会加剧港内的淤积过程。三是牛田洋缩窄后，流场改变，流速加快，潮水和盐水楔不能深入上溯，因而沉积作用比会改变，牛田洋将由沉积黏土为主变为沉积粉砂为主。统计潮安站多年实测的悬移质泥沙粒径，汛期粉砂占泥沙总量的 72%，黏土只占 20. 5%。韩江汛期输沙占全年的 87. 28%，榕江占 93. 35%，汕头港的输沙也主要在汛期，牛田洋沉积物粒度的改变，使沉积量有较大幅度的增加。四是汕头港近年迅速淤积，据统计，汕头港内近年淤高 1.29 m，平均每年淤高 8.4 cm。从汕头港地貌发育、近代淤积、纳潮量的锐减、沉积环境的改变，都表明汕头港的淤积不可避免。在模拟计算出其淤积部位和淤积速度后，需因势利导，进行合理的利用和改造。

汕头港今后的淤积趋势：汕头港的淤积中心将逐渐从牛田洋转移到泥湾。牛田洋虽然断面缩窄，但沉积量将明显增长，故仍是港内重要的淤积区，梅溪河口处的深槽将缩窄而保持一定的深度，不会很快淤积，妈屿岛-鹿屿岛北侧水道将逐渐淤积，而南侧的水道，因港口落潮动力相对集中，将基本保持深槽，局部地段还会冲刷加深，淤积不明显。关于汕头港今后的淤积速度，由于缺乏牛田洋缩窄后沿流场变化的系统实测资料，特别是缺乏港内、外泥沙输移的同步观测数据，故较难估算，只能利用水动力模拟大致估算。还可以用静态淤积的方式推算，但这种推算方式缺乏实测数据，且很难计算输出港外的泥沙量和沉积在港内的泥沙量。以榕江近 14 年(2006—2019 年)平均每年 31.93 万 t 的输沙量，按其中有 78.3% 在河口及港内沉积来算，为 25 万 t；梅溪河近 14 年(2006—2019 年)输沙量按占潮安站的 12% 来计算，平均每年 28.72 万 t 输沙量；按其中有 78.3% 在河口及港内沉积来算，为 22.48 万 t，以及港外来沙平均每年 51.3 万 t，以上 3 种泥沙来源合计每年输入汕头港的泥沙为 98.78 万 t，折合 82.33 万 m^3。若按 7824 万 m^3 的水体容积计算，95 年左右牛田洋和珠池至泥湾段的浅滩将会淤满，但仍会保留 5 m 深槽，牛田洋变成“牛田河”。假如两个宽阔段的浅滩被淤满，港内的纳潮量将减少 3/4，汕头港就很难维持其航深。

6.2.3 河口底栖生物特征

6.2.3.1 大型底栖动物

河口生态系统共采集到大型底栖动物 61 种，包括环节动物、软体动物、节肢动物、脊索动物、棘皮动物、星虫动物和刺胞动物 7 个门类。其中环节动物和软体动物出现的种类数量最多，均出现 22 种，在底栖动物种类组成中占优势，均占比 36.07%，是最主要的大型底栖动物类群；节肢动物出现 12 种，占总种类数的 19.67%；脊索动物有 2 种，占总种类数的 3.28%；棘皮动物、刺胞动物和星虫动物出现最少，各 1 种，均占总种类数的 1.64%。

河口生态研究区大型底栖动物平均栖息密度为 217.4 个/m^2，其中榕江内栖息密度最高为 1523.3 个/m^2，濠江口外海滨栖息密度最低为 20 个/m^2，各河流平均栖息密度为 375.33 个/m^2，河口外海滨平均栖息密度为 59.5 个/m^2。总体上看，生物栖息密度河口外要大于口外海滨，仅莲阳河口外海滨处相反，推测该处由于南澳岛和南澳大桥的障壁作用使得水环境较为平静，在后江水道的作用下，水质交换较快，食物来源丰富，所以该处生物量较多。在本次调查中还发现一个特殊区域，为梅溪河口处(梅溪河与榕江交汇处)，该处生物种类仅两种，栖息密度却极高，为 2849.9 个/m^2，但该处生物多样性最低。榕江内栖息密度若除去此区域，则栖息密度仅为 196.6 个/m^2，此时各河流平均栖息密度为 110 个/m^2。具体数据如表 6-25 所示。

表 6-25 河口生态研究区大型底栖动物数据

地点	莲阳河口	莲阳河口外海滨	外砂河口	外砂河口外海滨	榕江口	榕江口外海滨	濠江口	濠江口外海滨	练江口	练江口外海滨	平均值	河流平均值	口外海滨平均值
栖息密度/（个/m^2）	75	143.33	168.33	46.67	1523.3	64.17	48.33	20	61.67	23.33	217.4	375.33	59.5
生物量/（g/m^2）	6.5	23.24	7.48	3.79	77.4	10.82	18.82	67.12	8.16	1.79	22.51	23.67	21.35
丰富度指数	1.143	1.840	1.679	1.233	0.621	1.310	1.613	1.154	0.691	1.658	1.294	1.149	1.439
多样性指数	1.425	1.993	1.619	1.467	0.454	1.642	1.786	1.561	0.874	1.946	1.459	1.232	1.687

河口生态研究区平均生物量为22.51 g/m^2，其中榕江口生物量最高为77.4 g/m^2，其次为濠江口外海滨，生物量为67.12 g/m^2，练江口外海滨生物量最低为1.79 g/m^2，各河流平均生物量为23.67 g/m^2，河口外海滨平均生物量为21.35 g/m^2，榕江内生物量若除去梅溪河口区域，则生物量仅为27.08 g/m^2，此时各河流平均生物量为13.6 g/m^2。总体来看，生物量与栖息密度成正比，但濠江口外海滨却成反比，栖息密度最低，生物量却是第二高值，这与生物类型有很大的关系，该处生物以软体动物和脊索动物为主，可能与此处围建港口水动力变缓且产生低盐区有关。

河口生态研究区大型底栖动物丰富度指数平均值为1.294，最高值在莲阳河口外海滨，低值主要在榕江和练江等污染严重地区，生物种类极少，甚至在练江口其中一个站位中仅采集到1种生物，为红肉河篮蛤，该生物在梅溪入榕江口处更为丰富，说明该生物在污染严重区仍能大量繁殖。在生物多样性指数中，莲阳河口外海滨指数最高，最低为榕江口，在梅溪入榕江口处，多样性指数仅为0.01，说明该处虽然生物数量最多但生物种类数最少。

在各类群生物的组成中，软体动物门占据绝对优势，栖息密度达6609.4 个/m^2，占总平均丰度的90.67%；次为环节动物门，栖息密度为353.3 个/m^2，占总平均丰度的4.85%；节肢动物门栖息密度为216.65 个/m^2，占总平均丰度的2.97%；棘皮动物门栖息密度为3.33 个/m^2，占总平均丰度的0.05%；脊索动物门栖息密度为13.32 个/m^2，占总平均丰度的0.18%；刺胞动物门栖息密度为10 个/m^2，占总平均丰度的0.14%；星虫动物门栖息密度为83.33 个/m^2，占总平均丰度的1.14%。

平均生物量以软体动物为最高，为385.76 g/m^2，占总平均生物量的68.98%；次为节肢动物门，为84.3 g/m^2，占总平均生物量的15.07%；脊索动物门为34.04 g/m^2，占总平均生物量的6.09%；环节动物门为18.53 g/m^2，占总平均生物量的3.31%；棘皮动物门为6.86 g/m^2，占总平均生物量的1.23%；刺胞动物门为10.53 g/m^2，占总平均生物量的1.88%；星虫动物门为19.2 g/m^2，占总平均生物量的3.43%。

通过对大型底栖动物丰度大于10 个/m^2的种名录进行统计，由表6-26可以看出，在不同河流区域优势种组成有所不同。河口区以红肉河篮蛤、纵肋织纹螺、蟹守螺、颤蚓科、不倒翁虫、细螯虾、绒毛细足蟹等为主；河口外海滨以沙蚕类、古明志圆蛤、日本卵蛤、角海蛹、杓形小囊蛤、蛇尾、海葵等为主。

表 6-26　河口大型底栖动物名录

站位	优势种							
莲阳河口	红肉河篮蛤	纵肋织纹螺	蟹守螺	颤蚓科				
莲阳河口外海滨	杓形小囊蛤	古明志圆蛤	日本卵蛤					
外砂河	红肉河篮蛤	小健足虫	拟特须虫	长吻沙蚕	红明樱蛤	角海蛹	斧文蛤	竹蛏
外砂河口外海滨	双齿围沙蚕	角海蛹						
榕江口	绒毛细足蟹	红肉河篮蛤	不倒翁虫	细螯虾				
榕江口外海滨	副矛似水丝蚓	古明志圆蛤	杓形小囊蛤	长吻沙蚕	无指蚕科	角海蛹	蛇尾	海葵
濠江口	双齿近相手蟹	双齿围沙蚕	长吻沙蚕	藤壶				
濠江口外海滨	双齿围沙蚕							
练江口	红肉河篮蛤	彩虹明樱蛤						
练江口外海滨								

6.2.3.2　小型底栖动物

河口研究区小型底栖动物共鉴定出 5 个生物类群。其中海洋线虫为丰度和生物量的优势类群，占比 88.06%，其他类群包括桡足类(6.28%)、多毛类(5.21%)、节肢类和双壳类。其中海洋线虫在所有站位均有分布，桡足类和多毛类在绝大多数站位有分布，节肢类和双壳类只分别在榕江口和濠江口有分布。

小型底栖动物丰度每 10 cm^2 的平均值为 237 个，最高值为 670 个，最低值为 73 个，变化范围为 324 个。本次调查共有 7 个站位，在榕江口 1 个站位(HK10)和练江口的站位中没有出现桡足类，而在其他站位均有出现。总体看来，桡足类类群在各站位间的分布差别不大。除没有观察到桡足类存在的站位之外，其他所有站位均表现为清洁状态，属于清洁级别。无站位表现污染状态，如表 6-27 所示。

表 6-27　河口小型底栖动物每 10 cm^2 线虫、桡足类个数及其比值

	莲阳河口	外砂河口	榕江口			濠江口	练江口
	HK01	HK05	HK08	HK10	HK15	HK17	HK20
线虫/个	130	206	670	127	312	224	73
桡足类/个	3	9	27	0	12	73	0
线虫/桡足类	43	23	25	—	26	3	—

6.2.4　河口水文连通性

通过资料收集及遥感调查，韩江的 5 条支流分别建有梅溪、下埔(新津河)、外砂、莲阳、东里(义丰溪)5 座桥闸，桥闸位置如图 6-24 所示。

韩江 5 条分支河流，均建有桥闸，主要作用为御咸蓄淡、控制水流、调节泄洪等，每个桥闸在边侧均有 5~10 m 过鱼通道，在洪季需要泄洪时，所有桥闸均开放，平均每年 2~3 次，桥闸对环境造成的影响主要有以下几个方面。

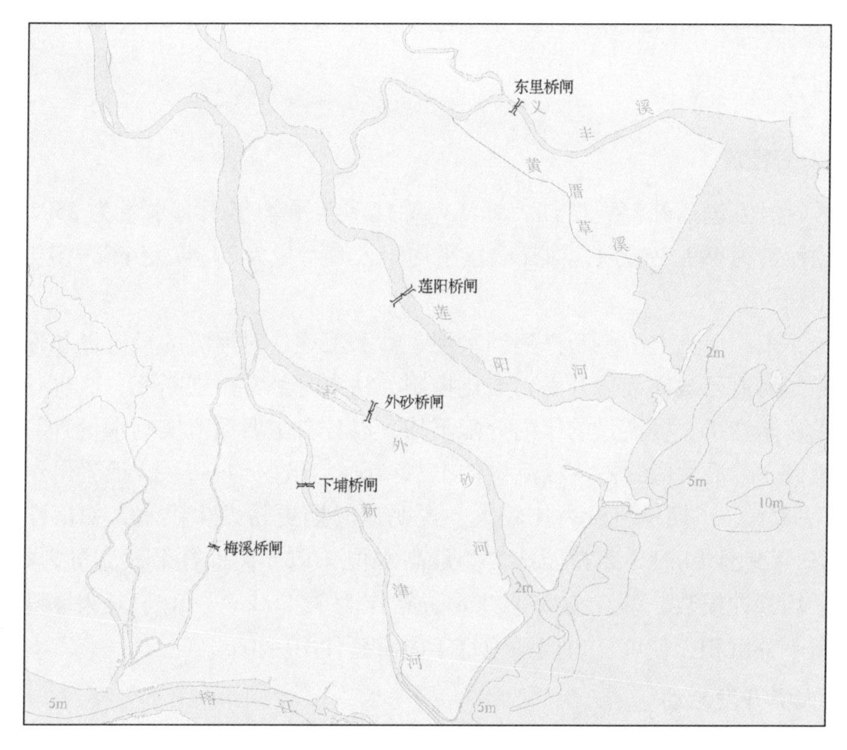

图6-24 研究区各河流桥闸位置示意

(1)对水文形势的影响。桥闸会改变河流的水文特征，使上游水流流速减缓、水流停滞，从而水深增加，水体自净能力减弱。同时水深随深度发生变化，水文也随着改变，导致溶解氧含量降低，对水生生物造成影响，鱼类生存繁殖环境发生变化，而且河床水位增加可能会导致周围区域地下水水位升高，使得地下水环境改变。

(2)对泥沙淤积的影响。桥闸的建设会改变库区和下游河道泥沙的输移和沉积模式。

(3)对水温结构、水质产生影响。河流水深和流速的变化，会使水温层变化规律发生改变；对水体水质产生影响，水体在经过长距离的输送或一定时间的储存后，都会使富氧过程充分，从而丰富了水体潜在的环境容量资源，但当水流缓慢时，污染物不易扩散，由于大量水体长期局地聚集，会使该地区地壳结构发生变化，容易诱发地震。

(4)对土壤环境的影响。桥闸可以通过疏通水道，筑堤建库等措施，保护两岸农田免受淹没冲刷等灾害，这样可以调节地表径流补充土壤水分，从而改善土壤的养分状况。同时也使下游地区的淤泥肥源减少，土壤肥力下降。

(5)对水生生物的影响。鱼类等水生生物特别是洄游性鱼类的生活习性会受桥闸影响，其生存环境、觅食环境和产卵环境均会发生变化。

(6)桥闸使海水上溯停止，河闸上游盐度为0.05~0.07，河闸下游盐度为3~5，上游地下水盐度更低，说明桥闸已经改变了地区地下水的盐度分布。

榕江和练江几乎每年都会进行航道疏浚工程，练江一般在口门处进行，榕江淤积严重，在汕头港和口门外均进行河道清淤工作，施工方式为清淤船开挖河道，然后将淤泥

运移至广澳岬角 3~5 km 处的抛泥区、倾倒区，开挖深度一般在 1~2 m，港口处较深。

6.2.5 河口生态压力

6.2.5.1 入海径流

研究区内河流包括韩江、榕江、练江。韩江多年平均年入海水量为 250.95 亿 m^3，多年平均输沙量为 499.39 万 t；榕江多年平均年入海水量为 27.47 亿 m^3，多年平均输沙量为 47.6 万 t。

近几十年来，河流上游不断修建挡水坝、蓄水工程，对河流的径流量和输沙量产生了较大影响，河流已被梯级化开发，渠化控制，枯水时经常出现断流，这也导致年径流量、输沙量逐渐变小。径流量的年内分配不均，以各自主要河流实测水量计算，多年平均月径流量(6 月)最大值约占年径流量的 17%~26%，汛期(4—9 月)径流量约占全年径流量的 75%~85%，汛期径流量占比较大，说明该时期更易发生洪水，如榕江最大洪水发生于 1970 年 9 月 14 日，东桥园站实测最高水位 9.92 m，推算最大流量为4 830 m^3/s。根据多年平均侵蚀模数，韩江为 250 t/km^2，榕江为 324 t/km^2。由于河床坡度较缓，上游泥沙大量下移沉积，使韩江口门平均每年向海延伸 10~20 m。

6.2.5.2 人类开发活动

1)海水养殖

海水养殖对河口区产生的影响主要是海水的污染和养殖废弃物的污染。养殖区水体相对平静，饵料及排泄物导致海水富营养化严重，有机质增加，药物和有机肥的不合理使用，会造成重金属含量超标，抗生素污染等；养殖废弃物的随意丢弃，如养殖泡沫、木棍及塑料垃圾等。

2)堤坝情况

研究区内河口生态系统中，建设的堤坝基本上布满了海岸线及河岸线，河流两侧基本上以堤坝和道路为主，完全固定了河流的走向。海岸堤坝由北至南，主要分布在澄海区六合围、龙湖区东海岸、濠江区广澳码头以及广澳湾、海门湾部分港口码头，或局部景观开发处，建设堤坝总长度为 49.66 km，海港码头长度为 40.15 km；防波堤多位于港口水域外围，有的防波堤内侧也兼码头；防潮堤总长度为 30.02 km，主要位于东海岸大道和南澳岛钓鱼之源南部一段；养殖海堤总长度为 12.88 km，大段养殖海堤多分布于莲阳河口至义丰溪河口。

6.2.6 河口生态系统评估

河口生态状况评估从河口滨海湿地、河口生境等方面进行，首先选取参照系，参照系按以下方式选取和使用：①收集研究区域的历史资料，包括常规监测、专项调查、学术研究等获得的生态系统数据作为参照系；②评价年基准值(背景值)原则上应选择所在海域或具有可比性的邻近区域 3 年或 5 年内的监测资料平均值；③对于海洋生物生态背景值，应选择同一季节本底数据；④对于水质和水文背景值选择同水期(枯水期、丰水期、平水期)的数据。在历史数据不足的情况下，可选择合适的文献值。

6.2.6.1　河口滨海湿地评估

以滨海湿地面积作为评价指标进行评价，通过[2019年数值/基准年(2015年)数值]×100%，得出各河口滨海湿地的面积百分比 W_t(表6-28)。

表6-28　研究区各河口滨海湿地面积百分比

湿地面积	莲阳河口	外砂河口	榕江口	濠江口	练江口
面积百分比 W_t/%	103.8	82.6	87.1	94.4	96.5

若 $W_t \geq 100\%$，表示滨海湿地面积未受损，W_t越大，表明湿地面积状况越好；W_t小于100%，表示湿地面积受损。可以看出，仅在莲阳河口处滨海湿地面积增加，其他地区均减小，莲阳河口增加的原因为在河口处形成沙嘴，且人工种植红树林，从而使湿地面积状况逐渐变好；外砂河口、榕江口因为在东海岸处填海造陆，导致2m、5m等深线向岸靠近，浅海水域面积减小，湿地面积受损；濠江口、练江口由于在河口处修建港口码头，浅海水域面积减小，导致湿地面积受损。

6.2.6.2　河口生境评估

表6-29中，E_I为2021年 E 值/2020年基准年 E 值，盐度比 S_A为2021年 S_A值/2020年基准年 S_A值。

表6-29　2020年河口生境水质质量数据（评价年数据）

地点	莲阳河口	莲阳河口外海滨	外砂河口	外砂河口外海滨	榕江口	榕江口外海滨	濠江口	濠江口外海滨	练江口	练江口外海滨
化学需氧量	8.3	1.22	11.8	1.14	17.3	0.32	17.3	—	26.7	0.41
无机氮	0.954	0.076	1.087	0.049	1.945	0.091	1.994	—	3.129	0.1682
活性磷酸盐	—	0.001	—	0.003	—	0.004	—	—	—	0.0121
2020年 E 值	—	0.021	—	0.037	—	0.026	—	—	—	0.185
2021年 E 值	6.38	1.07	5.54	0.45	35.23	1.91	1.09	0.06	49.64	0.01
E_I	—	50	—	12	—	73	—	—	—	0.05
铜	0.003	0.0029	0.002	0.0014	0.003	0.002	—	—	0.002	—
镉	0.00005	0.00007	0.00002	0.00023	0.00005	0.00018	—	—	0.00002	—
铅	0.001	0.00051	0.00004	0.00039	0.001	0.00091	—	—	0.00004	—
锌	0.002	0.028	0.002	0.0326	0.008	0.0294	—	—	0.001	—
铬	0.002	ND	0.002	ND	0.002	ND	—	—	0.002	—
汞	0.00002	0.000024	0.00002	0.000026	0.00002	0.000025	—	—	0.00002	—
砷	0.0010	0.0012	0.0009	0.0013	0.0018	0.0014	—	—	0.0016	—
2020年盐度	3.2	33.4	2.3	33.3	8.5	33.7	9.3	32.4	4.0	33.7
S_A	0.81	0.94	4.96	1.03	2.11	0.99	3.05	0.90	4.43	1.01

注：除盐度外，其他的计量单位为mg/L，ND表示未检出，—表示目前没有数据。

结果显示，2021 年外砂河口外海滨、濠江口外海滨、练江口外海滨 E 值小于 1，说明水体未富营养化，其他地区 E 值均大于 1，说明均为富营养化。从河口生境水体富营养化指标受损程度可以看出，练江口、榕江口为严重受损，莲阳河口、外砂河口为中度受损，濠江口及各河口口外海滨为轻度受损。

在海水盐度评估中，S_A大于 1 的地区有外砂河口、外砂河口外海滨、榕江口、濠江口、练江口、练江口外海滨，其中S_A大于1 且 2020 年盐度大于 28 的为外砂河口外海滨、练江口外海滨，均属于轻度受损状态。其余地区 S_A小于 1，盐度有所降低，莲阳河口的 S_A值最小，说明莲阳河口生境盐度状况最好。

在海水重金属评估中，铅、铬、镉、汞、砷这 5 种污染物在 2020 年度均在检出限以下，不做评估，铜均未超过一类海水水质标准，故也不做评估；锌元素按(2021 年数值/2020 年基准年数值）×100% 得出，比值大于 1 的地区为莲阳河口、莲阳河口外海滨、外砂河口、榕江口、练江口，但其浓度均未超出《海水水质标准》(GB 3097—1997)中的第二类标准，表示海水均未受损；比值小于 1 的为外砂河口外海滨、榕江口外海滨，且浓度未达到一类海水水质标准，表示海水质量趋好；濠江口、濠江口外海滨、练江口外海滨未搜集到评价年数据，故未评价。

河口生境综合受损情况，练江口、榕江口为严重受损，莲阳河口、外砂河口为中度受损，濠江口及各河口口外海滨为轻度受损。

6.2.6.3 综合评估

根据河口生态系统实际情况，选择河口滨海湿地、河口生境、河口生物生态、河口水文连通性等单项评估指标中的全部或部分指标进行河口生态系统受损综合评估，若其中任意一个评估指标处于受损状态，则确定河口生态系统评估结果为受损，其综合受损等级以多个评估指标中受损等级最高的确定。

根据前述评估结果，研究区内各河口生态系统综合评估结果为，练江口、榕江口为严重受损，莲阳河口、外砂河口为中度受损，濠江口及各河口口外海滨为轻度受损。

6.3 砂质海岸生态系统

6.3.1 砂质海岸生态系统现状

砂质海岸是韩江三角洲分布面积最广的自然海岸之一，前些年由于部分人工岸线的扩张，部分砂质岸线被取代，因此韩江三角洲砂质海岸逐年递减，近些年国家加强生态环境保护，根据遥感解译统计，2021 年韩江三角洲砂质海岸长度为 104.96 km。汕头区域主要海湾(包括海门湾、广澳湾、莲阳河口、南澳诸湾)砂质海岸共计 42.43 km，以环带状、条带状、零星状分布于海湾与河口扩展区域，其中海门湾砂质海岸长度为 13.9 km，占比 32.76%；广澳湾砂质海岸长度为 12.5 km，占比 29.46%；莲阳河口砂质海岸长度为 7.22 km，占比 17.02%；南澳诸湾砂质海岸长度为 8.81 km，占比 20.76%（表 6-30）。海门湾与广澳湾呈宽 50~200 m 的环带状展布；莲阳河北部以障壁岛形式展布、南部呈条带状展布；南澳诸湾被岩石岬角相隔呈零星状展布。

表6-30　韩江三角洲汕头区域主要海湾砂质海岸分类统计表

地点	长度/km	占比/%	分布状况
海门湾	13.9	32.76	呈环带状展布
广澳湾	12.5	29.46	呈环带状展布
莲阳河口	7.22	17.02	以障壁岛或条带状形式展布
南澳诸湾	8.81	20.76	呈零星状展布
总计	42.43	100	分布于海湾与河口扩展区域

6.3.2　海滩基本特征

6.3.2.1　海滩资源禀赋特征

海滩资源禀赋内容包括干滩宽度、潮间带宽度、潮间带坡度、沉积物类型、沉积物分选度和海滩地貌特征。本次海滩资源禀赋按照研究区内海滩分布特征进行逐个分析描述，通过逐个分析评估，再整合成一个整体，最后对研究区内海滩资源禀赋进行整体评价。

1）海门湾海滩

海门湾位于汕头市潮阳区东南部、潮阳县与惠来县东部交界处，练江出海口。湾口朝南，南起潮阳区海门角，北至潮南区旗尾，口宽12.5km，纵深10.4km，岸线长24.5km；其中砂质岸线长13.9km，占比56.73%，其他为基岩岸线和人工岸线。

根据岸滩剖面监测结果显示：海门湾海滩干滩宽度最小值为13.61m，最大值为55.57m，平均干滩宽度为35.46m；潮间带宽度最小值为35.22m，最大值为81.94m，平均潮间带宽度为57.24m；潮间带坡度最小值为1.33°，最大值为3.95°，平均潮间带坡度为2.48°；整体近于水平。沉积物类型有细砂、含砾细砂、中砂和粗砂，主要以中、细砂为主，沉积物整体分选性好，个别剖面如砾石出现导致分选较差。地貌上潮间带及其以上地形较陡，主要受人类活动影响较大；潮间带及其以下地形坡度较缓，受波浪和潮流的影响较大。总体呈上陡下缓的变化趋势，南山湾与塘边湾中部岸段发育滩肩与水下沙坝，无侵蚀陡坎；其余岸段既不发育滩肩与水下沙坝，也不发育侵蚀陡坎（表6-31）。

表6-31　海门湾资源禀赋特征一览

剖面	干滩宽度/m	潮间带宽度/m	潮间带坡度/(°)	沉积物类型	沉积物分选度	海滩地貌特征
PM401	28.88	60.93	1.54	细砂	好	发育滩肩与水下沙坝
PM402	46.61	55.63	1.82	含砾细砂	好	发育滩肩与水下沙坝
PM403	13.61	81.94	1.33	含砾细砂	好	不发育滩肩与水下沙坝
PM404	15.89	73.90	1.69	泥质细砂	好	不发育滩肩与水下沙坝
PM405	30.47	55.61	3.20	细砂	好	发育滩肩与水下沙坝
PM406	44.04	46.52	3.08	含砾细砂	好	发育滩肩与水下沙坝
PM407	51.15	51.37	2.54	细砂	好	发育滩肩与水下沙坝
PM408	55.57	76.85	2.18	粗砂	好	不发育滩肩与水下沙坝，发育有侵蚀陡坎

续表

剖面	干滩宽度/m	潮间带宽度/m	潮间带坡度/(°)	沉积物类型	沉积物分选度	海滩地貌特征
PM409	37.03	51.35	2.75	中砂	好	不发育滩肩与水下沙坝
PM410	46.53	51.03	2.94	细砂	好	不发育滩肩与水下沙坝
PM411	32.57	35.22	3.95	粗砂	好	不发育滩肩与水下沙坝
PM412	23.77	45.28	2.97	含砾粗砂	好	不发育滩肩与水下沙坝
PM413	34.93	58.47	2.27	细砂	好	不发育滩肩与水下沙坝

2)广澳湾海滩

广澳湾位于汕头市潮阳区东南部和濠江区东部，濠江出海口。湾口朝东南，北起马耳角，南至海门角。口宽12.1 km，纵深8.6 km，岸线长24.4 km，其中砂质岸线长12.5 km，占比51.23%，其他为基岩岸线和人工岸线。两端岬角为基岩岸线，其余为砂质岸线。从岸至海水深越来越深，沙底，以砂质岸线为主，人工岸线为辅，间有岩石滩。

广澳湾海滩干滩宽度最小值为18.42 m，最大值为74.45 m，平均干滩宽度为40.64 m；潮间带宽度最小值为34.03 m，最大值为153.30 m，平均潮间带宽度为74.50 m；潮间带坡度最小值为1.28°，最大值为4.30°，平均潮间带坡度为2.26°；整体近于水平。沉积物类型有细砂、中细砂、粗砂，主要以细砂为主，沉积物分选性好，仅部分岸段分布有粗砂沉积物，分选性较差，出现在波浪破碎带附近。地貌上潮间带及其以上地形较陡，主要受人类活动影响较大；潮间带及其以下地形坡度较缓，受波浪和潮流的影响较大。总体呈上陡下缓的变化趋势，发育滩肩，无水下沙坝，个别岸线有侵蚀陡坎发育(表6-32)。

表6-32　广澳湾资源禀赋特征一览

剖面	干滩宽度/m	潮间带宽度/m	潮间带坡度/(°)	沉积物类型	沉积物分选度	海滩地貌特征
PM301	47.65	47.85	1.85	细砂	差	发育滩肩，无水下沙坝
PM302	43.15	131.45	1.73	细砂	好	发育滩肩，无水下沙坝
PM303	28.75	101.65	2.87	细砂	差	发育滩肩，无水下沙坝
PM304	51.25	153.30	1.78	细砂	好	发育滩肩，无水下沙坝
PM305	74.45	110.70	1.28	细砂	好	发育滩肩，无水下沙坝
PM306	46.34	72.90	1.84	细砂	好	发育滩肩，无水下沙坝
PM307	33.15	39.55	2.57	细砂	差	发育滩肩，无水下沙坝
PM308	25.25	36.89	1.62	粗砂	差	发育滩肩，无水下沙坝
PM310	32.89	34.62	3.99	中细砂	差	发育滩肩，无水下沙坝
PM311	28.09	34.03	2.29	粗砂	差	发育滩肩，无水下沙坝
PM312	46.28	91.87	2.02	细砂	好	发育滩肩，无水下沙坝
PM313	18.42	39.19	4.30	粗砂	差	发育滩肩，无水下沙坝

3)莲阳河入海口海滩

莲阳河入海口海滩位于汕头市澄海区东部，莲阳河出海口。海滩方向近 NE—SW 向，海滩平直，分布于莲阳河出海口两侧。北侧海滩是由泥沙淤积形成的长条状沙陇，海滩长约 3.2 km，宽 300~500 m，水域面积约 1.8 km^2，水深在 5 m 以内；南侧海滩呈海湾型，湾口朝向东北，湾口宽 3.4 km，纵深 1.85 km，岸线长 4.8 km，水域面积5.3 km^2，水深在 5 m 以内。

莲阳河入海口海滩分为两部分，南侧海滩干滩宽度最小值为 29.46 m，最大值为 110.76 m，平均干滩宽度为 62.83 m；潮间带宽度最小值为 46.05 m，最大值为 108.05 m，平均潮间带宽度为 83.10 m；潮间带坡度最小值为 1.97°，最大值为 2.54°，平均潮间带坡度为 2.18°；整体近于水平。沉积物类型主要以细砂为主，出现在波浪破碎带附近，沉积物分选性好。发育滩肩和水下沙坝，局部发育少量侵蚀陡坎。北侧海滩干滩宽度最小值为 32.84 m，最大值为 73.95 m，平均干滩宽度为 44.19 m；潮间带宽度最小值为 50.79 m，最大值为 127.00 m，平均潮间带宽度为 77.99 m；潮间带坡度最小值为 1.64°，最大值为 3.01°，平均潮间带坡度为 2.23°；整体近于水平。沉积物类型有细砂和中细砂，主要以细砂为主，沉积物分选性好。地貌上潮间带及其以上地形较陡，主要受人类活动影响较大，靠近莱芜岛部分岸段有侵蚀现象，部分建筑物地基被侵蚀出露；潮间带及其以下地形坡度较缓，受波浪和潮流的影响较大。总体呈上陡下缓的变化趋势(表 6-33)。

表 6-33 莲阳河资源禀赋特征一览

海滩	剖面	干滩宽度/m	潮间带宽度/m	潮间带坡度/(°)	沉积物类型	沉积物分选度	海滩地貌特征
莲阳河北侧	PM101	36.01	60.48	1.64	中细砂	好	发育滩肩，无水下沙坝
	PM102	45.84	50.79	2.36	细砂	好	发育滩肩，无水下沙坝
	PM103	32.84	68.51	1.87	细砂	好	发育滩肩，无水下沙坝
	PM104	34.85	68.69	3.01	细砂	好	发育滩肩，无水下沙坝
	PM105	40.10	100.70	2.54	细砂	好	发育滩肩，无水下沙坝
	PM106	73.95	127.00	1.64	中细砂	好	发育滩肩，无水下沙坝
	PM107	45.75	69.75	2.57	细砂	好	发育滩肩，无水下沙坝
莲阳河南侧	PM108	67.91	46.05	1.98	细砂	好	发育滩肩和水下沙坝
	PM109	110.76	108.05	2.02	细砂	好	发育滩肩和水下沙坝
	PM110	44.42	91.45	1.97	细砂	好	发育滩肩和水下沙坝，发育少量侵蚀陡坎
	PM111	95.08	87.34	2.54	细砂	好	发育滩肩和水下沙坝
	PM112	61.70	83.26	2.22	细砂	好	发育滩肩和水下沙坝
	PM113	29.46	50.15	2.33	细砂	好	发育滩肩和水下沙坝

4）南澳诸湾海滩

（1）前江湾。

前江湾在南澳县南澳岛南部，后宅镇境内，属溺谷湾，湾口朝南，口宽8.1km，纵深1.1km。因在南澳岛南部，北与后江湾对应，故名。海湾呈半月形，水深3~8m，底部较平坦，底质为灰黑色细砂，含少量贝壳。湾顶有1.3km长沙滩。东部沿岸多礁，主要有东妈印礁、0礁、铁线礁、虾尾屿。有两小溪注入。属不正规半日潮，涨潮为西南流，流速为0.5kn；退潮为东北流，流速为0.8kn。

前江湾海滩干滩宽度最小值为16.36m，最大值为16.62m，平均干滩宽度为16.49m；潮间带宽度最小值为17.66m，最大值为18.70m，平均潮间带宽度为18.13m；潮间带坡度最小值为4.01°，最大值为5.36°，平均潮间带坡度为4.69°；整体近于水平。沉积物类型有细砂和含贝细砂，沉积物分选性好。地貌上潮间带及其以上地形较陡，主要受人类活动影响较大；潮间带及其以下地形坡度较缓，受波浪和潮流的影响较大。总体呈上陡下缓的变化趋势，发育滩肩，无水下沙坝，无明显的侵蚀陡坎。

（2）云澳湾。

云澳湾位于南澳县云澳镇内，湾口向南，口宽6.1km，纵深3.7km，海岸线长7.4km。海湾以海砂为主，局部散落小石头。沙滩总长5.7km，呈半月形，底部较平坦，底质为灰黑色土，含少量贝壳。

云澳湾海滩干滩宽度最小值为14.16m，最大值为30.82m，平均干滩宽度为20.03m；潮间带宽度最小值为21.59m，最大值为36.47m，平均潮间带宽度为30.45m；潮间带坡度最小值为3.20°，最大值为5.63°，平均潮间带坡度为4.56°；整体近于较缓。沉积物类型有细砂和中砂，主要以细砂为主，沉积物分选性好—中等。地貌上潮间带及其以上地形较陡，主要受人类活动影响较大；潮间带及其以下地形坡度较缓，受波浪和潮流的影响较大。总体呈上陡下缓的变化趋势，个别岸段发育滩肩，但是不发育水下沙坝，局部有侵蚀陡坎。

（3）青澳湾。

青澳湾位于南澳岛东面，北倚青松岭，呈弓形，口朝东南，口宽3.1km，腹宽1.4km，纵深2.6km，海岸线长3.4km，面积4.83km^2。海湾水深0~10m，沙泥底。东北沿岸为岩石滩，其余为砂质岸滩。湾底平坦宽阔。湾顶海滩上种有0.35km^{2}的成片木麻黄防风林带，主要防风、防沙土流失，坡度平缓，沙质洁净，一直延伸至水下百米以外，无礁石，无淤泥。

青澳湾海滩干滩宽度最小值为18.92m，最大值为22.57m，平均干滩宽度为20.56m；潮间带宽度最小值为57.71m，最大值为72.90m，平均潮间带宽度为66.13m；潮间带坡度最小值为2.00°，最大值为2.84°，平均潮间带坡度为2.51°；整体近于水平。沉积物类型有细砂、中砂和含砾细砂，主要以中、细砂为主，沉积物分选性好。地貌上潮间带及其以上地形较陡，主要受人类活动影响较大；潮间带及其以下地形坡度较缓，受波浪和潮流的影响较大。总体呈上陡下缓的变化趋势，发育滩肩与水下沙坝，无侵蚀陡坎（表6-34）。

表6-34　南澳诸湾资源禀赋特征一览

海滩	剖面	干滩宽度/m	潮间带宽度/m	潮间带坡度/(°)	沉积物类型	沉积物分选度	海滩地貌特征
前江湾	PM201	16.36	18.70	4.01	细砂	好	发育滩肩，无水下沙坝
	PM202	16.62	17.66	5.36	含贝细砂	好	发育滩肩，无水下沙坝
云澳湾	PM203	16.34	21.59	5.15	细砂	好	发育滩肩，无水下沙坝
	PM204	30.82	36.47	3.20	细砂	好	发育滩肩，无水下沙坝
	PM205	14.16	33.29	5.63	中砂	中等	不发育滩肩与水下沙坝
青澳湾	PM206	18.92	57.71	2.69	含砾细砂	好	发育滩肩与水下沙坝，无侵蚀陡坎
	PM207	22.57	67.95	2.84	中砂	好	发育滩肩与水下沙坝，无侵蚀陡坎
	PM208	20.18	72.90	2.00	细砂	好	不发育滩肩与水下沙坝

6.3.2.2　承灾能力特征

砂质海岸承灾能力调查包括岸线长度、向海开阔度、相对潮差和海岸侵蚀强度4个方面，韩江三角洲砂质海岸承载能力见表6-35。

表6-35　韩江三角洲砂质海岸承载能力一览

区域	岸线长度/km	向海开阔度	相对潮差/m	海岸侵蚀强度
海门湾	13.9	1.19	2.68	微侵蚀
广澳湾	12.5	1.11	2.34	稳定—微侵蚀
莲阳河北侧	3.71	1.11	2.12	稳定—淤积
莲阳河南侧	3.51	1.22	2.14	稳定—淤积
前江湾	0.92	1.15	2.18	淤积—侵蚀
云澳湾	5.42	1.14	2.24	侵蚀
青澳湾	2.47	1.34	2.72	淤积—稳定

1)海门湾海岸

海门湾砂质海岸长度为13.9km，向海开阔度为1.19，相对潮差为2.68m，年内岸线变化总体稳定，变化速率为-0.5~0.5。岸滩总体呈微侵蚀变化特征：在海门湾岬角两侧岸滩剖面呈稳定—淤积—上淤下侵的变化特征。在海门湾岬角附近海岸蚀淤特征稳定，到加路仔沙滩附近，海岸蚀淤特征呈上淤下侵的变化趋势，淤积厚度最大可达0.32m，侵蚀深度为-0.26~-0.1m，属于微侵蚀；在望前村岬角附近海岸处于淤积状态，淤积厚度达0.32m。海门湾中间位置即双隆沙滩到南阳船头之间，岸滩剖面呈上侵下淤—上淤下侵—稳定的变化趋势，侵蚀深度为-0.43~-0.25m，淤积厚度最高可达0.44m。整体上以中潮线为界，为侵蚀与淤积的分界线。

2）广澳湾海岸

广澳湾砂质岸线长度为12.5 km，向海开阔度为1.11，相对潮差为2.34 m，年内岸线变化基本为稳定—微侵蚀，但从收集到的历年监测数据发现，岸线总体向后蚀退，蚀退速率最高可达 -8 m/a，最为严重的为企望湾岸段。从监测数据来看，年内岸线变化特征总体呈侵蚀状态，其中侵蚀最严重的为中信黄金海岸岸段，年内下侵速率最大可达1.162 m/a。广澳湾由于受北侧岬角和新修建的防波堤影响，岬角内水动力较弱，南侧由于受北侧人工修建的防波堤的影响，原来的水动力平衡条件受到破坏，导致南侧海岸水动力变强，海岸侵蚀加剧，整体上南侧海岸下蚀速率大于北侧海岸。海湾内整条岸线和海滩都处于侵蚀状态。

3）莲阳河入海口海岸

莲阳河入海口海岸因被莲阳河隔开，分为北侧和南侧两个海岸。莲阳河北侧海岸砂质岸线长度为3.71 km，向海开阔度为1.11，相对潮差为2.12 m，年内岸线变化为稳定—淤积。从监测数据来看，年内岸线变化特征呈淤积状态，以中潮线为界，中潮线以上呈稳定—淤积状态，最大淤积厚度达1.0 m；中潮线以下呈侵蚀状态，最大侵蚀深度位于莲阳河口处，达 -1.53 m。

莲阳河南侧海岸砂质岸线长度为3.51 km，向海开阔度为1.22，相对潮差为2.14 m，年内岸线变化为稳定—淤积。从监测数据来看，年内岸线变化特征呈淤积状态，以中潮线为界，中潮线以上呈稳定—淤积状态，最大淤积厚度达0.27 m；中潮线以下呈侵蚀状态，最大侵蚀深度位于莲阳河口处，达 -0.52 m。

4）南澳诸湾海岸

（1）前江湾。

前江湾海岸砂质岸线长度为0.92 km，向海开阔度为1.15，相对潮差为2.18 m。由于海滩后方修建有石砌防波堤，起到阻止岸线进一步侵蚀后退的作用，保护了岸线，所以年内岸线变化稳定。但从监测数据来看，年内岸线变化特征呈淤积—侵蚀状态，西侧岸滩淤积，东侧岸滩侵蚀，以中潮线为界，中潮线以上呈侵蚀状态，最大侵蚀深度达 -0.64 m；中潮线以下呈淤积状态，最大淤积厚度达0.32 m。

（2）云澳湾。

云澳湾海岸砂质岸线长度为5.42 km，向海开阔度为1.14，相对潮差为2.24 m。岸线呈侵蚀状态发展，所以在海滩后方修建有石砌防波堤，阻止岸线进一步侵蚀后退，保护岸线后移。从监测数据来看，年内岸线变化特征呈侵蚀状态，以中潮线为界，中潮线以上呈侵蚀状态，最大侵蚀深度达 -0.86 m；中潮线以下呈淤积状态，最大淤积厚度达0.76 m，海滩宽度进一步缩减。

（3）青澳湾。

青澳湾海岸砂质岸线长度为2.47 km，向海开阔度为1.34，相对潮差为2.72 m。岸线呈淤积—稳定状态。从监测数据来看，年内岸线变化特征呈淤积—侵蚀状态，南侧岸滩淤积，北侧岸滩侵蚀，以中潮线为界，中潮线以上呈淤积状态，最大淤积厚度达0.77 m，中潮线以下呈侵蚀状态，最大侵蚀深度达 -0.35 m。

6.3.3　生物群落特征

6.3.3.1　海门湾海岸

本次调查海门湾砂质海岸底栖动物的总平均生物量为23.71 g/m^2，平均栖息密度为54.72个/m^2。生物量的组成软体动物占优势，其次为节肢动物。软体动物生物量为18.18 g/m^2，占总生物量的76.66%；节肢动物生物量为5.53 g/m^2，占总生物量的23.34%。栖息密度的组成也以软体动物为主，占总栖息密度的93.49%，其次为节肢动物，占比6.51%。本砂质海岸出现的生物种类少，只有2种，多样性指数、均匀性指数一般，说明本砂质海岸生态环境一般。

海门湾砂质海岸后滨植被总面积变化率总体保持不变或略有增长，变化率为1.2%；后滨植被盖度变化率为1.31%。

6.3.3.2　广澳湾海岸

本次调查广澳湾砂质海岸底栖动物的总平均生物量为17.12 g/m^2，平均栖息密度为62.40个/m^2。生物量的组成软体动物占优势，其次为节肢动物，占比最少的为环节动物。软体动物生物量为15.60 g/m^2，占总生物量的91.12%；节肢动物生物量为1.42 g/m^2，占总生物量的8.26%；环节动物生物量为0.11 g/m^2，占总生物量的0.62%。栖息密度的组成也以软体动物为主，占总栖息密度的94.87%，其次为节肢动物，占比3.59%，其余为环节动物，占比1.54%。本砂质海岸出现的生物种类少，只有3种，多样性指数、均匀性指数一般，说明本砂质海岸生态环境一般。

砂质海岸后滨植被总面积变化率总体保持不变或略有增长，变化率为1.33%；后滨植被盖度变化率为1.42%。

6.3.3.3　莲阳河口海岸

本次调查莲阳河口砂质海岸底栖动物的总平均生物量为543.76 g/m^2，平均栖息密度为110.08个/m^2。生物量的组成软体动物占优势，其次为节肢动物。软体动物生物量为543.48 g/m^2，占总生物量的99.95%；节肢动物生物量为0.27 g/m^2，占总生物量的0.05%。栖息密度的组成也以软体动物为主，占总栖息密度的96.51%，其次为节肢动物，占比3.49%。本砂质海岸出现的生物种类少，只有2种，多样性指数、均匀性指数一般，说明本砂质海岸生态环境一般。

砂质海岸后滨植被总面积变化率总体保持不变或略有增长，变化率为2.56%；后滨植被盖度变化率为3.16%。

6.3.3.4　云澳湾海岸

本次调查云澳湾砂质海岸底栖动物的总平均生物量为43.17 g/m^2，平均栖息密度为39.04个/m^2。生物量的组成软体动物占优势，其次为节肢动物。软体动物生物量为42.01 g/m^2，占总生物量的97.31%；节肢动物生物量为1.05 g/m^2，占总生物量的2.43%；环节动物生物量为0.11 g/m^2，占总生物量的0.26%。栖息密度的组成也以软体动物为主，占总栖息密度的84.03%，其次为节肢动物，占比15.13%，其余为环节动物，占比0.84%。本砂质海岸出现的生物种类丰富，多样性指数、均匀性指数较高，说明本砂质海岸生态环境良好。

砂质海岸后滨植被为人工种植林，总面积变化率、盖度变化率总体保持不变。前江湾和青澳湾由于砂质岸线受人类活动影响大，生态系统单一，故本次调查没有涉及底栖生物采集工作，在此不进行生物群落评估。

6.3.4 理化环境特征

6.3.4.1 海门湾近岸

海门湾近岸共布设3个断面，每个断面有3个采样点，共9个采样点。水质理化性质如下：溶解氧含量范围为3.27~4.33 mg/L，平均值为3.93 mg/L。总体溶解氧含量变化幅度小，起伏较平缓。从单因子水质分类来看，属于第三类至第四类水质。悬浮物含量范围为7.4~10.0 mg/L，平均值为8.39 mg/L，其中HM02-M采样点悬浮物含量最高，为10.0 mg/L。整体来看，各采样点之间悬浮物含量差距不大，起伏平缓，属于第一类至第二类水质(图6-25)。

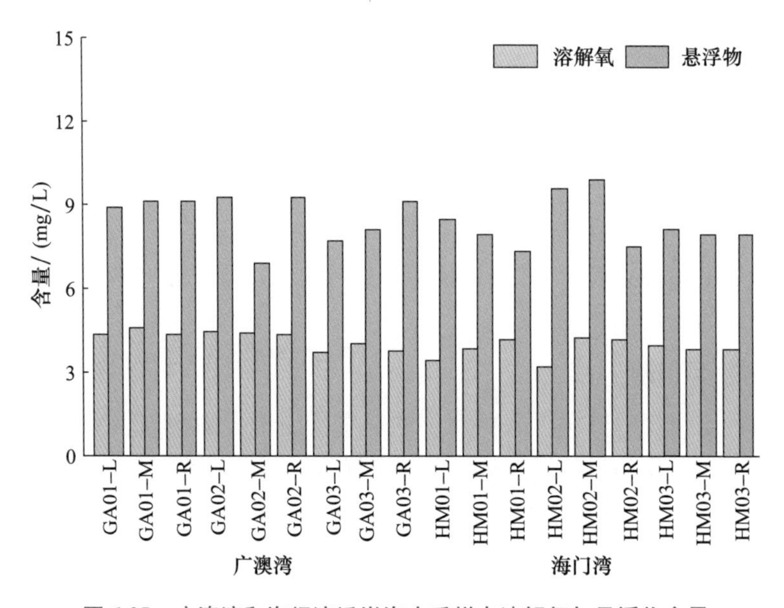

图6-25 广澳湾和海门湾近岸海水采样点溶解氧与悬浮物含量

粪大肠菌群数值范围为Nd~230个/L（Nd是指站位中检测值在检测限以下），平均值为119个/L，其中HM01-L和HM02-M采样点粪大肠菌群数值最高，为230个/L，HM02-R与HM03-L采样点粪大肠菌群数值在检测限以下，均小于2000个/L，属于第一类至第三类水质。整体来看，粪大肠菌群数值变化较大，起伏显著。水质油类含量范围为0.0265~0.342 mg/L，平均值为0.247 mg/L，HM01-L、HM02-L属于第四类水质，HM02-M、HM02-R属于第二类水质，其余均属于第三类水质。海门湾水质物理性质主要包括pH、密度、温度等基本特征，根据现场检测结果显示：海门湾近岸海水的pH值范围为7.5~7.7，平均值为7.65；海水密度为1.023~1.026 g/cm^3，平均值为1.025 g/cm^3；盐度为30.1~32.7(图6-26)。

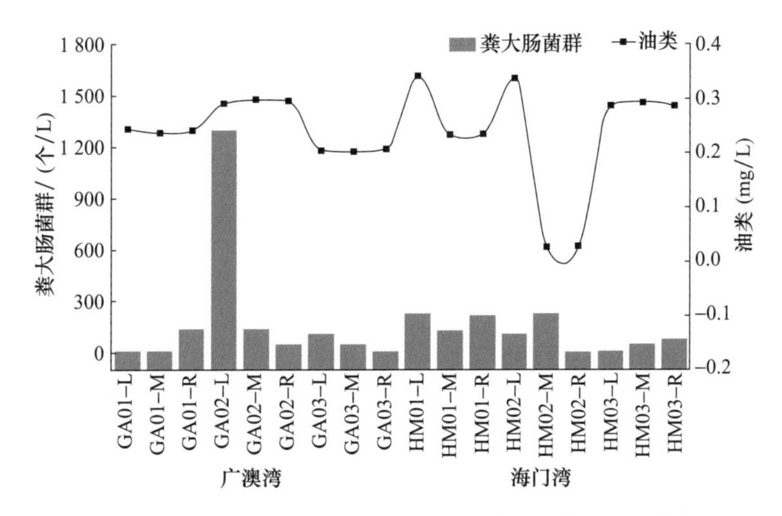

图 6-26 广澳湾和海门湾近岸海水采样点粪大肠菌群与油类含量

6.3.4.2 广澳湾近岸

广澳湾近岸共布设3个断面，每个断面有3个采样点，共9个采样点。水质理化性质如下：溶解氧含量范围为3.80~4.68 mg/L，平均值为4.30 mg/L。总体溶解氧含量变化幅度小，起伏较平缓，属于第二类至第四类水质。悬浮物含量范围为7.0~9.4 mg/L，平均值为8.71 mg/L，其中GA02−L与GA02−R采样点悬浮物含量最高，为9.4 mg/L，GA02−M采样点悬浮物含量最低，为7.0 mg/L。整体来看，各采样点之间悬浮物含量差距不大，起伏平缓，属于第一类至第二类水质(图6-25)。

粪大肠菌群数值范围为Nd~1 300个/L，平均值为202个/L，其中GA02−L采样点粪大肠菌群数值最高，为1 300个/L，GA01−L、GA01−M、GA03−R采样点粪大肠菌群数值在检测限以下，均小于2 000个/L，属于第一类至第三类水质。整体来看，粪大肠菌群数值变化较大，起伏显著；水质油类含量范围为0.202~0.298 mg/L，平均值为0.230 mg/L，属于第一类至第三类水质。广澳湾水质物理性质主要包括pH、密度、温度等基本特征，根据现场检测结果显示：广澳湾近岸海水的pH值范围为7.5~7.7，平均值为7.61；海水密度为1.016~1.025 g/cm^3，平均值为1.023 g/cm^3；盐度为28.1~31.8(图6-26)。

6.3.4.3 莲阳河入海口近岸

莲阳河入海口近岸共布设4个断面，每个断面有3个采样点，共12个采样点。水质理化性质如下：溶解氧含量范围为4.20~4.86 mg/L，平均值为4.51 mg/L。总体莲阳河溶解氧含量变化幅度小，起伏较平缓，属于第三类水质。悬浮物含量范围为7.4~11.4 mg/L，平均值为9.47 mg/L，其中LY03−R采样点悬浮物含量最高，为11.4 mg/L，LY02−R采样点悬浮物含量最低，为7.4 mg/L。整体来看，各采样点之间悬浮物含量差距不大，起伏较平缓，除LY01−M和LY03−R外均属于第一类至第二类水质(图6-27)。

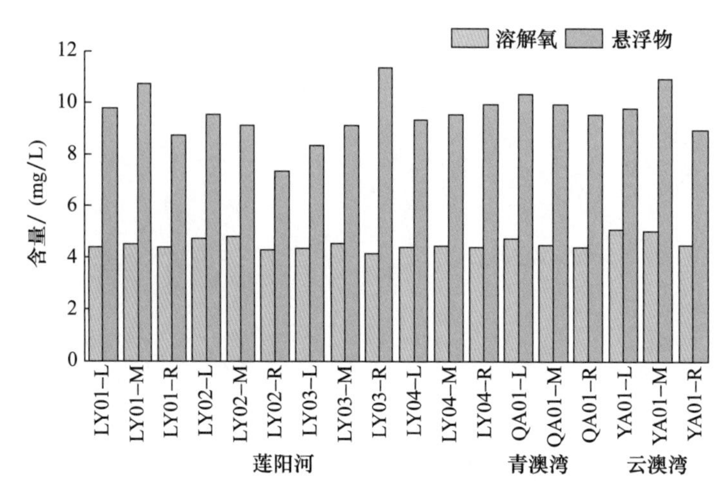

图 6-27　莲阳河入海口和南澳诸湾近岸海水采样点溶解氧与悬浮物含量

粪大肠菌群数值范围为 Nd~790 个/L，平均值为 169 个/L，其中LY02-M、LY04-R 采样点粪大肠菌群数值最高，为 790 个/L，LY 01-L、LY 02-L、LY 04-M 采样点粪大肠菌群数值在检测限以下，均小于 2 000 个/L，属于第一类至第三类水质。整体来看，粪大肠菌群数值变化较大，起伏显著；水质油类含量范围为 0. 036 2~0. 078 7 mg/L，平均值为 0. 052 2 mg/L，属于第一类至第三类水质。莲阳河水质物理性质主要包括 pH、密度、温度等基本特征，根据现场检测结果显示：莲阳河近岸海水的 pH 值范围为7. 7~7. 9，平均值为 7. 79；海水密度为 1. 022~1. 027 g/cm^3，平均值为1. 025 g/cm^3；盐度为 27. 5~34. 4（图 6-28）。

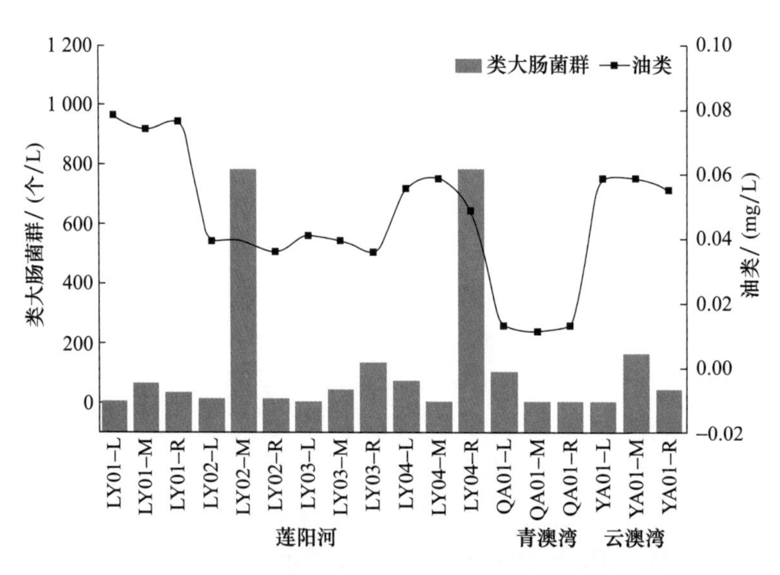

图 6-28　莲阳河入海口和南澳诸湾近岸海水采样点粪大肠菌群与油类含量

6.3.4.4　南澳诸湾近岸

南澳诸湾近岸共布设 2 个断面，每个断面有 3 个采样点，其中青澳湾和云澳湾各 1 个，共 6 个采样点。水质理化性质如下：溶解氧含量范围为 4.45~5.14 mg/L，青澳湾平均值为 4.61 mg/L，云澳湾平均值为 4.93 mg/L。总体溶解氧含量变化幅度小，起伏较平缓，属于第三类水质。悬浮物含量范围为 9.0~11.0 mg/L，青澳湾平均值为10.0 mg/L，云澳湾平均值为 9.93 mg/L，其中 YA01-M 采样点悬浮物含量最高，为 11.0 mg/L，YA01-R采样点悬浮物含量最低，为 9.0 mg/L。整体来看，各采样点之间悬浮物含量差距不大，起伏较平缓，除了 QA01-L、YA01-M，均属于第一类至第二类水质(图 6-27)。

粪大肠菌群数值范围为 Nd~170 个/L，青澳湾平均值为 43 个/L，云澳湾平均值为 77 个/L，其中 YA01-M 采样点粪大肠菌群数值最高，QA01-M、QA01-R、YA01-L 采样点粪大肠菌群数值在检测限以下，均小于 2 000 个/L，属于第一类至第三类水质。整体来看，粪大肠菌群数值变化较大，起伏显著；水质油类含量范围为 0.0117~0.0589 mg/L，青澳湾平均值为 0.0128 mg/L，云澳湾平均值为 0.0577 mg/L，属于第一类至第三类水质。水质物理性质主要包括 pH、密度、温度等基本特征，根据现场检测结果显示：青澳湾和云澳湾近岸海水的 pH 值范围为 7.7~7.9；海水密度为 1.021~1.024 g/cm^3；盐度为 29.6~34.6(图 6-28)。

6.3.5　砂质海岸生态系统各要素评估

砂质海岸生态状况综合评估主要从海滩资源禀赋、海滩承灾能力、生物群落和环境状况 4 个方面进行，目的是了解区域内各砂质海岸的生态系统状况，为下一步治理修复提出建设性意见。

6.3.5.1　海滩资源禀赋

1)评估方法及标准

一般用海滩资源状况指数来评估海滩资源禀赋，海滩资源状况指数的计算按式(6.3)求取

$$S_r = \frac{\sum_{i}^{6} R_i}{6} \tag{6.3}$$

式中，S_r为海滩资源状况指数；R_i为第 i 个海滩资源禀赋评估指标赋值。

当 $5 \leq S_r < 10$ 时，海滩资源禀赋一般；当 $10 \leq S_r < 25$ 时，海滩资源禀赋较好；当 $25 \leq S_r \leq 40$ 时，海滩资源禀赋好。

海滩资源禀赋评估指标包括干滩宽度、潮间带宽度、潮间带坡度、沉积物类型、沉积物分选度和海滩地貌特征 6 项，各指标的分级标准如表 6-36 所示。

表 6-36　海滩资源禀赋评估指标及分级标准

序号	指标	Ⅰ	Ⅱ	Ⅲ	Ⅳ	Ⅴ
1	干滩宽度/m	≥70	[40，70)	[20，40)	[10，20)	<10
2	潮间带宽度/m	≥150	[100，150)	[50，100)	[30，50)	<30

续表

序号	指标	Ⅰ	Ⅱ	Ⅲ	Ⅳ	Ⅴ
3	潮间带坡度/(°)	≤1/80	(1/80，1/50]	(1/50，1/30]	(1/30，1/20]	>1/20
4	沉积物类型	细砂	中细砂	中砂	粗砂	砾质
5	沉积物分选度	极好	好	中等	差	极差
6	海滩地貌特征	发育滩肩与水下沙坝，无侵蚀陡坎	—	发育滩肩，无水下沙坝	—	不发育滩肩与水下沙坝，有侵蚀陡坎
赋值		40	30	20	10	5

2)参数赋值及评估结果

根据本次实地调查数据和收集的资料，按照各指标的分级标准，对研究区内海滩资源状况进行了赋值，并计算了海滩资源状况指数 S_r，依据 S_r值得到了各海滩资源状况的评估结果(表6-37)。

表6-37　海滩资源禀赋参数赋值及评估结果

项目		干滩宽度	潮间带宽度	潮间带坡度	沉积物类型	沉积物分选度	海滩地貌特征	S_r 值	评价结果
海门湾	等级	Ⅲ	Ⅲ	Ⅴ	Ⅱ	Ⅱ	Ⅲ	20.83	较好
	赋值	20	20	5	30	30	20		
广澳湾	等级	Ⅱ	Ⅲ	Ⅴ	Ⅱ	Ⅱ	Ⅲ	22.50	较好
	赋值	30	20	5	30	30	20		
莲阳河入海口南侧	等级	Ⅱ	Ⅱ	Ⅲ	Ⅰ	Ⅱ	Ⅰ	31.67	好
	赋值	30	30	20	40	30	40		
莲阳河入海口北侧	等级	Ⅱ	Ⅱ	Ⅳ	Ⅱ	Ⅱ	Ⅳ	23.33	较好
	赋值	30	30	10	30	30	10		
前江湾	等级	Ⅳ	Ⅳ	Ⅴ	Ⅰ	Ⅰ	Ⅰ	24.17	较好
	赋值	10	10	5	40	40	40		
云澳湾	等级	Ⅲ	Ⅳ	Ⅴ	Ⅲ	Ⅳ	Ⅳ	13.00	较好
	赋值	20	10	5	20	13	10		
青澳湾	等级	Ⅲ	Ⅲ	Ⅴ	Ⅱ	Ⅱ	Ⅰ	24.17	较好
	赋值	20	20	5	30	30	40		

6.3.5.2　海滩承灾能力

1)评估方法及标准

海滩承灾能力指标包括岸线长度、向海开阔度、相对潮差和海岸侵蚀强度4项，各指标的分级标准如表6-38所示。

表 6-38　海滩承灾能力评估指标及分级标准

序号	指标	Ⅰ	Ⅱ	Ⅲ	Ⅳ	Ⅴ
1	岸线长度/km	>3.0	(2.0，3.0]	(1.0，2.0]	(0.5，1.0]	≤0.5
2	向海开阔度	≥1.5	/	[1.3，1.5)	/	[1，1.3)
3	相对潮差	≥6.0	/	[3.0，6.0)	/	<3.0
4	海岸侵蚀强度（海岸稳定性）	淤积/稳定	微侵蚀	侵蚀	强侵蚀	严重侵蚀
赋值		40	30	20	10	5

海滩承灾能力状况指数反映了海滩的承灾能力，按式(6.4)计算

$$S_d = \frac{\sum_{i}^{4} D_i}{4} \tag{6.4}$$

式中，S_d为海滩承灾能力状况指数；D_i为第 i 个海滩承灾能力评估指标赋值。

当$5 \leq S_d < 10$时，海滩承灾能力弱；当$10 \leq S_d < 25$时，海滩承灾能力一般；当$25 \leq S_d \leq 40$时，海滩承灾能力强。

2)参数赋值及评估结果

根据本次实地调查数据和收集的资料，按照各指标的分级标准，对研究区内砂质海滩承灾能力进行了赋值，并计算了海滩承灾能力状况指数 S_d，依据 S_d值得到了各海滩承灾能力的评估结果(表6-39)。

表 6-39　各海滩承灾能力参数赋值及评估结果

指标		岸线长度	向海开阔度	相对潮差	海岸侵蚀强度（海岸稳定性）	S_d值	评价结果
海门湾	等级	Ⅰ	Ⅰ	Ⅴ	Ⅰ	31.25	强
	赋值	40	40	5	40		
广澳湾	等级	Ⅰ	Ⅰ	Ⅴ	Ⅴ	22.50	一般
	赋值	40	40	5	5		
莲阳河入海口南侧	等级	Ⅰ	Ⅲ	Ⅴ	Ⅰ	26.25	强
	赋值	40	20	5	40		
莲阳河入海口北侧	等级	Ⅰ	Ⅴ	Ⅴ	Ⅰ	22.50	一般
	赋值	40	5	5	40		
前江湾	等级	Ⅰ	Ⅲ	Ⅴ	Ⅰ	26.25	强
	赋值	40	20	5	40		
云澳湾	等级	Ⅰ	Ⅴ	Ⅴ	Ⅲ	17.50	一般
	赋值	40	5	5	20		
青澳湾	等级	Ⅱ	Ⅰ	Ⅴ	Ⅰ	28.75	强
	赋值	30	40	5	40		

6.3.5.3 生物群落

1)评估方法及标准

生物群落评估从潮间带底栖生物量变化率、后滨植被总面积变化率和后滨植被盖度变化率3个方面进行，目的是了解研究区内生物群落受损程度。具体生物群落评估指标计算方法如下：

(1)潮间带底栖生物量变化率。

潮间带底栖生物量指标值按式(6.5)计算

$$\overline{T}=\frac{\sum_{i}^{N}T_i}{N} \tag{6.5}$$

式中，$\overline{T}$为潮间带底栖生物量监测平均值；T_i为第i个样方数值；N为评价区域样方总数。

指标赋值按式(6.6)计算

$$B_1=\frac{T_0-\overline{T}}{T_0}\times 100\% \tag{6.6}$$

式中，B_1为潮间带底栖生物量变化率；$\overline{T}$为潮间带底栖生物量监测平均值；T_0为参照系数据或基准值数据。

(2)后滨植被总面积变化率。

后滨植被总面积变化率按式(6.7)计算

$$B_2=\frac{A_0-A}{A_0}\times 100\% \tag{6.7}$$

式中，B_2为后滨植被总面积变化率；A为后滨植被总面积实测值；A_0为参照系数据或基准值数据。

(3)后滨植被盖度变化率。

后滨植被盖度变化率按式(6.8)计算

$$B_3=\frac{C_0-C}{C_0}\times 100\% \tag{6.8}$$

式中，B_3为后滨植被盖度变化率；C为后滨植被盖度实测值；C_0为参照系数据或基准值数据。

生物群落状况指数按式(6.9)计算

$$B=\frac{\sum_{i}^{3}B_i}{3} \tag{6.9}$$

式中，B为生物群落状况指数；B_i为第i个生物群落评估指标赋值。

当$2\leqslant B<5$时，生物群落为严重受损；当$5\leqslant B<7$时，生物群落为受损；当$7\leqslant B\leqslant 10$时，生物群落为稳定。

2)参数赋值及评价结果

生物群落状况参数赋值及评价结果如表6-40所示。

前江湾、烟墩湾、九溪澳湾和青澳湾由于砂质岸线受人类活动影响大，生态系统单一，故本次调查没有涉及底栖生物采集工作，在此不对其进行生物群落评估。

表6-40　生物群落状况参数赋值及评估结果

指标		潮间带底栖生物量变化率	后滨植被总面积变化率	后滨植被盖度变化率	B值	评价结果
海门湾	等级	Ⅴ	Ⅲ	Ⅲ	4.67	严重受损
	赋值	2	6	6		
广澳湾	等级	Ⅴ	Ⅲ	Ⅲ	4.67	严重受损
	赋值	2	6	6		
莲阳河口	等级	Ⅴ	Ⅲ	Ⅲ	4.67	严重受损
	赋值	2	6	6		
云澳湾	等级	Ⅱ	Ⅲ	Ⅲ	6.67	受损
	赋值	8	6	6		

6.3.5.4　环境状况

1)评估方法及标准

环境状况评估从溶解氧、悬浮物、粪大肠菌群、油类4个方面进行，先进行每个指标的单因子评估，确定属于第几类水质，每个方面的最低水质代表海岸的环境状况指数E值。环境状况要素评估指标赋值标准如表6-41所示。

表6-41　环境状况要素评估指标赋值标准

序号	指标	Ⅰ	Ⅱ	Ⅲ
1	近岸海水水质等级	第一类	第二类至第三类	第四类
2	赋值	10	6	2

2)参数赋值及评价结果

环境状况参数赋值及评价结果如表6-42所示，最终的E值为4个指标的最小值。

表6-42　环境状况参数赋值及评价结果

指标		溶解氧	悬浮物	粪大肠菌群	油类	E值
海门湾	等级	Ⅲ	Ⅱ	Ⅱ	Ⅱ	Ⅲ
	赋值	2	6	6	6	2
广澳湾	等级	Ⅲ	Ⅱ	Ⅱ	Ⅱ	Ⅲ
	赋值	2	6	6	6	2
莲阳河口	等级	Ⅱ	Ⅱ	Ⅱ	Ⅱ	Ⅱ
	赋值	6	6	6	6	6
云澳湾	等级	Ⅱ	Ⅱ	Ⅱ	Ⅱ	Ⅱ
	赋值	6	6	6	6	6

6.3.6 砂质海岸生态系统综合评估

6.3.6.1 综合评估指标与权重

砂质海岸生态系统状况综合评估按式(6.10)计算

$$I_{sc} = S_r + S_d + B + E \tag{6.10}$$

式中，I_{sc}为砂质海岸生态系统状况综合评估指数；S_r为海滩资源状况指数；S_d为海滩承灾能力状况指数；B为生物群落状况指数；E为环境状况指数。

当$I_{sc} > 64$时，砂质海岸生态系统状况为稳定，评价等级为Ⅰ级；当$30 < I_{sc} \leqslant 64$时，砂质海岸生态系统状况为受损，评价等级为Ⅱ级；当$I_{sc} \leqslant 30$时，砂质海岸生态系统状况为严重受损，评价等级为Ⅲ级。

6.3.6.2 砂质海岸生态系统综合评估

本次评估参照系以收集研究区内历史资料数据为主，选取有代表性、能够反映生态系统变化的常规监测、专项调查、文献资料等数据作为此次评估的参照系。由于此次评估过程中收集到的历史资料并不齐全，仅有部分历史数据资料，所以在选取评估参照系时，对于数据缺失的部分仅开展描述性评价。

1)海门湾砂质海岸

从前面分析可知，海门湾海滩资源状况指数为20.83，海滩承灾能力状况指数为31.25，生物群落状况指数为4.67，环境状况指数为2，综合评估指数I_{sc}为58.75，综合评估等级为Ⅱ级，表示海门湾砂质海岸生态系统受损，海滩剖面地形和平面形态处于动态平衡状态，水环境和沉积环境较差，虽然生物群落出现受损，但整体来看，该砂质海岸生态系统基本可以进行自我调节和恢复。需要加强生态管理，控制威胁因素，对侵蚀较严重的岸段开展人工岸线修复，辅助砂质海岸生态系统自然恢复。

2)广澳湾砂质海岸

从前面分析可知，广澳湾海滩资源状况指数为22.50，海滩承灾能力状况指数为22.50，生物群落状况指数为4.67，环境状况指数为2，综合评估指数I_{sc}为51.67，综合评估等级为Ⅱ级，表示广澳湾砂质海岸生态系统受损，发生海岸侵蚀现象，生物群落、水环境和沉积环境等方面出现受损，但该砂质海岸生态系统目前尚可维持基本结构和自我恢复能力。需要加强生态管理，控制威胁因素，对侵蚀较严重的岸段开展人工岸线修复，辅助砂质海岸生态系统自然恢复。

3)莲阳河口砂质海岸

莲阳河口砂质海岸分为北侧河口砂质海岸和南侧河口砂质海岸。北侧河口海滩资源状况指数为23.33，海滩承灾能力状况指数为22.50，生物群落状况指数为4.67，环境状况指数为6，综合评估指数I_{sc}为56.50，综合评估等级为Ⅱ级。北侧河口海岸生态系统处于受损状态，局部发生海岸侵蚀现象，生物群落、水环境和沉积环境等方面出现受损，但该砂质海岸生态系统目前尚可维持基本结构和自我恢复能力。需要加强生态管理，控制威胁因素，对侵蚀较严重的岸段开展人工岸线修复，辅助砂质海岸生态系统自然恢复。

南侧河口海滩资源状况指数为31.67，海滩承灾能力状况指数为26.25，生物群落状况指数为4.67，环境状况指数为6，综合评估指数I_{sc}为68.59，综合评估等级为Ⅰ级。南侧海岸剖面地形和平面形态处于稳定状态，水环境和沉积环境良好，虽然生物群落出现受损，整体来看，该砂质海岸生态系统可进行自我调节和恢复。需持续跟踪监测，科学管理砂质海岸沿途海滩。

4)云澳湾砂质海岸

从前面分析可知，云澳湾海滩资源状况指数为13.00，海滩承灾能力状况指数为17.50，生物群落状况指数为6.67，环境状况指数为6，综合评估指数I_{sc}为43.17，综合评估等级为Ⅱ级，表示云澳湾砂质海岸生态系统受损，发生海岸侵蚀现象，生物群落、水环境和沉积环境等方面出现受损，但该砂质海岸生态系统目前尚可维持基本结构和自我恢复能力。需要加强生态管理，控制威胁因素，对侵蚀较严重的岸段开展人工岸线修复，辅助砂质海岸生态系统自然恢复。

由于前江湾和青澳湾受人类活动影响大，本次调查没有对其开展生物群落评估相关方面的工作，故在此不对这几个海湾进行综合评估。但从目前布设的岸滩监测剖面测量数据和收集到的相关评估数据来看，初步确认这些海湾的砂质海岸生态系统处于稳定状态，需要持续跟踪监测、科学管理。

6.4　海湾生态系统

6.4.1　海湾生态系统现状

海湾生态系统承接着众多的陆域物质，是陆源物质交汇中心之一，尤其是入海河流携带的工业及生活污染物。由于生态环境变化，近岸的过度捕捞，众多工业压力/旅游用海场所导致生态系统面临威胁，健康状态下降/生物多样性减少。韩江三角洲海湾众多，主要沿着海岸线展布，由南至北依次为汕头市周边海湾(海门湾、广澳湾以及汕头港)、南澳岛周边海湾(云澳湾、青澳湾以及深澳湾等)。本次调查评估未能涵盖所有海湾，只选取海门湾、广澳湾、云澳湾和青澳湾4个典型海湾进行调查评估(表6-43)。

表6-43　韩江三角洲典型海湾统计

编号	海湾名称	纵深/km	口宽/km	岸线长度/km	水深/m	面积/km^2
1	海门湾	10.4	12.5	24.5	0~20	112.39
2	广澳湾	8.6	12.1	24.4	0~25	133.74
3	云澳湾	3.7	6.1	7.4	0~10	12.38
4	青澳湾	2.6	3.1	3.4	0~10	4.83

6.4.2　海湾生境特征

6.4.2.1　评估方法

海湾生境评估主要从海湾滩涂、纳潮量、沉积物、富营养化程度和初级生产力5个指标进行评估(表6-44)。生境评估按以下方法计算。

表 6-44　韩江三角洲海湾生境特征评估指标一览

序号	滩涂面积	指标Ⅰ	指标Ⅱ	指标Ⅲ
1	海湾滩涂	≤5%	>5% 且≤10%	>10%
		40	25	10
2	纳潮量	≤5%	>5% 且≤10%	>10%
		40	25	10
3	沉积物	≤2.0	>2.0 且≤3.0	>3.0
		≤300	>300 且≤500	>500
		40	25	10
4	富营养化程度	≤1	>1 且≤9	>9
		40	25	10
5	初级生产力	≤20%	>20% 且≤40%	>40%
		40	25	10

海湾生境评估结果计算方法见式(6.11)：

$$CEH_h = \frac{\sum_{1}^{i} H_i}{i} \tag{6.11}$$

式中，CEH_h 为生境评估指数；H_i 为各生境评估指标赋值结果；i 为生境评估指标选取个数。

6.4.2.2　海湾滩涂

滩涂一般是指沿海滩涂，海湾滩涂是沿海滩涂的重要组成部分。海湾滩涂有狭义与广义之分，狭义的海湾滩涂只包括潮间带，广义的海湾滩涂则包括潮上带、潮间带和潮下带，是指沿海大潮高潮位与低潮位之间的潮侵地带。

本次利用遥感解译方法对4个海湾的滩涂规模进行调查，调查采用实际测量与数学统计方法得出青澳湾滩涂面积为134749.30 m^2；云澳湾滩涂面积为166523.73 m^2；广澳湾滩涂面积为447196.09 m^2；海门湾滩涂面积为759314.14 m^2。通过实际测量与历史数据对比，青澳湾滩涂面积减少1.85%，根据评估指标赋值“40”；云澳湾滩涂面积减少3.24%，根据评估指标赋值“40”；广澳湾滩涂面积减少4.63%，根据评估指标赋值“40”；海门湾滩涂面积减少6.24%，根据评估指标赋值“25”(表6-45)。

表 6-45　海湾滩涂面积一览

序号	项目	青澳湾	云澳湾	广澳湾	海门湾
1	岸线长度/m	2035.90	5654.78	10740.44	13768.16
2	潮滩宽度/m	66.19	29.45	41.64	55.15
3	滩涂面积/m^2	134749.30	166523.73	447196.09	759314.14
4	减少面积/%	1.85	3.24	4.63	6.24
5	赋值	40	40	40	25

6.4.2.3　纳潮量

纳潮量一般是指海湾可以接纳的潮水体积，是海湾环境评价的重要指标，纳潮量的大小反映了海湾的自净能力，决定海湾与外海的交换强度，对海湾环境、生态及冲淤等方面意义重大。

本次调查采用 MIKE21 FM 模型计算出一个潮位周期的潮差，根据 4 个海湾的潮位特征，在海门湾与广澳湾各设置 2 个观测点，云澳湾和青澳湾各设置 1 个观测点。

1）潮位

海门湾 HMNC01 年最高高潮位为 0.74 m，最低低潮位为 -1.08 m，潮差为 1.82 m；海门湾 HMNC02 年最高高潮位为 0.71 m，最低低潮位为 -1.05 m，潮差为 1.76 m。广澳湾 GANC01 年最高高潮位为 0.91 m，最低低潮位为 -1.29 m，潮差为 2.20 m；广澳湾 GANC02 年最高高潮位为 0.83 m，最低低潮位为 -1.22 m，潮差为 2.05 m。云澳湾 YANC01 年最高高潮位为 1.05 m，最低低潮位为 -1.54 m，潮差为 2.59 m。青澳湾 QANC01 年最高高潮位为 1.09 m，最低低潮位为 -1.58 m，潮差为 2.67 m。

2）纳潮量

通过计算得出海门湾纳潮量为 0.202 700 61 km^3，其中 HMNC01 区域纳潮量为 0.121 476 61 km^3，HMNC02 区域纳潮量为 0.081 224 km^3。广澳湾纳潮量为 0.278 292 02 km^3，其中 GANC01 区域纳潮量为 0.122 820 02 km^3，GANC02 区域纳潮量为 0.155 472 km^3。云澳湾纳潮量为 0.032 451 7 km^3。青澳湾纳潮量为 0.013 187 6 km^3。

3）纳潮量评估

通过实际测量与历史数据对比，海门湾滩涂纳潮量面积减少 3.38%，根据评估指标赋值“40”；广澳湾滩涂纳潮量面积减少 1.49%，根据评估指标赋值“40”；云澳湾滩涂纳潮量面积减少 5.27%，根据评估指标赋值“25”；青澳湾滩涂纳潮量面积减少 1.45%，根据评估指标赋值“40”。

6.4.2.4　沉积物

本次海湾沉积物采样共计 20 个站位，其中海门湾与广澳湾各 7 个站位，云澳湾 4 个站位，青澳湾 2 个站位。总有机碳含量为 0.05%~0.92%，平均值为 0.41%；（干）硫化物最小值小于 0.04 mg/kg，最大值为 244 mg/kg；（湿）硫化物最小值小于 0.04 mg/kg，最大值为 148 mg/kg，总（湿）硫化物大于干（湿）硫化物含量。有机碳含量由大到小依次为青澳湾、广澳湾、云澳湾、海门湾；硫化物含量由大到小依次为广澳湾、青澳湾、云澳湾、海门湾。

广澳湾有机碳含量为 0.06%~0.92%，平均值为 0.47%；（干）硫化物最小值小于 0.04 mg/kg，最大值为 244 mg/kg；（湿）硫化物最小值小于 0.04 mg/kg，最大值为 148 mg/kg；根据评估指标均赋值“40”。

青澳湾有机碳含量为 0.69%~0.79%，平均值为 0.74%；（干）硫化物最小值为 50.5 mg/kg，最大值为 52.8 mg/kg；（湿）硫化物最小值为 25.8 mg/kg，最大值为 34 mg/kg；根据评估指标均赋值“40”。

云澳湾有机碳含量为 0.12%~0.64%，平均值为 0.44%；（干）硫化物最小值小于 0.04 mg/kg，最大值为 140 mg/kg；（湿）硫化物最小值小于 0.04 mg/kg，最大值为 90.7 mg/kg；根据评估指标均赋值“40”。

海门湾有机碳含量为 0.05%~0.37%，平均值为 0.24%；（干）硫化物最小值小于

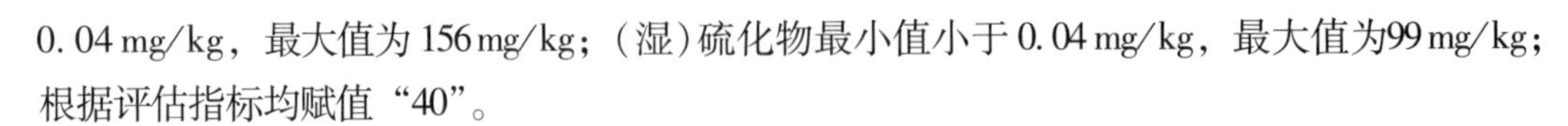

0.04 mg/kg，最大值为156 mg/kg；（湿）硫化物最小值小于0.04 mg/kg，最大值为99 mg/kg；根据评估指标均赋值“40”。

6.4.2.5 富营养化程度

本次海湾水质采样与沉积物采样站位相同，共计20个站位，其中海门湾与广澳湾各7个站位，云澳湾4个站位，青澳湾2个站位。总体有机物含量为0.54~4.31 mg/L，平均值为2.01 mg/L；无机氮含量为0.003~0.074 mg/L，平均值为0.024 mg/L；活性磷酸盐含量为0.002~0.07 mg/L，平均值为0.0197 mg/L，富营养化指数(E)含量为0.01~0.75，均小于1；根据海湾生境评估指标均赋值“40”；富营养化程度由大到小依次为青澳湾、广澳湾、海门湾、云澳湾。

青澳湾有机物含量为0.49~0.64 mg/L，平均值为0.565 mg/L；无机氮含量为0.019~0.049 mg/L，平均值为0.034 mg/L；活性磷酸盐含量为0.014~0.016 mg/L，平均值为0.015 mg/L，富营养化指数(E)为0.03~0.75，均小于1；根据评估指标均赋值“40”。

广澳湾有机物含量为1.00~4.23 mg/L，平均值为2.12 mg/L；无机氮含量为0.003~0.074 mg/L，平均值为0.019 mg/L；活性磷酸盐含量为0.002~0.015 mg/L，平均值为0.0058 mg/L，富营养化指数(E)为0.01~0.25，均小于1；根据评估指标均赋值“40”。

海门湾有机物含量为0.54~4.31 mg/L，平均值为2.009 mg/L；无机氮含量为0.013~0.035 mg/L，平均值为0.024 mg/L；活性磷酸盐含量为0.005~0.026 mg/L，平均值为0.0197 mg/L，富营养化指数(E)为0.04~0.40，均小于1；根据评估指标均赋值“40”。

云澳湾有机物含量为1.30~2.62 mg/L，平均值为1.848 mg/L；无机氮含量为0.02~0.051 mg/L，平均值为0.0358 mg/L；活性磷酸盐含量为0.019~0.07 mg/L，平均值为0.044 mg/L，富营养化指数(E)含量为0.37~0.75，均小于1；根据评估指标均赋值“40”。

6.4.2.6 初级生产力

本次初级生产力要素(叶绿素 a、透明度)与沉积物采样站位相同，共计20个站位，其中海门湾与广澳湾各7个站位，云澳湾4个站位，青澳湾2个站位。总体叶绿素 a 含量为0.0005~0.0114 mg/L，平均值为0.00262 mg/L；潜在生产力含量为0.0019~0.0422 mg/L，平均值为0.00972 mg/L；透明度为0.84~1.99 m，平均值为1.47 m，初级生产力为4.82%~114.27%，根据海湾初级生产力评估指标评估：HMW01、GAW01、GAW04、GAW06、YAW03赋值“10”，GAW05、GAW07、YAW02赋值“25”，其他站位均赋值“40”；初级生产力由大到小依次为广澳湾、云澳湾、海门湾、青澳湾(表6-46)。

表6-46 韩江三角洲典型海湾初级生产力评估一览

站位编号	叶绿素 a/(mg/L)	潜在生产力/(mg/L)	透明度/m	初级生产力/%	赋值
HMW01	0.0114	0.0422	1.29	114.27	10
HMW02	0.0005	0.0019	1.99	7.73	40
HMW03	0.0014	0.0052	1.33	14.47	40
HMW04	0.0005	0.0019	1.67	6.49	40

续表

站位编号	叶绿素 *a*/(mg/L)	潜在生产力/(mg/L)	透明度/m	初级生产力/%	赋值
HMW05	0.0005	0.0019	1.24	4.82	40
HMW06	0.0005	0.0019	1.94	7.54	40
HMW07	0.0005	0.0019	1.97	7.65	40
GAW01	0.0058	0.0215	1.71	77.06	10
GAW02	0.0014	0.0052	1.42	15.45	40
GAW03	0.0014	0.0052	1.36	14.79	40
GAW04	0.0077	0.0285	1.22	72.99	10
GAW05	0.0016	0.0059	1.64	20.39	25
GAW06	0.0048	0.0178	1.54	57.44	10
GAW07	0.0027	0.01	1.47	30.84	25
YAW01	0.0014	0.0052	1.57	17.08	40
YAW02	0.0039	0.0144	1.24	37.58	25
YAW03	0.0043	0.0159	1.27	42.43	10
YAW04	0.0005	0.0019	1.38	5.36	40
QAW01	0.0011	0.0041	0.84	7.18	40
QAW02	0.0005	0.0019	1.38	5.36	40

注：初级生产力≤20%，赋值“40”；20% <初级生产力≤40%，赋值“25”；初级生产力 >40%，赋值“10”。

6.4.2.7　海湾生境总体评估

通过各个海湾生境指标平均得出各个站位的总体评估值，最小值为 HMW01 和 YAW03，赋值“31”；最大值为 GAW02、GAW03、QAW01、QAW02，赋值“40”。计算出 4 个海湾的生境评估值：海门湾赋值“36.14”；广澳湾赋值“36.57”；云澳湾赋值“34.75”；青澳湾赋值“40”。海湾生境由大到小依次为青澳湾、广澳湾、海门湾、云澳湾(表 6-47)。

表 6-47　韩江三角洲典型海湾生境总体评估

站位编号	滩涂赋值	纳潮量赋值	沉积物赋值	富营养化程度赋值	初级生产力赋值	平均赋值	总体赋值
HMW01	25	40	40	40	10	31	
HMW02	25	40	40	40	40	37	
HMW03	25	40	40	40	40	37	
HMW04	25	40	40	40	40	37	36.14
HMW05	25	40	40	40	40	37	
HMW06	25	40	40	40	40	37	
HMW07	25	40	40	40	40	37	

续表

站位编号	滩涂赋值	纳潮量赋值	沉积物赋值	富营养化程度赋值	初级生产力赋值	平均赋值	总体赋值
GAW01	40	40	40	40	10	34	36.57
GAW02	40	40	40	40	40	40	
GAW03	40	40	40	40	40	40	
GAW04	40	40	40	40	10	34	
GAW05	40	40	40	40	25	37	
GAW06	40	40	40	40	10	34	
GAW07	40	40	40	40	25	37	
YAW01	40	25	40	40	40	37	34.75
YAW02	40	25	40	40	25	34	
YAW03	40	25	40	40	10	31	
YAW04	40	25	40	40	40	37	
QAW01	40	40	40	40	40	40	40
QAW02	40	40	40	40	40	40	

6.4.3 海湾生物评估

6.4.3.1 评估方法

海湾生物评估主要采用香农-威纳指数评估计算方法见式(6.12)

$$H' = -\sum_{i=1}^{S} P_i \ln P_i \tag{6.12}$$

式中，H'为香农-威纳指数；S为物种总数；P_i为第i种的个体数与调查总个数的比值。

海湾生物评估指标及赋值见表6-48。

表6-48 海湾生物评估指标及赋值

序号	指标	Ⅰ	Ⅱ	Ⅲ
1	H'	>3	>1且≤3	≤1
2	赋值	40	25	10

对浮游植物、浮游动物、大型底栖动物分别计算种类多样性指数并赋值，取平均值计入该指标评估结果。

物种数量评估计算方法见式(6.13)：

$$W_t = \left| \frac{W - W_0}{W_0} \right| \times 100\% \tag{6.13}$$

式中，W_t为生物物种评估指数；W为评估年生物物种数量；W_0为参照系中生物物种数量。

海湾生物物种数量评估指标及赋值见表6-49。

表 6-49 海湾生物物种数量评估指标及赋值

序号	指标	Ⅰ	Ⅱ	Ⅲ
1	生物物种减少/丰度	≤5% (≥50 个/m^2)	>5% 且≤10% (≥30 个/m^2 且 <50 个/m^2)	>10% (<30 个/m^2)
2	赋值	40	25	10

注：生物物种数量较基准年增加，则赋值“40”。

物种数量为浮游植物、浮游动物、大型底栖动物、潮间带生物、游泳动物和滩涂湿地野生动物的种类数之和。

海湾生物评估结果计算方法见式(6.14)：

$$CEH_s = \frac{\sum_{1}^{i} S_i}{i} \tag{6.14}$$

式中，CEH_s 为生物评估指数；S_i 为各生物评估指标赋值结果；i 为生物评估指标选取个数。

6.4.3.2 大型底栖动物

1)类群组成

海湾生态系统共采集到大型底栖动物 62 种，隶属于环节动物、软体动物、节肢动物、脊索动物、刺胞动物、星虫动物和棘皮动物 7 个门类。其中环节动物出现的种类数量最多，共出现 22 种，在底栖动物种类组成中占绝对优势，占比 36%，是最主要的大型底栖动物类群；软体动物出现 16 种，占总种类数的 26%；节肢动物出现 15 种，占总种类数的 24%；脊索动物出现 4 种，占总种类数的 6%；星虫动物和刺胞动物各出现 2 种，各占总种类数的 3%；棘皮动物出现最少，共 1 种，占总种类数的 2%。

2)丰度和生物量分布

海湾共布设 20 个站位采集底栖动物样方，其中海门湾与广澳湾各 7 个，云澳湾 4 个，青澳湾 2 个，丰度范围为 Nd~103.33 个/m^2，丰度总平均值为 44.33 个/m^2；生物量范围为 Nd~118.67 g/m^2，生物量总平均值为 15.12 g/m^2。

海门湾丰度范围为 40.00~103.33 个/m^2，平均值为 67.62 个/m^2，其中最大值在 HMW03 站位，最小值在 HMW05 和 HMW06 站位；生物量范围为 7.28~188.67 g/m^2，平均值为 32.11 g/m^2，其中最大值在 HMW07 站位，最小值在 HMW04 站位；丰度指数为 0.63~2.40，平均值为 1.57；多样性指数为 1.16~2.25。

广澳湾丰度范围为 13.33~96.67 个/m^2，平均值为 41.43 个/m^2，其中最大值在 GAW03 站位，最小值在 GAW02 站位；生物量范围为 0.35~7.28 g/m^2，平均值为 4.25 g/m^2，其中最大值在 GAW05 站位，最小值在 GAW07 站位；丰度指数为 0.65~2.02，平均值为 1.45；多样性指数为 1.04~2.06。总体而言，该海湾的丰度与生物量呈正相关关系，丰度指数与多样性指数也呈正相关关系。

青澳湾丰度范围为 23.33~36.67 个/m^2，平均值为 30.00 个/m^2，其中最大值在 QAW02 站位，最小值在 QAW01 站位；生物量范围为 5.64~6.06 g/m^2，平均值为 5.85 g/m^2，其中最大值在 QAW02 站位，最小值在 QAW01 站位；丰度指数为 0.83~1.47，平均值为

1.15；多样性指数为1.28~1.89。

云澳湾丰度范围为Nd~33.33个/m^2，平均值为21.11个/m^2，其中最大值在YAW03站位，最小值在YAW01站位；生物量范围为Nd~14.82 g/m^2，平均值为12.05 g/m^2，其中最大值在YAW04站位，最小值在YAW01站位；丰度指数为Nd~1.11，平均值为0.68；多样性指数为Nd~1.48，平均值为0.90。总体而言，该海湾的丰度与生物量呈正相关关系，丰度指数与多样性指数也呈正相关关系。

3)优势种构成

从海湾大型底栖动物优势种群名录可以看出，在不同站位种群的比例有差异，海门湾优势种群有蛇尾、不倒翁虫、海葵、豆形短眼蟹、细巧仿对虾、拟相手蟹属、日本卵蛤、刺沙蚕、小荚蛏、寄居蟹、织纹螺、矶沙蚕、毛蚶13类；广澳湾优势种群有蛇尾、不倒翁虫、节织纹螺、纵肋织纹螺、美女白樱蛤5类；青澳湾优势种群有蛇尾、古明志圆蛤、竹节虫科、颤蚓科、角海蛹属5类；云澳湾优势种群有藤壶、角海蛹属2类。

6.4.3.3 小型底栖动物

1)类群组成

共鉴定出9个类群。其中海洋线虫为丰度和生物量的优势类群，占比90.07%，其他类群包括桡足类(6.23%)、多毛类(3.21%)、介形类、涡虫、双壳类、端足类、甲壳类幼体和寡毛类。其中海洋线虫在所有站位都有分布，桡足类和多毛类在大部分站位有分布，其他类群仅在少数几个站位有分布。

2)丰度和生物量分布

丰度的平均值每10cm^2为500个，最高值为1378个，最低值为58个，变化范围为1320个。

3)生物环境分析(*N/C*值)

本研究共有10个站位，其中有4个站位即云澳湾近岸(YAW02)、青澳湾离岸(QAW01)、广澳湾近岸(GAW02)和离岸的1个站位(GAW07)中没有出现桡足类，而在其他站位中均有出现。总体看来，桡足类在各站位间的分布差别较大。除没有观察到桡足类存在的站位之外，其他站位中云澳湾离岸(YAW03)、海门湾离岸(HMW05)以及广澳湾离岸的2个站位(GAW01和GAW06)表现为清洁状态，属于清洁级别。海门湾离岸(HMW01)*N/C*值为79，表现为轻污染状态，属于轻污染级别。海门湾近岸(HMW03)*N/C*值为220，表现为重污染状态，属于重污染级别(表6-50)。

表6-50 海湾生物环境分析(*N/C*值)

	云澳湾		青澳湾	海门湾			广澳湾			
	YAW02	YAW03	QAW01	HMW01	HMW03	HMW05	GAW01	GAW02	GAW06	GAW07
线虫*N*/个	18	63	269	79	440	65	135	169	84	166
桡足类*C*/个	0	81	0	1	2	5	4	0	10	0
N/C	/	1	/	79	220	13	34	/	8	/

注：*N*代表线虫数量；*C*代表桡足类数量。

6.4.3.4　海湾生物总体评估

因为研究区无浮游植物、浮游动物等调查数据，所以海湾生物评估以大型底栖动物和小型底栖动物为评估对象，海门湾赋值“32.5”，广澳湾赋值“25”，云澳湾赋值“10”，青澳湾赋值“25”。海湾生物参数赋值及评估结果如表 6-51 所示。

表 6-51　海湾生物参数赋值及评估结果

指标	大、小型底栖动物生物多样性	大、小型底栖动物生物物种数量	总体赋值
海门湾	25	40	32.5
广澳湾	25	25	25
云澳湾	10	10	10
青澳湾	25	25	25

6.4.4　海湾生态系统压力

海湾生态系统压力评估内容包括：围填海面积、人工岸线、养殖面积以及赤潮累计面积 4 个方面，生态系统压力评估指标利用比值法对其进行评估，其评估指标及赋值情况如表 6-52 所示。

表 6-52　海湾生态系统压力评估指标及赋值

指标	Ⅰ	Ⅱ
围填海面积	≤1	>1
人工岸线	≤1	>1
养殖面积	≤1	>1
赤潮累计面积	≤1	>1
赋值	20	10

注：当评估年/基准年≤1 时，赋值“20”；当评估年/基准年>1 时，赋值“10”。

海湾生态系统压力评估结果计算方法见式(6.15)：

$$CEH_P = \frac{\sum_{1}^{i} P_i}{i} \tag{6.15}$$

式中，CEH_P 为生态系统压力评估指数；P_i 为各生态系统压力评估指标赋值结果；i 为生态系统压力评估指标选取个数。

6.4.4.1　围填海面积

近 10 年来，中国沿海处于快速工业化和城市化驱动下的新一轮大规模填海阶段，海门湾、广澳湾由于受到河流与海浪双重影响，根据遥感解译结果显示，练江口与濠江口由于修筑防护工程和建设港口，具有一定规模的围填海，但是面积相对较小，云澳湾西侧围填海修筑云澳港。总的来说，海门湾与广澳湾各赋值“20”，云澳湾赋值“10”，青澳湾为旅游海湾，赋值“20”。

6.4.4.2　人工岸线

近 10 年来，韩江三角洲海岸线长度总体呈进一步扩张趋势，根据遥感解译结果显

示，平均每五年增长约 21.83 km，以东海岸新城岸段最为明显。其中，岸线长度变化主要是因为修建港口和防波堤。总的来说，海门湾与广澳湾只是在河口附近修建了防浪堤，赋值“20”，云澳湾由于云澳港修建使得人工岸线明显增长，赋值“10”，青澳湾为旅游海湾，岸线保护比较重视，赋值“20”。

6.4.4.3 养殖面积

养殖面积是指圈定封闭的海水进行养殖，根据资料显示，海门湾与广澳湾的河口附近有未封闭的养殖区域，主要集中在海门湾与广澳湾河口靠岸一侧，其他海湾未有圈定养殖，因此，海门湾、广澳湾、云澳湾、青澳湾均赋值“20”。

6.4.4.4 赤潮累计面积

赤潮是一种复杂的生态异常现象，发生的原因也比较复杂，一般来说与其所处的环境因素有关，如环境温度、光照强度、海水酸碱度、盐度、营养盐等一系列环境因素都会影响有毒赤潮生物产毒。鱼、贝类摄食有毒的赤潮生物后，生物毒素可在其体内积累，根据 2018—2020 年南海区海洋灾害公报，汕头市最近一次赤潮灾害发生在 2018 年 8 月海门湾东南偏外海域，分布面积 0.1 km^2，优势种为丹麦细柱藻及斯氏根管藻，最高细胞密度丹麦细柱藻为 8.78×10^6 个/L，斯氏根管藻为 2.30×10^5 个/L。其他区域未发现赤潮。根据评价指标海门湾赋值“10”，其他海湾均赋值“20”。

6.4.4.5 海湾生态系统压力总体评估

通过围填海面积、人工岸线、养殖面积以及赤潮累计面积 4 个方面得出海湾生态系统压力评估值，海门湾赋值“17.5”，广澳湾赋值“20”，云澳湾赋值“15”，青澳湾赋值“20”。海湾生态系统压力参数赋值及评估结果如表 6-53 所示。

表 6-53　海湾生态系统压力参数赋值及评估结果

指标	围填海面积	人工岸线	养殖面积	赤潮累计面积	总体赋值
海门湾	20	20	20	10	17.5
广澳湾	20	20	20	20	20
云澳湾	10	10	20	20	15
青澳湾	20	20	20	20	20

6.4.5 海湾生态系统现状综合评估

6.4.5.1 评估方法

海湾生态系统现状综合评估结果计算方法见式(6.16)：

$$CEH_{\text{index}} = CEH_h + CEH_s + CEH_p \tag{6.16}$$

式中，CEH_h为生境评估指数；CEH_s为生物评估指数；CEH_p为生态系统压力评估指数。

当 $CEH_{\text{index}} > 80$ 时，海湾生态系统稳定；当 $60 \leqslant CEH_{\text{index}} \leqslant 80$ 时，海湾生态系统受损；当 $CEH_{\text{index}} < 60$ 时，海湾生态系统严重受损。

6.4.5.2 评估结果

对韩江三角洲海岸带 4 个典型海湾健康状态进行综合评估得出：青澳湾、广澳湾、海门湾总体呈稳定状态（Ⅰ）；云澳湾总体呈严重受损状态（Ⅱ）。

青澳湾（Ⅰ级，海湾综合指数 CEH_{index} 为85）：生态系统总体呈稳定状态。生境评估指数为40；生物评估指数为25；生态系统压力评估指数为20。青澳湾生态系统呈健康状态。海水水质和沉积物质量状况总体好，由于受到人类活动影响，底栖动物多样性和丰度降低。

广澳湾（Ⅰ级，海湾综合指数 CEH_{index} 为81.57）：生态系统总体呈稳定状态。生境评估指数为36.57；生物评估指数为25；生态系统压力评估指数为20。海水水质和沉积物质量状况总体良好，河流入海口由于受到濠江影响，无机氮和活性磷酸盐的含量偏高；初级生产力中的叶绿素 a、透明度偏低，导致海湾生境指数不高。浮游动物密度、鱼卵仔鱼密度以及底栖动物栖息密度和生物量总体较高。生物质量监测结果显示，生物指标波动较小。

云澳湾（Ⅱ级，海湾综合指数 CEH_{index} 为59.75）：生态系统总体呈严重受损状态。生境评估指数为34.75；生物评估指数为10；生态系统压力评估指数为15。海水水质和沉积物质量状况总体良好，浮游植物、浮游动物和鱼卵仔鱼密度偏低，底栖动物栖息密度和生物量偏低，底栖生物由于受到港口的影响，密度和生物量下降明显。

海门湾（Ⅰ级，海湾综合指数 CEH_{index} 为86.14）：生态系统总体呈稳定状态。生境评估指数为36.14；生物评估指数为32.5；生态系统压力评估指数为17.5。海水水质和沉积物质量状况总体良好，海湾滩涂由于潮汐和人工采沙原因，滩涂面积较其他海湾减少明显；河流入海口由于受到练江影响，无机氮和活性磷酸盐的含量偏高；离岸较近至远呈明显递减特征，浮游动物密度、鱼卵仔鱼密度以及底栖动物栖息密度和生物量总体最高。生物质量监测结果显示，生物指标波动较小。

第 7 章　海岸带生态保护和综合治理

国家“十四五”规划指出，我国污染防治力度加大，主要污染物排放总量减少目标超额完成，生态环境明显改善，但是生态环境保护任重道远。2035 年远景目标为，广泛形成绿色生产生活方式，碳排放达峰后稳中有降，生态环境根本好转，美丽中国建设目标基本实现。

有关海岸带方面的表述为，坚持陆海统筹、人海和谐、合作共赢，协同推进海洋生态保护、海洋经济发展和海洋权益维护，加快建设海洋强国。打造可持续海洋生态环境，包括探索建立沿海、流域、海域协同一体的综合治理体系；严格围填海管控，加强海岸带综合管理与滨海湿地保护；拓展入海污染物排放总量控制范围，保障入海河流断面水质；加快推进重点海域综合治理，构建流域—河口—近岸海域污染物防治联动机制，推进美丽海湾保护与建设；完善海岸线保护、海域和无居民海岛有偿使用制度，探索海岸建筑退缩线制度和海洋生态环境损害赔偿制度，自然岸线保有率不低于 35%。

基于国家生态文明建设规划，针对研究区域的主要生态环境问题，提出生态环境保护修复建议和生态环境综合治理方案。

7.1　主要生态环境问题

通过对韩江三角洲海岸带地质环境及典型生态系统综合调查发现，研究区面临的生态环境问题主要包括六大类：海平面上升引发的生态环境问题、生物多样性降低、河口生态环境问题、海湾生态环境问题、砂质海岸生态环境问题以及红树林生态环境问题。

7.1.1　海平面上升引发的生态环境问题

1993—2020 年，全球平均海平面上升速率约为 3.3 mm/a，中国沿海海平面上升速率为 3.9 mm/a，高于同期全球平均水平，2020 年全球平均海平面较 2019 年高 6 mm，处于有卫星观测记录以来的最高位，2012—2020 年中国沿海海平面持续处于近 40 年高位，2020 年为 1980 年以来第三高。全球平均海表温度总体呈显著上升趋势，2020 年全球平均海表温度较 1870—1900 年平均值高 0.67 ℃，1980—2020 年，中国沿海海表温度总体呈上升趋势，平均每 10 年升高 0.27 ℃，2020 年为 1980 年以来的最暖年份。1985—2019 年，全球海洋表层平均 pH 下降速率约为每 10 年 0.016 个单位，中国近岸海水表层 pH 总体呈波动下降趋势，平均每年下降 0.002 个 pH 单位。1980—2020 年，中国沿海极值高潮位和最大增水均呈显著上升趋势，上升速率分别为 4.6 mm/a 和 2.51 mm/a，中国沿海致灾风暴潮次数呈增加趋势。2020 年，中国沿海共发生风暴潮过程 14 次，其中致灾风暴潮过程 7 次；中国近海出现有效波高4.0 m(含)以上的灾害性海浪过程 36 次。1980 年以来，中国近海海洋热浪发生频次、持续时间和累积强度均呈显著增加趋势。由于海平面加速上升，也对研究区内生态环境产生了影响，加剧了风暴潮、滨海城市洪涝、海岸侵蚀和海水入侵等灾害的影响程度。

7.1.1.1 风暴潮

高海平面抬升风暴增水的基础水位，加大台风和风暴潮致灾程度。研究区近80年来发生过3次灾害严重的风暴潮，潮位都在3 m以上，分别是1922年、1969年和1991年，风暴潮位最高达3.48 m。1922年8月，风暴潮造成汕头沿海7万人伤亡；1969年7月，风暴潮使汕头市中心区泛滥水深达1~3 m，牛田洋新垦围堤溃决；1991年7月，台风风暴潮使汕头市内水深达1~2 m，造成百余人死亡。由此可见，随着海平面上升，风暴潮间隔时间也逐渐缩短，百年一遇的极端海平面事件将变得更为频繁，势必进一步抬升风暴潮位和增加风暴潮所产生的破坏力。

7.1.1.2 滨海城市洪涝

风暴潮经常伴随着城市洪涝，洪涝的形成多为受短期极端高海平面和强降雨等共同作用，同时高海平面顶托排海通道的下泄洪水，加大城市泄洪和排涝难度，加重洪涝灾害。

7.1.1.3 海岸侵蚀

海平面上升导致近岸波浪和潮汐能量增加、风暴潮作用增强、海岸坡降加大、海岸沉积物组成改变，加剧海岸蚀退和岸滩下蚀，同时加大侵蚀海岸的修复难度。研究区台风波浪侵蚀海岸明显，最严重的岸段是莱芜岛、达濠岛，达濠岛企望湾南山岸段年最大侵蚀距离14 m，年平均侵蚀距离8 m；同时海门湾的青屿、乌屿和海门角，广澳湾的马耳角等临海出露在高潮面以上的海蚀崖地貌也在逐渐后退，海蚀平台随着产生与扩大。潮南区田心湾海滩采沙引发的海岸侵蚀其后果也相当严重，据测量计算，砂体被开采后地形凹进去的地段为61 m，深度为9.5 m，迄今该岸段海滩约有20%的沙被采走，潮间带不断后退，海堤多处发生崩塌。

7.1.1.4 海水入侵

海平面上升加剧海水入侵，影响地下淡水资源、土壤生态系统、工农业生产以及居民生活和健康，海平面变化、潮汐、风暴潮和上游来水等因素影响海水入侵程度。由于河流水坝的建设，目前韩江5条支流均无明显海水入侵，主要入侵河流为榕江和练江。

7.1.2 生物多样性降低

据《广东省海岸带和海涂资源综合调查报告》，广东省潮间带(包括5m水深以内)生物种类共鉴定1539种，包括软体动物527种，节肢动物276种，环节动物116种，腔肠动物53种，棘皮动物92种，鱼类209种，藻类植物257种，其他门类9种，其中韩江口、榕江口、珠江口等河口湾生物种类428种；近岸海域共鉴定出底栖生物607种。

据《广东省908专项调查》，广东省近岸海域共鉴定出生物797种，其中多毛类278种，软体动物210种，甲壳类204种，棘皮动物42种，其他类63种；潮间带底栖生物共鉴定出14门444种。

本次调查共鉴定出潮间带底栖生物52种，近岸海域89种，表7-1为各专项调查的底栖生物种类及生物量，可以发现近40年来，底栖生物种类及生物量在急剧减少。本次调查的平均生物量仅为1980年的1/15，栖息密度为1980年的1/4；潮间带生物种类减少最为明显，其次为近岸海域，河口湾生物种类为1980年的1/3，减少量相对较小；砂质海岸生物量比1980年缩小了50%，栖息密度仅为1980年的1/8，这与实际调查情况相符。由生物量和栖息密度的数据变化来看，研究区生物多样性在急速降低，生态环境逐渐变差。

表7-1　各专项调查底栖生物种类及生物量

	广东省海岸带和海涂资源综合调查			广东省908专项调查			本次调查（汕头市）		
	生物量/(g/m^2)	栖息密度/(个/m^2)	生物种类/种	生物量/(g/m^2)	栖息密度/(个/m^2)	生物种类/种	生物量/(g/m^2)	栖息密度/(个/m^2)	生物种类/种
平均值	580. 93	469. 92	潮间带1539	481. 08	—	潮间带444	38. 43	114. 87	潮间带52
近岸海域	46. 8	—	607	32. 94	114	797	15. 64	59. 43	89
韩江、榕江、珠江河口湾	356. 62	501. 08	428	—	—	—	22. 51	217. 41	141
粤东	529. 11	350. 28	—	438. 44	—	—	—	—	—
基岩海岸	1738. 84	865. 36	—	2196. 96	—	—	—	—	—
砂质海岸	167. 36	556. 68	—	126. 2	—	—	111. 43	69. 97	—
砂泥质海岸	112. 28	197. 86	—	88. 1	—	—	4. 14	112. 7	—

注：—表示未收集到相关数据或没有对其进行调查。

7. 1. 3　河口生态环境问题

7. 1. 3. 1　汕头港淤积

汕头港在构造上属于榕江断陷区的下段，新构造表现为轻微沉降，全新世海平面上升使其成为河口湾，汕头港接受榕江、梅溪及外海随潮汐带入的泥沙，地形、地质、外动力条件都决定了它必然日渐淤积缩小，加之近年人工围垦更加速了它的自然淤积过程。1931年汕头港(妈屿岛以西)水域面积为139. 8 km^2，2020年为68. 05 km^2，缩小了71. 75 km^2，缩减率达51. 32%。汕头港是依靠潮汐维持通道的潮汐通道型河口湾，水域面积的大量缩减意味着纳潮量的减少。如按水域面积乘以平均大潮潮差的方法来计算本湾的纳潮量损失，可以得出：妈屿站1983年平均最大潮差为1. 853 m，2020年平均最大潮差为1. 667 m，所以1931年汕头港的大潮纳潮量为2. 590 × $10^8 m^3$，2020年为1. 134 × $10^8 m^3$，相比于1931年，2020年纳潮量减少了56. 2%，而纳潮量的锐减，会促使河口湾的淤积。

通过海图对比发现，汕头港内5 m等深线之间的距离缩短，10 m等深线依然在汕头-礐石和妈屿岛附近，但范围缩小了近一半以上。泥湾一带的等深线外移明显，表明泥湾淤积迅速，成为新的淤积区。

本次调查通过泥沙淤积数值模拟，进一步细化了汕头港的泥沙淤积区，主要包括韩江西溪河口淤积区、外砂河口淤积区，榕江口淤积区以及汕头港航道淤积区，其余区域也同样存在部分小型的淤积区。汕头港的淤积速度在不同的历史阶段也不同，据李春初等(1983)的研究，1919—1959 年，汕头港内河道大致呈现出一种自然淤积的状态，40 年间平均淤高 1.29 m，平均每年淤高 3.2 cm。通过模拟计算，汕头港(从梅溪河口至航道上靠近港口的第一个岛屿处)5 年内平均淤积高度为 0.416 m，平均每年淤积厚度为 8.3 cm。口门外新津河口的水下浅滩平均每年淤积 1~2 cm，汕头港外水道深槽平均每年淤积 4~6 cm。

汕头港淤积区主要分为两大部分，一部分淤积区主要在汕头港内，该区呈连片淤积，靠近内河一侧的淤积区(泥湾)，淤积范围大，但淤积厚度小，距离主航道存在一定的距离，因此对港口的影响程度较轻。而妈屿岛西侧的淤积区，淤积体长轴与河流流向大致垂直，即淤积体呈现类似于截断河流的趋势，此部分淤积分布较为集中，面积不大，但淤积厚度较厚，且其分布区域覆盖了整个航道，对通航影响重大。另一部分淤积区主要分布在榕江出海口，出海口处修建了一个较长的人工防波堤，堤长 7.95 km，防波堤有效地改变了自然状态下海水的流势，导致了悬浮的泥沙沉积，形成了两个沉降中心。从目前来看，影响汕头港淤积的是口门处淤积和港内淤积。

7.1.3.2　河流水质污染

研究区内共有 3 条河流，韩江、榕江和练江，近几年来每条河流均存在污染问题，其污染程度和污染物略有不同。韩江共有 5 条支流，其中义丰溪常年为二类水质，主要超标项目为溶解氧、营养盐；莲阳河总体为二类水质，每年仅有 2~3 个月为三类水质，主要超标项目为营养盐(无机氮、活性磷酸盐)、化学需氧量和重金属铜和锌；外砂河总体为二类水质，每年仅有 1~2 个月为三类水质，主要超标项目为营养盐(无机氮、活性磷酸盐)、化学需氧量；新津河总体为二类水质，主要超标项目为粪大肠菌群、无机氮；梅溪河总体为三类水质，少数月份会达四类，甚至五类，主要超标项目为石油类、氨氮、溶解氧、总磷。榕江总体水质为四类水质，个别月份会达五类水质，主要超标项目为营养盐、溶解氧、五日生化需氧量、粪大肠菌群。练江年度水质整体为四类至五类水质，少数月份会为劣五类水质，主要超标项目为氨氮、溶解氧、总磷、铁、锰、石油类、化学需氧量等。

目前，省市常年监督的河流有义丰溪、莲阳河、外砂河、新津河、榕江、梅溪河、练江，从调查结果来看，澄海区黄厝草溪因为其径流量小而没有监测，这也导致了该河流水质污染相当严重，无机氮、活性磷酸盐指标为五类水质，石油类为三类水质，溶解氧和化学需氧量为二类水质，可以看出该河流营养盐含量大幅超标，导致黄厝草溪出海口处有较大面积浒苔，这种藻类只在营养盐含量较高的地区生长，因高营养盐的入海致使出海口处红树林植物高度普遍高于其他地区，这也多方面验证了该条河流的污染状况。

7.1.3.3　近岸海域水质污染

汕头市近岸海域水质以第一、第二类海水水质为主，这两类水质占海域面积的

86.1%；劣四类海水水质标准的面积占3.5%，劣四类指标为活性磷酸盐和无机氮。

汕头港内湾受榕江、梅溪河及汕头港其他陆源入海营养盐影响，海水中无机氮和活性磷酸盐含量劣于第四类海水水质标准，重金属、石油类、化学需氧量等均符合第一、第二类海水水质标准。汕头港外海域海水中重金属、石油类、化学需氧量等均符合第一、第二类海水水质标准，无机氮和活性磷酸盐为第四类至劣四类水质。

东海岸邻近海域受新津河、外砂河、莱芜南干渠等河流携带入海污染物影响，夏、秋季，海水水质符合第二类海水水质标准；春、冬季，无机氮和活性磷酸盐为第四类至劣四类水质。

莱芜东侧海域包括莲阳河口，该海域海水水质受莲阳河、黄厝草溪、义丰溪等入海河流影响，部分季节海水中氮、磷等营养盐含量较高。

莲阳河口近岸海域夏、秋季符合第二类海水水质标准，冬、春季大部分海域劣于第四类海水水质标准，劣于第四类海水水质标准的为无机氮和活性磷酸盐。

澄海区六合围邻近海域全年均劣于第四类海水水质标准，劣于第四类海水水质标准的为无机氮和活性磷酸盐。

南澳县周边海域活性磷酸盐在春、冬季处于中度污染水平，其他季节基本处于清洁至较清洁水平；其他监测指标全年监测结果符合第一或第二类海水水质标准，处于清洁至较清洁水平。

广澳湾春季和夏季符合第一、第二类海水水质标准；秋季，大部分海域海水符合第二类海水水质标准，濠江区东屿和西屿邻近海域海水活性磷酸盐处于劣四类水质；冬季，海水中活性磷酸盐超过第二类海水水质标准，其他指标均符合第一、第二类海水水质标准。

海门湾春、冬季活性磷酸盐呈中度至严重污染，冬季无机氮为中度污染。受练江入海污染物影响，该海域海水水质状况一般，主要污染物为无机氮和活性磷酸盐。海门湾偏外的南侧部分海域海水水质优于练江入海口邻近海域。

近岸海域水质受直排海污染影响，不再由河流单一控制，由于部分直排海的隐蔽性而无法监测，近岸海域水质反而比河流内污染更为严重。

7.1.4 海湾生态环境问题

7.1.4.1 纺织物污染

研究区内纺织业非常发达，尤其是在海门湾、广澳湾一带，这也导致了邻近海域和海滩的纺织物污染。调查中发现，在海门湾中潮带具有1~5 m宽纺织物垃圾污染带，延伸长度约4 km。

7.1.4.2 塑料垃圾污染

在海门湾东北角处，海漂垃圾大量聚集，其中以塑料垃圾为主，由东北角至西南向垃圾逐渐减少，延伸长度约2 km，表层沉积物以灰黑色为主；在两个湾内均有直排海排污口，更有少量养殖排污口。

7.1.5 砂质海岸生态环境问题

砂质海岸大部分区域与海湾调查范围重合，因此这里仅表述砂质海岸侵蚀与淤积的问题，通过岸线动态监测数据对比研究表明，研究区广澳湾岸线发生较为明显的侵蚀，特别是在海滩的中部和下部，受到波浪影响，岸滩地形侵蚀明显，企望湾岸段年均侵蚀速率最高可达8 m/a，海岸被严重侵蚀破坏，滩间向陆迁移严重，大量泥沙被带走。

海门湾岸线基本处于稳定状态，仅局部岸段受人类活动影响发生轻微侵蚀，侵蚀岸段较短；莲阳河入海口两侧海滩整体处于淤积状态，受水动力环境和莲阳河泥沙输送量的影响，在北侧岸滩淤积成长条形沙嘴。

南澳岛前江湾、云澳湾、烟墩湾、九溪澳湾和青澳湾年内侵蚀淤积不明显，海滩后方均建有防护堤坝，总体受人类活动影响大。

夏季受到台风等影响，岸滩发生明显的侵蚀，秋、冬季节剖面逐渐恢复和重建，岸滩淤长，监测结果反映了海岸带在自然环境下的侵蚀和后退趋势。

7.1.6 红树林生态环境问题

7.1.6.1 天然红树林退化

区内仅存的原生天然红树林位于濠江区苏埃湾，历史面积较大。近几十年，该区域因乱砍滥伐、围垦养殖、土地开发等活动，面积急剧减小，周边池塘养殖侵占较多湿地，与榕江连接的通道在土地开发中也逐渐缩小，若没有了海水的潮汐侵淹作用，会加速该片红树林的消亡。目前，汕头市政府已把该区域设为红树林保护区，将有计划地打造成红树林湿地公园。

红树林生态状况评估结果为严重受损，主要受损因素为红树林面积急剧减少，幼苗比例较低，红树植物物种持续消亡，底栖生物群落受损严重，水体溶解氧含量较低，沉积环境变差。说明这片红树林生态系统活力降低，生态异常大面积出现，整个系统的可持续性丧失，生态功能已经严重退化。

7.1.6.2 海漂垃圾污染

研究区人工红树林主要分布在河流出海口处，集中于义丰溪、莲阳河和黄厝草溪。在海水波浪和河流双重作用下，红树林内海漂垃圾聚集主要集中在黄厝草溪和莲阳河沙嘴西侧红树林片区，外砂河双涵、莲阳河泥滩、义丰溪公园及义丰溪心滩洲海漂垃圾相对较少；垃圾种类主要为塑料垃圾、海水养殖泡沫、生蚝养殖木棍、生活垃圾及其他垃圾等；黄厝草溪和莲阳河口处红树林内可见0.3~1 m厚堆积垃圾，严重影响了红树林的生长发育和生态功能的发挥。

7.1.6.3 生物群落受损

通过红树林生物群落评估，其中丰富度指数显示义丰溪心滩洲为受损状态，其他区域为严重受损状态，多样性指数显示所有红树林均为严重受损状态。红树林内生物种类较少，部分海漂垃圾覆盖区域底栖生物极少，甚至未见底栖生物，仅义丰溪心滩洲污染较轻，人类影响较弱，底栖生物数量种类相对较多，这也说明环境污染和人类影响是生

物群落受损的主要原因。

7.1.6.4 沉积环境污染

沉积环境污染分为水质和沉积物污染，根据调查，每个红树林斑块污染物略有不同，其中义丰溪心滩洲红树林水质污染为营养盐、石油类，沉积物污染为总磷、总氮、铅、锌、铜；义丰溪公园红树林水质污染为溶解氧、营养盐、石油类，沉积物污染为有机碳、铅、铜；黄厝草溪红树林水质污染为溶解氧、营养盐、石油类，沉积物污染为有机碳、硫化物、总磷、总氮、石油类、镉、铅、铜、锌、铬；培隆沙滩红树林水质污染为溶解氧、营养盐、石油类、总磷、总氮，沉积物污染为有机碳、硫化物、石油类、铅、锌、铜；莲阳河口红树林水质污染为无机氮，沉积物污染为有机碳、石油类、铅；新溪双涵红树林水质污染为溶解氧、营养盐、石油类，沉积物污染为铅；苏埃湾红树林水质污染为溶解氧、无机氮，沉积物污染为有机碳、硫化物、石油类、铅。总体来看，红树林内均有不同程度的污染，作为特殊的生态系统，各类污染物易在其内富集，形成污染物的汇。

7.2 生态环境保护与修复建议

针对研究区内主要生态问题，提出对应的生态环境保护与修复建议。

7.2.1 海平面上升应对对策

海平面上升造成低洼地带淹没、生态系统受损、沿海防护工程功能降低，加剧风暴潮、滨海城市洪涝、海岸侵蚀、海水入侵等灾害，加重水资源短缺，对沿海地区社会经济可持续发展和人民生产生活产生不利影响。为科学应对沿海海平面上升风险，保障沿海地区经济社会可持续发展和生态文明建设，促进人与自然和谐共生，提出以下应对建议。

7.2.1.1 提高海平面监测预警和风险防范能力

在全球气候变暖的背景下，综合考虑海平面上升对海岸带灾害的加剧作用，提高观测、调查和预警水平。加强海平面观测新技术的应用，在极端海平面高发且站点稀疏区域加强海平面观测。加强海平面变化和极端灾害事件的基础信息收集和调查。强化滨海地区地面沉降和堤防高程监测，防范城市因地面沉降增加相对海平面上升风险。完善海岸侵蚀和海水入侵长期监测体系，提升极端高海平面、咸潮和滨海城市洪涝等早期预警能力。

提升海平面综合风险防范能力。重点针对城市洪涝、海岸防护能力以及土地利用，开展海平面上升影响专题评估和综合风险评估。在海平面上升高风险区和极端海平面事件高发区，提高城市和重大工程设施防护标准，加高加固沿海防潮堤；重新校核入海河口段河堤的防洪标准，根据实际情况升级改造海岸防护工程；提高城市基础设施防洪排涝能力，防止海水倒灌。

7.2.1.2 完善海岸带生态预警监测和修复体系

加强海岸带生态预警监测和评估。利用高新技术手段，加强海岸带生态系统预警监测，结合生态功能区划、自然保护地等成果，掌握气候变化与海平面上升背景下生态状况的时空特征和影响因素，精准评估社会经济发展路径下生态系统的面积、分布和功能变化，科学评价生态系统的退化程度、恢复力和修复适宜性。

强化海岸带生态防护与保护修复。加强基于生态理念的海岸防护，推进海堤的生态化改造。基于评价结果选取最优措施开展岸线岸滩保护和修复，及时对因海平面上升和海岸侵蚀造成防护林大量损毁的岸段进行修复，对易受海平面上升直接影响的入海河口、海湾、滨海湿地与红树林等生态系统进行保护和修复，恢复海岸带生态系统服务功能，提高抵御自然灾害的能力。

加强海平面上升对海岸带灾害、海岸工程和滨海生态系统等影响的专题评估。推动海平面上升影响典型区域试点评估工作，开展海平面上升对沿海滩涂的影响评估，研究海平面上升以及海岸带开发活动和沿海工程建设对重点岸段海岸侵蚀的影响，为海岸带的整治和修复提供科学依据。

7.2.1.3　优化海岸带空间布局

在编制国土空间规划和相关专项规划过程中，充分考虑未来海平面上升影响，加强自然资源保护，积极应对气候变化带来的挑战。将海平面上升作为国土空间规划要考虑的关键要素之一。充分考虑中长期海平面上升对本地区土地、水、生态等的影响，将其纳入国土空间规划编制的重点研究范畴，在科学评估未来海平面上升影响的基础上，转变国土空间开发属性，合理布局重点适应区，推进海岸带修复和防护林等生态工程建设，预留滨海生态系统后退空间，提升沿海国土空间的海平面上升适应能力。

优化城市与产业发展布局。考虑海平面上升的影响，人口密集和产业密布用地的布局应主动避让海平面上升高风险区，特别是生产易燃、易爆、有毒品的工业用地和存放危险品的仓储用地要与海平面上升高风险区保持安全距离。

7.2.1.4　深化国际合作与社会参与

深化国际合作与社会参与，构建海洋命运共同体，共同应对海平面上升，保障人类福祉，实现人与海洋和谐共处。借鉴和引进国际上应对海平面上升先进技术和成功经验，积极提出体现“中国智慧”的“中国方案”，共担海洋环境和灾害风险责任，打造全球海洋治理命运共同体。

构建政府引领、公众和民间组织参与的全社会应对体系，强化政策引导，加大经济投入和社会保障，加强跨地区、跨部门的合作与协调，提升海平面上升应对协同效应，倡导社会公众践行简约适度、绿色低碳的生活方式，参与应对海平面上升与气候变化行动。

7.2.1.5　提高风暴潮防御能力

应将源头保护和全过程修复治理相结合，加强对滨海植被、滩涂湿地和近岸沙坝岛礁等的保护，避免破坏植被和大挖大填等开发活动，保持生态系统的自然特征，为滨海生态系统预留向陆的生存空间。

根据海岸的性质和功能，采取植被修复、沙滩养护和护岸铺设等手段实施海岸带的生态修复，在受海平面上升影响的海岸形成缓冲带，提高抵御和适应海平面上升的

能力。

推进生态海堤建设，基于生态防护理念对现有海岸工程防护体系进行改造，采取护坡与护滩、工程与生物相结合等措施，优先考虑防潮安全，兼顾景观绿化功能，形成应对海平面上升的海岸立体防护模式。

7.2.1.6 提升城市内涝防护水平

在海岸带规划编制、沿海空间布局与滨海城市防洪排涝基础设施建设等方面，充分考虑海平面上升的影响。要根据沿海海平面上升趋势，重新校核沿海城市防洪防潮能力，提高防护堤、排水管道和道路等基础设施的设计标高，在沿海防护工程的规划设计中充分考虑海平面上升幅度，提高沿海地区防护水平。

7.2.1.7 增强海岸侵蚀防护能力

根据沿海地区的风险承受能力，统筹考虑海平面上升幅度和海岸带特点，提升基于生态理念的海岸防护能力。根据本地区的风险评估承受能力，重新校核城市基础设施的防洪排涝能力，根据实际情况进行升级改造。在保障已建海堤防护能力的前提下，推进海堤生态化改造，因地制宜发挥生态减灾的效益。

注重基于生态系统的自然防护。保护红树林、海草床等生态系统，充分发挥沿海生态系统的天然防护作用，倡导基于生态理念的海平面上升适应方案，兼顾碳封存和水质改善，增加海岸带的弹性恢复力，形成抵御和缓解海平面上升和极端海洋天气气候事件影响的天然屏障。

7.2.2 生物多样性保护与修复

作为最早签署和批准《生物多样性公约》的缔约方之一，中国一直积极参与有关公约的国际事务，一贯高度重视生物多样性保护，形成了政府主导、全民参与、多边治理、合作共赢的机制，在推动生物多样性保护方面取得了显著成效。2021 年 10 月 13 日，联合国《生物多样性公约》第十五次缔约方大会第一阶段会议通过《昆明宣言》，承诺加快并加强制定、更新本国生物多样性保护战略与行动计划；优化和建立有效的保护地体系，以推动陆地、淡水和海洋生物多样性的保护和恢复。

研究区内生物多样性已呈急剧下降的趋势，生物多样性保护刻不容缓，具体措施有以下几个方面：①完善生物多样性保护与可持续利用的政策和法律体系。建立健全生物多样性保护和管理机构，将生物多样性保护纳入部门和区域规划，促进持续利用。②减少环境污染对生物多样性的影响，开展河流和近岸海域历史污染治理及修复工作。③开展生物多样性调查、评估和监测，对研究区内生物多样性进行本底综合调查，针对重点物种进行重点调查。④建立完善典型生态系统和典型物种保护机制。以红树林、砂质海岸典型生态系统，河口海湾复合型生态系统为重点，实施生物多样性保护工程，实施珍稀濒危野生动植物抢救性保护工程，建立重要生态系统保护区，健全生物入侵风险管理制度，提升生物多样性保护水平。⑤建立对黑脸琵鹭、小青脚鹬、小天鹅、黑嘴鸥和中华沙秋鸭等中国及世界濒危物种，以及具有地区特色的中华白海豚、绿海龟等珍稀濒危物种的调查、监测网络，实施生物多样性保护工程。⑥健全生物入侵风险管理制度，严防外来物种入侵，加强生物安全管理。⑦建立本地物种和特有种标本和基因库，加强基因多样性保护。加强转基因生物环境释放的风险评估和环境影响研究，完善相关技术标准和技术规范，确保转基因生物环境释放的安全性。

7.2.3　河口生态保护与修复

河口生态修复与保护主要是针对河口区存在的生态问题，以“强化源头控制，河海统筹，分区域治理”为思路，统筹考虑河口区行洪防潮、鱼类洄游繁殖、滩涂湿地生物多样性和鸟类栖息觅食等重要功能建设，采取以自然恢复为主，适当辅以人工干预的生态修复措施，使生态系统的结构、功能不断恢复，构建安全健康的河口生态格局。

7.2.3.1　汕头港淤积治理

前面已对汕头港淤积问题作了阐述，从中可以看出外、内拦门沙是制约汕头港发展的关键问题，而拦门沙的现代沉积均与西溪(外砂河、新津河、梅溪河)直接相关，在榕江口修建的防波堤已经对汕头港的淤积问题起到了积极的作用，有效地减少了通过潮汐潮流进入汕头港的泥沙。航道清淤应首先着重于主要淤积区，如梅溪河口淤积区、妈屿岛西侧淤积区、口门拦沙坝淤积区等，其次是怎样减少潮流沙的输入。从源头来讲，应调整三角洲下游汊道的水沙分配。韩江下游汊道存在“右汊萎缩，左汊发展”的趋势，因势利导，在保证泄洪、防洪的前提下，调整东、西溪的水沙分配，增大东溪的泄洪量和输沙量，减小西溪各汊道的泄洪量和输沙量，这样在潮流、沿岸流、波浪等动力条件基本不变的情况下，西溪的来沙量减少，有利于外、内拦门沙的冲刷，再辅以疏浚工程，可使汕头港的航道大为改善。至于疏浚的深度，外拦门沙应挖至水深大于7 m，调查表明，汕头港外水深7 m以内冲淤变化不大，挖至7 m，可能有利于潮流进退，促进冲刷，挖的太浅很难打破冲淤平衡。在三角洲中、上游修筑工程增加东溪的泄洪量(韩江泥沙主要在洪水期输出，汛期输沙量占全年的87.28%)，例如在江东镇洲头建丁坝挑流，以及在上华镇下溪东村处控制东溪泄洪量，工程量均不是很大。当然调整东、西溪的泄洪比例，关系到耕地的防洪和灌溉，必须论证其可行性。而榕江口的防波堤虽然阻拦部分泥沙的输入，但也必须考虑堤后的泥沙淤积问题，按目前状况来看，湾外泥沙主要淤积在防波堤两侧，后续也会产生一系列问题，如湾内淤积、航道延长、拦沙外移等，还需对韩江三角洲进行综合治理，从宏观方面促进整个韩江的后续发展。

7.2.3.2　河流及近岸海域水质治理

坚持全流域系统治理，深入推进工业、城镇、农村、港口船舶四源共治，推动各河流流域实现长治久清。以国家河流断面标准为基础，围绕“查、测、溯、治”，分类推进入河排污口规范化整治，推进入河排污口规范化管理体系建设，建立入河排污口动态更新及定期排查机制。持续推进工业、城镇、农村、港口船舶等污染源治理。加强农副产品加工、印染、化工等重点行业综合整治。推进高耗水行业实施废水深度处理后回用，强化工业园区工业废水和生活污水分质分类处理。实施城镇生活污水处理提质增效，推进生活污水管网全覆盖，补足生活污水处理厂弱项，稳步提升生活污水处理厂进

水生化需氧量浓度，提升生活污水收集和处理效能。强化农村生活污水治理、畜禽及水产养殖污染防治、种植污染管控。系统推进航运污染整治，加快推进船舶污水治理、老旧及难以达标船舶淘汰，统筹规划建设港口码头船舶污染物接收设施，提升船舶水污染物收集转运处理能力。加强入海河流陆源污染(含海漂垃圾、海滩垃圾)控制，直排海污染监督，削减入海污染负荷。

练江流域作为重点治理流域，需扎实推进污水厂、污水管网贯通，推动印染企业集中入园，引导企业加快转型升级，推进水岸同治、生态修复和“三江连通”工程，加快改善水环境和水生态。

实施水生态保护修复：①开展水生态系统监测评价。以区内河流及重要水库为重点，开展全市分类、分区、分级的水生态调查评估，掌握全市水生态状况及变化趋势，对重要江河湖库开展水生态环境评价。②应以榕江、练江、梅溪河为重点区域，加强水环境治理和水生态修复，加快划定河流生态缓冲带，开展缓冲带建设与修复。③实施以水质改善为核心的流域分区管理，因地制宜综合运用水污染治理、水资源配置、水生态保护等措施，运用控源减排、循环利用、生态修复、强化监管等多种手段，开展多污染物协同治理，以防促治、防治并举，提高污染防治的科学性、系统性和针对性。

7.2.3.3 沉积物质量改善

针对主要污染类型，如重金属、有机质等，重金属污染型河口重点控制重金属排放，可采用化学沉淀法、氧化还原法、吸附法等去除重金属污染；有机质污染型河口可采用植物修复、动物修复和微生物修复等生物修复技术方法去除过量的有机质，改善沉积物质量。

7.2.3.4 生物群落修复

参照生态系统生物种群现状，结合自然环境条件和已有研究基础，通过在湿地种植适宜水生植被，在海上增殖放流、建设人工渔礁等方式，恢复和增加河口湿地生物多样性和生物量。增殖放流可采用放流游泳生物、贝类底播人工增殖等方式，同时强化和规范增殖放流管理，加强增殖放流效果跟踪评估。

7.2.4 海湾生态保护与修复

推进“蓝色海湾”整治，基于河海联动、陆海统筹的指导思想，实现“整体保护、系统修复、区域统筹、综合治理”，采取工程措施与生物措施相结合，自然恢复为主、人工修复为辅的方式开展海湾生态修复，提升海湾的生态环境质量，恢复海湾的生态服务功能，实现区域生态系统的良性循环。

7.2.4.1 生境保护与恢复

对于海洋开发活动占用海洋生态红线区的，通过退出占用区域的方式恢复其面积；对于海洋开发活动影响海洋生态红线区并导致其结构和功能受损、资源量下降的，通过工程措施或生物措施进行生境修复。

7.2.4.2 入海污染物总量控制

对排入海湾的污染源进行源头控制，控制养殖污水、临港工业污水，以及其他产业污水排放，减少入海污染物总量，完善入海排污口管理制度，开展重点流域水环境综合整治，根据海湾环境容量实施入海污染物总量控制。

7.2.4.3 海漂垃圾和海滩垃圾治理

强化海湾周边城镇、工业污染源及海漂垃圾的防治和监管，注重加强海漂垃圾和海滩垃圾源头管控；合理设置垃圾收集设施，建立海漂垃圾打捞和海滩垃圾清运制度。

7.2.4.4 海湾水体生态修复

主要针对富营养化海域，采用大型海藻(如江蓠、龙须菜、海带等)、贝类等进行生态修复。在网箱养殖区，低温季节可选用龙须菜、高温季节可选用江蓠进行生态修复；在污水排放海区，可选用由贝类和大型海藻组成的贝藻复合生态系统进行生态修复。

7.2.4.5 增殖放流

根据海湾生态系统特点，实施海洋生物增殖放流，完善群落结构，恢复海湾生产力。科学评估增殖放流的必要性，放流品种的选择要符合渔业行政主管部门要求。增殖放流应遵守省级以上人民政府渔业行政主管部门制定的水生生物增殖放流技术规范，采取适当的放流方式，科学、合理地选择放流时间和地点，防止或者减轻对放流水生生物的损害。

7.2.5 砂质海岸生态保护与修复

针对区内砂质海岸生态环境问题，开展相应的岸滩整治与生态修复，最大程度地恢复海岸自然形态、地貌和植被单元，提升海岸防护能力，恢复和改善海岸生态功能。整治与生态修复范围向海侧包括前滨、内滨和水下岸坡，向陆侧包括海崖、上升阶地、陆侧的低平地带、沙丘或稳定的植被地带。主要保护修复方法有以下几种。

1)近岸构筑物清除

清除海湾内非必要的近岸构筑物，通过泥沙冲淤数值模型或物理模型，分析预测构筑物拆除前、后海域的冲淤变化情况，评估构筑物拆除对泥沙冲淤环境的改善效果以及构筑物拆除后是否会造成岸滩侵蚀等不利影响。恢复海岸稳定性，改善水文动力和冲淤环境。

2)砂质海岸修复养护

兼有海水浴场功能的海滩，近岸水质应不低于第二类海水水质标准，兼有旅游景观功能的海滩，近岸水质应不低于第三类海水水质标准。沉积物明显不足的海岸不适用循环养护，禁止将近岸区域作为沙源，应根据设计要求在合法采沙区采沙，作为异地沙源。对具有循环养护条件的区域，可基于岸滩泥沙运移分析合理设置取沙区和补沙方案。结合沙滩稳定性和生态保护要求，采用人工沙源、旁通输沙、人工岬头、管沟归并等技术手段优化沙滩修复布局，提升海滩整体效果，实现可持续性修复。侵蚀岸段应采用工程措施与生态措施相结合方式开展防护。

3)后滨植被修复

修复沙滩后滨植被，构建多层级复合型后滨植被结构，形成海岸风沙防护体系，构

建后滨生态景观。在植物种类选择上，以乡土植物为主，合理配置植物群落模式，选择不同的抗风、抗旱、耐盐、耐贫瘠的植物作为修复工具种。根据不同的生境选择不同功能要求的植物，如防风耐盐植物、水土保持植物、固沙植物等。优先选择乡土种，适当选用经相似区域试验切实可行的种类。

7.2.6　红树林生态保护与修复

红树林生态系统的受损状况是红树林生态系统最重要的指标，关系到红树林生态系统的现状与未来发展趋势，是对红树林保护进行科学决策的根本指标。根据上述红树林的综合评估与受损原因分析，现对红树林的保护与修复措施作以初步探讨。

7.2.6.1　红树林保护

1)加强顶层设计

加强顶层设计，积极开展调研，通盘考虑地方经济发展和红树林保护两者的关系，在保护好红树林的基础上留足地方经济未来发展的空间。在自然资源部、国家林业和草原局等相关部门的统一部署和监督指导下，协调落实红树林修复任务，省级单位负责本地区行动计划的组织实施，市、县级履行红树林保护修复主体责任，负责建立保护修复协调机制，组织实施红树林生态修复具体工作。自然保护地管理机构依法履职，完善红树林保护制度，加强日常监督管理。

2)划定生态保护红线

国家在陆地和海洋生态空间具有特殊重要生态功能、必须强制性严格保护的区域划定了生态保护红线。各地方应根据实际情况，详细划定本地区的生态保护红线。红树林作为生态保护红线重要内容，应纳入国土空间规划“一张图”严格监管，这样有利于减少人类活动对红树林的影响，维持红树林生态稳定性。

3)实施红树林整体保护

在生态保护红线划定中，按照应划尽划、应保尽保的要求，依据相关基础性调查及科学评估成果，将红树林相关自然保护地，以及自然保护地外的红树林、红树林适宜恢复区域全部划入生态保护红线实行严格保护。从严管控涉及红树林的人为活动，红树林自然保护地核心保护区原则上禁止人为活动，其他地区严格禁止开发性、生产性建设活动，可在有效实施用途管制、不影响红树林生态系统功能的前提下，开展适度的林下科普体验、生态旅游以及生态养殖，经依法批准进行的科学研究观测、标本采集等活动。除国家重大项目外，禁止占用红树林地；确需占用的，应开展不可避让性论证，按规定报批。

优先保护红树林生态系统，目前研究区内已建立自然保护区一处，红树林公园两处，对现有的其他红树林斑块也需进行保护，如黄厝草溪、培隆沙滩适合建立保护区，莲阳河口适合开发成公园。

4)加强红树林自然保护地管理

落实中共中央办公厅、国务院办公厅印发的《关于建立以国家公园为主体的自然保护地体系的指导意见》和自然资源部、国家林业和草原局印发的《关于做好自然保护区范围及功能分区优化调整前期有关工作的函》等文件要求，各地按照保护面积不减少的要求，完成现有红树林自然保护地的优化调整，并推进新建一批红树林自然保护地，不得将养殖塘区域调出保护区范围。

对红树林自然保护地内违法养殖塘依法全部予以清退；对现有的合法养殖塘，到期后不得再续期；对未到期的鼓励提前退出，给予合理补偿。清退后要对原养殖塘区域进行必要的修复改造，为营造红树林提供条件。

按照自然保护地管理有关规定，加强基层红树林保护管理机构建设和专业人员培养，改善红树林保护管理、监测和宣教等基础设施和装备能力。

可在红树林保护范围周边设置一定宽度缓冲区，建设滨海植物生态廊道，改善高潮区以上区域生态环境，防止水土流失，严禁在红树林区域排放“三废”。

5）强化红树林生态修复的规划指导

贯彻《全国重要生态系统保护和修复重大工程总体规划（2021—2035年）》，加快制定海岸带生态保护和修复、自然保护地建设及野生动植物保护重大工程建设规划，继续落实《全国沿海防护林体系建设工程规划（2016—2025年）》《海岸带保护修复工程工作方案（2019—2022年）》等，在海洋生态保护修复、湿地保护修复、自然保护地体系建设中统筹红树林保护修复工作，明确红树林保护修复的区域布局、建设任务、重点内容。具体包括：编制红树林保护修复行动具体实施方案，制定红树林保护区内养殖塘等人工设施清退计划，落实资金来源和保障措施。

6）实施人工修复

近年来，随着“南红北柳”政策的提出，我国南方各沿海省份广泛实施防护林建设工程及红树林修复恢复工程，红树林面积得到较明显扩大，但也存在宜林地面积规划科学性不足、人工种植红树林保存率低、保护监督管理机制不健全等问题。这些问题就需要科学修复来解决。

在红树林资源现状调查的基础上，科学论证、合理确定红树林适宜恢复地。在自然保护地内养殖塘清退的基础上，优先实施红树林生态修复，坚持宜林尽林，优先选用本地红树物种。统筹开展现有红树林生态系统中林地、潮沟、林外光滩、浅水水域等区域的修复，特别是对人工纯林、生境退化的红树林进行抚育，采取树种改造、潮沟和光滩恢复等措施，对红树林生态系统进行修复。

加强后期管理，对新营造的红树林采取严格的保育措施，落实管护责任，对成活率不达标或分布不均的地块进行补植，根据红树林生长规律，定期对红树林营造质量及成效进行评估。营造1年后，对其成活率、生长情况等进行评价；营造3年后，对其保存面积、林分健康状况等进行全面评价，根据评价结果，制定和落实后续保护修复措施。同时，还需防控有害生物，对有害生物进行调查和风险评估，建立有害生物监测预警及风险管控机制。

开展红树林种苗基地摸底调查，加强现有红树林种苗基地建设，新建一批红树林种苗基地，提高红树林种苗供给能力。

7）强化红树林科技支撑

开展红树林品种选育、引种试验、栽培抚育、病虫害防治、珍稀物种保护、有害物种防控、结构单一人工林与退化次生林提质改造、红树林减灾功能等重要课题的研究和

技术攻关，加强现有技术集成与推广应用，推动“产学研用”一体化建设。完善红树林保护修复研究基础设施和标准体系，建设一批红树林生态定位站、重点实验室、工程技术研究中心和示范基地。健全红树林保护修复标准体系，制修定相关标准规范。

8)加强红树林监测与评估

自然资源部、国家林业和草原局及各地方机构长期对中国主要红树林和红树林保护区开展监测工作，涉及海岸带生态系统或林业方面研究的高校和科研院所也以科学研究为目的的开展红树林区生态调查和监测。目前建立的观测站有海南东寨港红树林湿地观测站和广东湛江红树林湿地观测站，并在福建省也建立了一批涉及红树林监测的野外科学观测站，这些观测网的建立，对红树林植物、生物及生态保护恢复具有重要的意义。

研究区内目前还没有建立观测站，其主要原因是区内红树林面积太小，且没有建立起完善的观测体系，汕头市未来的国土空间规划和发展中，红树林湿地会进一步扩大，此时建立观测站就愈加紧迫，同时还要将观测数据同国家的观测网相连接，达到数据的互通共享。

在实施红树林生态修复过程中，需对其进行跟踪评估，对红树林生态修复项目区域的生态环境、项目实施情况、生态系统恢复效果、防灾减灾能力和综合效益进行长期监测和评估，促进生态修复项目取得实效。

9)加强宣传保护倡导全民行动

各地应积极开展红树林保护修复宣传教育，对典型案例、有效模式和先进人物进行广泛宣传，充分调动公众参与红树林保护修复的积极性，建立健全社区共建共管机制。近 30 年来，国内涌现了几千家环保组织和社会公益团体，如深圳市红树林湿地保护基金会、中国红树林保育联盟和蓝丝带海洋保护协会等多家民间组织致力于宣传、保护及修复红树林工作。

推动国际交流与合作，在红树林湿地及其生物多样性保护方面，中国已与联合国环境规划署(UNEP)、世界自然基金会(WWF)、世界自然保护联盟(IUCN)、全球红树林联盟(GMA)等国际组织建立了长期合作，引进技术和资金，学习借鉴国外先进理念和前沿成果，助力我国红树林的保护修复。

10)完善相关法律

中国已出台《中华人民共和国森林法》《中华人民共和国野生动物保护法》《中华人民共和国环境保护法》《中华人民共和国海洋环境保护法》等多个与红树林相关的法律法规，沿海各地方政府也出台了红树林保护规定和保护条例等，但目前还没有统一的红树林修复法规，建议在《中华人民共和国湿地保护法》制定和《中华人民共和国海洋环境保护法》修订及相关地方性法规修订中完善红树林保护修复法律制度。同时，完善地方红树林保护修复制度，应根据地区实际，健全红树林保护与修复制度体系，落实在国土空间规划中统筹划定 3 条控制线的有关规定，明确对红树林保护区域内允许开展的有限人为活动的具体监管要求。

11)推进市场化保护修复

保护和恢复红树林，在社会参与、开展有关研究和监测等方面均有赖于资金的支持。鼓励社会资金投入红树林保护修复，研究开展红树林碳汇项目开发，探索建立红树林生态产品价值实现途径。也可以引进新的金融机制，如碳市场、蓝色债券和基金保险的投资，为红树林的保护和恢复提供更多机会，其中私人资本与慈善机构或政府拨款相结合的“混合”融资模式正在开发中。

7.2.6.2　红树林修复

开展区域性的红树林生态修复，根据红树林土地利用类型转变和现有红树林退化现状，明确保护和修复的空间布局，综合采取自然恢复、人工辅助修复和重建性修复等措施。优先开展现有红树林的保护和退化红树林的生态修复，应充分考虑鸟类栖息地、重要水生生物栖息地等湿地的保护，防洪泄洪通道保护，以及岸线防护和生态减灾功能提升等需求。

为提高红树林生态系统的整体质量，丰富红树林生态区的生物多样性，充分发挥红树林的生态防护功能，实现红树林海岸地区社会经济与生态环境的和谐发展，需要对已经严重退化的红树林生态系统实施修复。多年的理论研究与实践探索表明，针对造林生境的差异，将红树林生态修复划分为新建造林、修复造林与特殊造林3种造林类型，并从红树林修复的规划设计、种苗造林、抚育管理与检查验收等不同技术环节进行。

1)修复步骤

①在生态本底调查的基础上掌握退化红树林及其周边区域的生态环境现状，确定红树林的退化程度并分析退化原因；②制定生态修复的中长期目标，确定生态修复方式；③根据生态退化的现状和生态修复目标编制方案，制定具体的修复内容和技术措施等，明确修复项目短期内实现的具体目标；④实施修复区域的管护，在实施后开展修复项目跟踪监测和阶段性修复效果评估，了解修复目标的实现情况，开展适宜性管理。

其中修复目标为，生态系统组分、重要生态过程、重要生态功能；生态修复短期目标为：威胁因素消除(敌害生物、污染防控、人类活动、其他因素)、生境要素修复(水动力条件、地形地貌、底质环境、其他条件)、人工植被修复(种植区域、物种选择、种植方式、种植计划)、跟踪监测。短期目标的实现期限为3~5年。

生态修复中长期目标为，经过一定时期修复后的红树林生态系统达到预期的状态及水平。总体上考虑生物群落、自然环境、重要生态过程和功能的恢复等方面，设定目标时明确对应的生态系统参数并量化其恢复的水平。中长期目标的实现期限，生物和自然环境因子可设定为20年，生态过程和生态功能的恢复以40年为宜。

2)修复方式

(1)天然林修复。

天然林存在严重的威胁因素导致植被退化，修复方式以人工辅助修复为主。修复措施有：消除人为干扰(养殖鱼塘的清退、人工建筑的侵占)、修复生物生境因素(保持天然林内畅通的水文连通性)和开展红树林补种(本土红树植物为主，如桐花树、白骨壤、木榄等)。

清退养殖塘的生态修复：红树林被破坏并建设成海水养殖塘的区域，根据养殖塘的类型和养殖区域的生境条件因地制宜选择修复方式。低位养殖塘退养后，通过围堤开口或者平整滩面恢复水文条件，并根据养殖塘的高程和底质类型等条件，采用植被自然恢

复或开展人工种植恢复红树林植被，或通过生境改造后进行植被恢复。高位养殖通过打开潮闸和开挖潮沟等措施恢复水文条件，并进行高程改造使其满足红树林生长的需要，实现植被的自然恢复或开展人工种植。养殖塘开展红树林生态修复时，可适当营造生态养殖、水生生物栖息和水鸟的觅食空间，提高修复项目的生态和社会效益。

(2)人工林修复。

人工林内主要树种为海桑、无瓣海桑、拉关木，针对无瓣海桑和拉关木两种国外引入的红树物种，应因地制宜地加强管理。无瓣海桑果实内种子小，数量多，有更强的传播能力，所以低纬度地区无瓣海桑有更强的潜在入侵性(文玉叶，2014)。对于以红树林为保护对象的自然保护地，如无瓣海桑和拉关木入侵至原生植物群落中，要开展清除工作。对于以鸟类栖息地为保护对象的保护地，及时拔除红树林外围滩涂区域的无瓣海桑、拉关木幼苗；清除时贴近地表，防止其分蘖萌发，幼苗以拔除为主。对于保护地以外区域成片种植的无瓣海桑或拉关木，如对周边的渔业生产、水生生物或乡土红树林植被造成负面影响的，开展植物群落的改造，逐步修复为乡土红树物种。在不会引起区域生态环境不利影响的条件下，可通过疏伐降低植被的郁闭度，种植耐荫能力强的乡土物种，改造为与乡土物种的混交林并加以抚育，在乡土物种郁闭成林后再清除外来物种。

目前人工林内出现红树林退化现象主要是大量海漂垃圾，污染物累积造成水体混浊、发黑和发臭，在加强管理的前提下，对人工林内海洋垃圾进行清除，之后再用微生物等方式改善沉积物质量；通过混种本地红树林树种，循序渐进改变红树林植被群落，在面积较大的红树林斑块内增加潮水沟数量，通过人工和自然两种方式，逐渐改善人工生态系统。

(3)区域性的红树林生态修复。

滩涂高程、水动力条件和底质类型等是判断某一地块是否适宜红树林生长的主要生境因素。对于区域性的红树林生态修复，根据滩涂条件、养殖塘情况和红树林生长的生境要求，选择可实施修复的地块。此外，可将周边区域现有红树林分布地生境条件作为修复地块的选址或判断某一地块是否适宜红树林生长的依据。在确定修复地块后，进一步确定红树林的种植范围。在确定种植范围时，适当保留一定的潮沟、林外滩涂和海陆交界缓冲带等空间，预留人员下海通道。

退化红树林地形地貌修复：开展退化红树林的修复，必要时可通过适当的覆土或者移除表土以恢复滩涂的高程条件。对于因红树林地不能正常潮汐交换导致长期淹水或盐渍化而造成生态退化的区域，可通过数模结果设计开挖潮沟以促进水动力条件的恢复。

滩涂地形地貌修复：滩涂底播养殖区域退养后可恢复为自然滩涂，根据滩面微地形确定是否平整滩面。牡蛎等养殖区域，退养后清理条石、木桩等废弃养殖设施并恢复滩涂的微地形条件。如滩涂高程条件不适宜红树林生长，采用连片填土或者局部堆高的方式恢复滩涂的高程条件。局部堆高的措施包括起垄、堆岛等；对于面积较大的修复项目，以堆岛的形式为宜。通过连片填土和堆岛抬高高程的项目，设计一定的轻微坡度以促进排水。对于通过高程改造并且设计滩面坡度的修复，可通过自然水文动力过程形成潮沟，不需要设计开挖潮沟。

海岸冲刷的防护：风浪较大导致岸滩侵蚀，或者因海岸工程导致水文动力条件改变和岸滩侵蚀的区域，通过工程措施减弱海浪对修复区域的冲刷，保证修复区域的滩面稳固，或者形成淤积的环境。根据岸段受冲刷情况、河势变化、水动力条件等，在需要加强防护的区段进行抛石或修建水工构筑物进行消浪。常用的方式包括沿岸抛石、修建消波栅栏、简易水泥管防波堤坝或简易沙包防波堤坝进行有效消波和减少林地泥沙流失。对堤前滩涂有侵蚀性的海岸，抛石或堤防不能防止前滩的冲刷，应在海滩的侵蚀深处修建保滩护岸工程，工程措施可采用丁坝群以及丁坝群与浅堤相结合的布置，使泥沙在堤坝内淤积。

沉积物环境修复：红树林生长的底质类型包括软底型（河口海湾环境下的淤泥质潮滩）、硬底型（开阔海洋环境下的砂砾质潮滩）及其间的过渡类型，并且需要一定厚度的土层。砂质、排水不畅的淤泥质滩地和干涸的区域均不利于红树植物生长。对于底质污染（如重金属、有机污染物等）严重区域，宜采用物理（换土、深翻等）或生物（微生物、动物作用等）措施等降低污染胁迫影响。高密度养殖的池塘底泥中富含大量饲料残渣和动物粪便，呈缺氧和酸化的状态，不利于红树植物生长。在开展红树林修复前，可在干塘后采用深翻和晒塘的措施改善沉积物的物理和化学条件。沉积物底质类型总体上与海洋动力条件和泥沙输入密切相关，因此，沉积物环境的修复需要同时考虑海洋动力条件是否能满足底质稳定性维持的要求。在泥沙质岸滩进行改造且周边区域没有或足够泥沙输入的修复项目，宜采用工程措施减少海浪对泥沙的冲刷。对于风浪较小的隐蔽区域，如土壤中砾石含量高或者土层薄，可适当覆土并种植根系分布较浅的灌木物种。

（4）红树林植被修复。

对于红树林无法通过自然再生能力实现植被自然恢复时，采用人工种植或补植的形式修复植被。在这种情况下，应确定修复的物种、种植密度，以及种植的技术方法等。退化红树林进行植被修复时，宜使用退化区域的原生物种进行修复。根据种植面积、种植地块和不同物种的潮间带分布特征，合理分配种植范围、确定关键坐标点、设计物种的搭配种植方式（包括单一物种种植和混交种植）。在保证红树林成活和正常生长的前提下，尽可能丰富红树物种多样性。在滩涂高程较低或水文条件较差的区域，可先种植先锋红树物种，在植被形成并逐步改良生境后再根据需要恢复其他物种。研究区植被修复物种选择如表7-2所示。

表7-2　不同底质类型及滩涂高程下的红树物种选择

底质类型	高潮带	中潮带	低潮带
沙质	木榄、卤蕨、黄槿、海杧果等	白骨壤	白骨壤
淤泥质和泥沙质	木榄、卤蕨、老鼠簕、黄槿、海杧果等	桐花树、秋茄、老鼠簕、白骨壤	桐花树、秋茄、白骨壤

种植方式：种植方式包括直接插植胚轴、播种胚轴（或种子）、种植容器苗或移植大苗等。在保障保存率的情况下应优先采取直接插植胚轴和种植低龄容器苗的方式。

种植密度：自然条件下红树林植物群落的密度因物种的形态特征和生长特性而异。优先根据生态本底调查获取的密度信息设计种植密度。当生境条件较差或者周边存在互花米草等生物入侵风险时宜适当提高种植密度。具体种植密度可参照表7-3。

表 7-3　研究区红树林修复主要物种初植行间距建议　　单位：m

红树物种	胚轴苗	1~3 年生苗	3 年生以上苗
真红树			
木榄	0.4~0.6	0.5~1.0	0.5~2.0
卤蕨	—	0.1~0.2	0.2~0.3
白骨壤	—	0.4~0.8	0.4~1.5
老鼠簕	—	0.1~0.2	0.2~0.3
桐花树	0.2~0.4	0.3~0.6	0.3~0.6
秋茄	0.2~0.5	0.4~0.8	0.4~1.5
半红树			
黄槿	—	1~2	2~3
海杧果	—	1~2	2~3

注：—表示不用胚轴苗，用幼苗种植。

种植时间：红树物种的种植时间应根据种植方式、繁殖体成熟期和气候条件等确定。采用繁殖体进行种植，应在繁殖体成熟前完成修复区域的前期准备工作，并在繁殖体成熟期间开展种植；采用幼苗进行种植，以春季至秋季种植为宜；纬度较高的地区，宜在夏季结束前完成种植；若涉及多个物种和不同种植方式混合种植，宜同时开展种植工作。不同物种的种植时间如表 7-4 所示。

表 7-4　研究区红树林修复主要物种的种植时间

物种	宜林时间	物种	宜林时间
秋茄	2—10 月	白骨壤	3—10 月
桐花树	3—10 月	黄槿	4—10 月
木榄	3—10 月	海杧果	4—10 月

根据上述保护修复方法，结合研究区红树林调查结果，制定了初步的保护修复方案（表 7-5）。

表 7-5　研究区不同沉积环境红树林保护修复方案

地点	主要生态问题	威胁因素	修复方式	修复措施
现有红树林区域				
义丰溪心滩洲	幼苗比例较低	—	自然恢复	加强保护
义丰溪公园	幼苗比例较低 底栖生物较少	—	人工辅助修复	增加潮水沟 改善沉积环境 开展红树林补种
黄厝草溪	幼苗比例较低 底栖生物较少 沉积环境较差	污染物排放和海漂垃圾	人工辅助修复	清除海漂垃圾 增加潮水沟 开展红树林补种 微生物改善环境

续表

地点	主要生态问题	威胁因素	修复方式	修复措施
培隆沙滩	幼苗比例较低 底栖生物较少 沉积环境较差	污染物排放和海漂垃圾	人工辅助修复	清除海漂垃圾 增加潮水沟 开展红树林补种 微生物改善环境
莲阳河口	林带宽度较窄 沉积物粒度较粗	红树林赶海	人工辅助修复	增加种植面积 加种本地植物 严格赶海活动
新溪双涵	幼苗比例较低 底栖生物较少	—	人工辅助修复	开展红树林补种 加种本地植物
苏埃湾	面积逐渐减少 沉积环境变差 幼苗比例较低 水文连通性变差	海岸工程建设和 海水养殖	重建性修复	清退池塘养殖 修复池塘环境 种植本地植物 疏通水文连通性
历史红树林区域				
牛田洋南岸	围填海成养殖区	海水养殖	重建性修复	人工种植本地植物
肚侨	围填海成养殖区	海水养殖	重建性修复	清退部分养殖 修复池塘环境 种植本地植物
珠浦	围填海成养殖区	海水养殖	重建性修复	清退部分养殖 修复池塘环境 种植本地植物
河渡	围填海成养殖区	海水养殖	重建性修复	清退部分养殖 修复池塘环境 种植本地植物
未来规划种植区				
六合围	水深较深 潮汐作用较强	海漂垃圾和海水养殖	重建性修复	地形地貌修复 海岸冲刷防护 沉积物环境修复 人工种植红树林
塔岗	沉积环境较差	海岸工程建设	重建性修复	改善沉积环境 增加水文连通性 人工种植红树林
金狮喉	沉积环境较差	海岸工程建设	重建性修复	改善沉积环境 增加水文连通性 人工种植红树林
东海岸沿岸	水深较深 砂质基底 潮汐作用较强	—	重建性修复	地形地貌修复 海岸冲刷防护 沉积物环境修复 人工种植红树林

（5）修复区域管护。

红树林生态修复工程实施后，应对修复区域和周边区域进行有效管护。管护时间根据红树植物的物种设定：速生物种为主的种植区域，管护时间可设定为1~2年；非速生物种的种植区域，管护时间可设定为2~4年。根据修复区域存在的干扰因素，制定有针对性的修复区域管护措施。

管护措施包括：封滩育林，禁止在红树林区域进行与保育无关的作业，可采取专人巡视看护、设置警示牌和在林地周围布设防护网等措施加强保护，但需注意防护网的布设不宜影响红树林与周边生境动物和繁殖体的交流。

定期清理红树林区域的海漂垃圾和杂草，防治病虫害、污损生物和外来入侵生物等有害生物，同时保护红树林中的海洋生物。

限制周边区域会对红树林造成不利影响的项目的开发活动，如海岸工程建设、污染物排放、清淤、采沙、水上运输等。

（6）生态修复监测。

生态修复监测的目的在于了解生态系统的状态及其变化趋势，为分析生态修复目标的实现和产生的综合效益提供数据。

生态修复监测包括修复工程实施前修复区域的本底调查和实施后的连续监测。根据需要开展修复项目实施过程中周边区域的生态环境监测，生态修复的方案编制阶段应同步制定生态修复监测方案，明确详细的监测计划。条件允许的项目，应设定固定监测站位开展长期持续的跟踪监测。

根据红树林生态修复的目标选择需要开展监测的内容和参数，生态监测内容包括红树林植被、其他生物群落、生境条件、生态过程等。在不同阶段的监测，内容可有所侧重。

对应生态修复的短期目标，在项目验收前，生态监测的内容应结合修复的对象和工程内容进行设定。涉及生境修复和敌害生物清除等威胁因素，应开展生境要素和威胁因素的监测，并确定反映威胁因素影响强度的具体监测指标。涉及红树林种植的项目，应在种植后开展连续监测，掌握幼苗的成活率、保存率和面积等。

对应生态修复的中长期目标，生态监测内容侧重重要物种、重要生态过程和功能的相关参数的监测。条件允许的项目，除分析修复目标实现情况所需的监测内容外，可开展连续的综合性生态监测。但无论采用何种修复方式，红树林植被监测是生态监测中必须开展的工作。

（7）生态修复效果评估。

根据生态修复的阶段性目标、中长期目标和生态修复监测的实施进度，进行生态系统修复效果的阶段性和终期评估。根据项目实际情况选择生态修复效果评估的内容。修复效果评估的内容可包括但不限于：红树林植被恢复；动物群落的恢复；生境条件的恢复；威胁因素的消除；重要生态功能的恢复。

在生态修复工程完成后5年内，重点评估红树林植被覆盖情况、红树林植物群落、大型底栖动物和树栖软体动物群落恢复情况、沉积物环境恢复情况等。如修复项目涉及生境修复和威胁因素消除的，在工程完成5年内也宜开展生境修复效果和威胁因素消除效果的评估。在生态修复工程完成5年后，宜开展重要生态学过程恢复和生态功能恢复效果的评估，其中生态功能恢复包括生态系统固碳、消浪缓流和生物多样性维持等。

（8）生态修复适应性管理。

人工种植的红树林，在红树林种植后定期观测胚轴的萌芽和幼苗的成活情况，当幼苗的成活率小于75%时宜开展补种，这种短期管护可在1年后结束。短期管护结束后，根据红树幼苗保存情况采取必要的补种，直至种植工程验收结束。根据修复后红树林滩涂的威胁因素、地形地貌的维持、水体交换程度、沉积物环境，红树林植被以及其他生物群落等恢复情况，判断修复采用的技术是否有效；对于修复效果不理想或修复目标未实现的，分析失败的原因，必要时调整修复措施和技术，或引入一些新的修复措施和技术。

7.3 生态环境综合治理

坚持陆海统筹、河海联动、系统治理，推动近岸海域生态环境质量持续改善。严守海洋生物生态休养生息底线，防范和降低海洋生态环境风险，健全海洋综合管理体系。建设“水清滩净、鱼鸥翔集、人海和谐”的美丽海湾，“让人民群众吃上绿色、安全、放心的海产品，享受到碧海蓝天、洁净沙滩”。

7.3.1 推进陆海污染协同治理

开展入海排污口分类整治。应全面完成本地区各类入海排污口摸排、监测和溯源，建立入海排污口“一口一档”动态管理台账。按照“一口一策”原则，进行入海排污口分类整治，全面清理设置不合理排污口，取缔非法排污口，建立整治销号制度，实施差别化、精细化管控。持续推进入海河流综合整治，加强义丰溪、黄厝草溪、莲阳河、外砂河、新津河、梅溪河、榕江及练江等主要入海断面水质控制，尤其是氮磷入海总量减排。持续开展练江消劣巩固行动，对水质中劣五类指标进行精准综合整治。规范入海排洪泄洪沟渠管理，建立台账清单，加强源头管控和截污治理，分类实施水质达标治理和提升。对于纺织印染、医药、食品、电镀等行业整治提升，严格工业园区水污染管控要求，加快实施“一园一档”“一企一管”。加强对重金属、有机有毒等特征水污染物的监管。

加强生产生活污水治理。对于工矿企业和污水处理厂等重点固定污染源的污水治理和尾水排放控制，提高脱氮除磷能力和效率，加强达标排放监管和氮磷在线监控。加快补齐汕头（市、区）污水收集处理和尾水排放基础设施短板，在确保污水稳定达标排放前提下，优先将达标排放水转化为可利用的水资源，就近回补自然水体，推进区域污水资源化循环利用。

全面开展黑臭水体整治。开展各城区及农村内沟渠黑臭水体治理，采取控源截污、垃圾清理、清淤疏浚、活水循环、生态修复等措施，加大黑臭河段和沟渠清理整治。健全长效管理机制，巩固提升黑臭水体治理效果。加快推进海绵城市建设，控制城市地表径流污染。

海水养殖污染防治。全面落实养殖水域滩涂规划制度，开展海水养殖容量调查评估，实施“以水定产”，落实依规持证养殖。推广环保型全塑胶渔排和深水抗风浪网箱，发展绿色生态健康养殖模式。持续监测海水养殖的累积性污染问题，制定海水养殖尾水排放地方标准。

加强港口和船舶污染控制。严格执行船舶污染排放标准，加大对不符合排放标准船舶的改造力度。推进港口码头污染物接收、转运及处置设施建设，提升船舶含油污水、化学品洗舱水、生活污水及垃圾和压载水等接收处置能力。推进船舶生活污水、生活垃圾与城市环卫公共处理系统的有效衔接，建立船舶污染物“船—港—城”一体化处理模式。

7.3.2 实施海洋生态保护修复

加大红树林、重要滨海湿地等典型生态系统、“三场一通道”(产卵场、索饵场、越冬场和洄游通道)和重要渔业水域的保护力度，严守海洋生态保护红线，加强候鸟迁徙路线和栖息地保护，开展重点海洋生态区保护修复，促进生物多样性保护，建立健全海洋生物生态监测评估网络体系。

强化滨海湿地保护与整治修复。严格管控新增围填海，除国家重大项目外，全面禁止围填海。坚持自然恢复为主、人工修复为辅，系统推进受损退化滨海湿地生态修复和综合治理，开展广澳湾、海门湾和榕江、莲阳河、练江等河口湿地的保护修复。推进“蓝色海湾”整治行动项目和湿地修复工程。

开展红树林保护与修复。统筹开展现有红树林生态系统中林地、潮沟、林外光滩、浅水水域等区域的修复。在适宜恢复区域营造红树林，在退化区域实施抚育和提质改造，提升红树林生态系统质量和功能。

推进海岸线保护与修复。建立自然岸线台账，每年分解下达自然岸线保有率要求，确保自然岸线保有率不低于国家要求。加强广澳湾、海门湾受损岸线修复提升。排查非法、散乱、低效的生产岸线，逐步有序修复为自然岸线。推进侵蚀岸线修复，强化砂质岸线岸滩保护和修复，推进莲阳河口等砂质岸线生态修复。探索设立海岸退缩线制度。

强化海洋生物资源养护。严格控制海洋捕捞强度，继续实行伏季休渔制度。加大涉渔“三无”船舶清理取缔力度，强化捕捞渔船双控管理。加强海洋生物资源增殖与保护，规范实施水生生物增殖放流，加强放流物种、放流水域效果评估，促进海洋重要渔业资源恢复。统筹开展渔业资源系统性评估，科学规划渔业可持续发展，加强渔业资源养护。

7.3.3 大力推进美丽海湾创建

实施重点海湾综合治理攻坚。系统开展海门湾、广澳湾等水质综合治理，提升重点河口海湾生态环境质量。整治周边入海溪流、入海排污口，减少入海污染物排放，推进两个湾入海排放口分类整治。开展水产养殖综合整治，改善南澳岛生态环境。针对其他水交换能力不足、水质明显下降的重点海湾，详查整治海湾沿岸各类入海污染源，强化氮磷入海控制，实行湾内新(改、扩建)建设项目氮磷排放总量减排置换，实施退堤还海、退养还海、清淤疏浚等措施，“一湾一策”推进生态治理和水质提升。

推进海漂垃圾综合治理。建立完善"岸上管、流域拦、海面清"的海漂垃圾综合治理机制。夯实海漂垃圾源头治理、分类减量化，加强入海垃圾的源头管控和治理。加强巡河管护，严控陆源垃圾入海。强化海上垃圾治理，以渔排渔船渔港为重点，推进渔业垃圾减量化，督促引导养殖、捕捞渔船配备垃圾收储装置，做好渔港环境清理整治和水域日常保洁。加快建设完善海湾沿岸、河流两岸镇村垃圾收集、转运设施，完善海漂垃圾配套基础设施，在海上养殖集中区、重点渔港区，规范选址建设一批环卫船舶靠泊点和上岸垃圾集中堆场。规范处置上岸垃圾，构建完整的海漂垃圾收集、打捞、运输、处理体系，持续推进海漂垃圾清理和分类整治。

提升公众亲海环境品质。优化海岸带生产、生活和生态空间布局。严控生产岸线，保护自然岸线和生活岸线。保护提升海洋休闲娱乐区、滨海风景名胜区、沙滩浴场、海洋公园等公共利用区域内的海岸带生态功能和滨海景观，保障公众亲海空间。加强海水浴场、滨海旅游度假区等亲海岸段入海污染源排查整治，完善滨海配套公共设施，实施亲海岸段在线监控和精准清理，提升亲海品质，打造生态休闲绿色海岸带。强化砂质岸线和亲水岸线保护和修复，依法清除岸线两侧的非法、不合理人工构筑物和设施，拓展公众亲海岸滩岸线，促进海上水产养殖布局和设施景观化。

7.3.4　完善陆海统筹治理制度

建立沿海、流域、海域协同一体的综合治理体系。建立强化陆海统筹、河海兼顾、区域联动、协同共治的治理新模式。加强沿海地区、入海河流流域及近岸海域生态环境目标、政策标准衔接，实施区域流域海域污染防治和生态保护修复责任衔接、协调联动和统一监管。

加强海湾生态环境综合管理。以海湾(湾区)为管理单元，构建分级治理体系，强化陆海一体化生态环境监管，统筹推进污染防治、生态保护修复以及风险防范应急联动。建立权责清晰、管控到位、管理规范的入海排污口监管体系。

加强海洋环境监测网络建设。整合海洋渔业、生态环境、自然资源等部门监测资源，利用大数据技术深度挖掘数据产品及应用，为海洋生态保护修复提供数据支撑。推进海洋生态环境监测和执法机构、队伍、场所设施建设，为工业园区、港区和企业配备完善的环境突发事故应急处置设备设施，建设海上溢油应急储备库和专业队伍。

7.3.5　健全海洋生态环境监测

完善海洋环境质量监测。布设海湾、河流、近岸海域水质监测点位和沉积物质量监测点位，覆盖整个管辖区，全面掌握辖区内海域海洋环境质量状况及变化趋势。研究实施河流—入海河口—海湾—近岸海域联动监测，为海岸带综合治理提供支撑。

加强海洋生态监测。建立海洋生态监测网络，主要对河口、海湾、滩涂湿地、红树林等典型海洋生态系统和重要海洋生物栖息地进行监测。

重视新污染物监测。依托水质和沉积物监测站点，开展新污染物监测，主要针对持久性有机污染物、环境内分泌干扰物、全氟化合物等重点管控新污染物。初步摸清新污染物环境赋存底数，支撑新污染物治理与管控，优先在集中式饮用水水源地开展新污染

物监测。

规范生态质量评价。以维护生态系统稳定性、保护生物多样性、推动生态功能持续向好为导向，建立并落实区域生态质量指数(EQI)评价与报告制度，每年开展全市、重点区域、重点生态功能区等不同尺度生态质量评价，自主或联合有关部门发布评价报告。修订完善生态环境质量监测评价指标体系、生态保护补偿监测支撑体系，落实生态保护补偿制度。

7.3.6 加强新型污染物治理

以典型内分泌干扰素、抗生素、全氟化合物等新污染物为重点，强化风险评估，探索构建环境健康风险管理体系。

强化新污染物监测评估与控制。以典型内分泌干扰素、抗生素、全氟化合物、微塑料等为重点，完善环境准入制度、全生命周期环境管理制度、信息报告和公开制度等。优先在集中式饮用水水源地开展抗生素、持久性有机污染物(POPs)等累积性、遗传性物质研究性监测。持续推进环境激素类化学品生产使用情况调查，监控、评估水源地、农产品种植区及水产品集中养殖区风险，实行环境激素类化学品淘汰、限制、替代等措施。加强石化、医药、纺织印染等行业新污染物环境风险管控。

参考文献

蔡锋，苏贤泽，曹超，等，2019. 中国海岸侵蚀脆弱性评估及示范应用[M]. 北京：海洋出版社.

曹奇原，2002. 冲绳海槽晚更新世以来古海洋环境演化的若干特征[D]. 青岛：中国科学院海洋研究所.

陈丹婷，彭渤，方小红，等，2021. 洞庭湖“四水”入湖河床沉积物主量元素地球化学特征及意义[J]. 第四纪研究，41(5)：1267-1280.

陈国能，1984a. 潮汕平原第四纪断块运动[J]. 华南地震(4)：1-18.

陈国能，1984b. 韩江和榕江三角洲全新世海水进退的初步认识[J]. 海洋通报，3(6)：39-44.

陈翰，陈忠，颜文，等，2014. 汕头近岸海域表层沉积物粒度特征及其输运趋势[J]. 沉积学报，32(2)：314-324.

陈豪，徐洪增，路民，等，2022. 东平湖水体营养化状况综合评价[J]. 人民黄河，44(1)：83-88.

陈树培，梁志贤，邓义，1985. 粤东的红树林[J]. 植物生态学与地植物学丛刊，9(1)：59-63.

陈伟光，1984. 广东潮汕地区沉积盆地发育的若干特征[J]. 华南地震，4(2)：20-30.

陈远合，肖泽鑫，彭剑华，等，2010. 粤东海桑、无瓣海桑、拉关木冻害调查报告[J]. 防护林科技(4)：15-17.

崔瀚文，2010. 30 年来东北地区湿地变化及其影响因素分析[D]. 长春：吉林大学.

戴文芳，郭永豪，郁维娜，等，2017. 三门湾近海有机污染对浮游细菌群落的影响[J]. 环境科学，38(4)：1414-1422.

丁大林，张训华，于俊杰，等，2019. 长江三角洲北翼后缘晚第四纪以来的沉积粒度特征及环境演化[J]. 海洋地质与第四纪地质，39(4)：34-45.

董晓玉，李长慧，杨多林，等，2019. 气候变化对湿地影响的研究[J]. 安徽农业科学，47(23)：7-10.

杜军，李培英，魏巍，等，2008. 中国海岸带灾害地质稳定性区划[J]. 自然灾害学报，17(4)：1-6.

冯士筰，吴德星，1994. 一个潮流-准定常流-湍耦合系统中的长期输运方程式[J]. 科学通报（13）：1218-1221.

高抒，2009. 沉积物粒径趋势分析：原理与应用条件[J]. 沉积学报，27(5)：826-836.

郭康丽，龙超，党二莎，等，2022. 珠海市近岸海域水质状况与富营养化评价[J]. 海洋环境科学，41(2)：222-229.

国家海洋信息中心，2017. 2018 潮汐表 第 3 册 台湾海峡至北部湾[M]. 北京：海洋出版社.

国家海洋信息中心，2018. 2019 潮汐表 第 3 册 台湾海峡至北部湾[M]. 北京：海洋出版社.

国家海洋信息中心，2019. 2020 潮汐表 第 3 册 台湾海峡至北部湾[M]. 北京：海洋出版社.

国家海洋信息中心，2020. 2021 潮汐表 第 3 册 台湾海峡至北部湾[M]. 北京：海洋出版社.

何金宝，2020. 近 30 年海南岛岸线时空变迁与分析预测[D]. 北京：中国地质大学.

黄敦平，陈洁，2021. 我国新型城镇化质量综合评价[J]. 统计与决策，37(12)：170-173.

黄广灵，邱静，黄本胜，等，2015. 汕头港外拦沙堤建设前后榕江河口水体交换能力的数值模拟[J]. 水利水电技术，46(9)：15-20.

黄建维，詹清光，2000. 汕头港外拦门沙整治技术和功效[J]. 海洋工程，18(4)：55-62.
黄利周，2001. 汕头港外航道泥沙来源及一期整治工程总结[J]. 水运工程(7)：55-57.
黄良民，沈萍萍，刘春杉，等，2017. 广东省近海海洋综合调查与评价总报告[M]. 北京：海洋出版社.
黄执缨，王晓红，吴幼华，2016. 汕头沿海红树林湿地生物资源调查研究[J]. 南方职业教育学刊，6(5):101-106.
纪丹虹，纪燕玲，2011. 红树林病虫害发生及其防控技术研究[J]. 防护林科技(4)：98-101.
蒋超，2020. 黄河口动力地貌过程及其对河流输入变化的响应[D]. 上海：华东师范大学.
阚文静，张秋丰，胡延忠，等，2010. 渤海湾水体富营养化与有机污染状况初步评价[J]. 海洋通报，29(2)：172-175.
孔祥伦，李云龙，韩美，等，2020. 1990 年以来 3 个时期黄河三角洲天然湿地的分布及其变化的驱动因素研究[J]. 湿地科学，18(5)：603-612.
蓝先洪，1990. 黏土矿物作为古气候指标矿物的探讨[J]. 地质科技情报，9(4)：31-35.
雷茵茹，崔丽娟，李伟，等，2016. 气候变化对中国滨海湿地的影响及对策[J]. 湿地科学与管理，12(2)：59-62.
黎兵，2020. 世界河口三角洲地貌演变动力机制综述[J]. 上海国土资源，41(4)：93-97.
李春初，曾昭璇，1983. 汕头港淤积特征及其发展趋势[J]. 热带地理(3)：1-7.
李国庆，刘君慧，1982. 树木引种技术[M]. 北京：中国林业出版社.
李莉，王晓燕，张方方，2014. 浅析水文要素对湿地生态系统的影响[J]. 山东水利(2)：32-33.
李平日，1987. 六千年来韩江三角洲的滨线演进与发育模式[J]. 地理研究，6(2)：1-13.
李平日，黄镇国，张仲英，等，1987a. 广东东部晚更新世以来的海平面变化[J]. 海洋学报，9(2)：216-222.
李平日，黄镇国，宗永强，等，1987b. 韩江三角洲[M]. 北京：海洋出版社.
李晓路，于兴河，谭程鹏，等，2015. 潮汕地区全新世障壁海岸三角洲沉积演化与砂体展布[J]. 沉积学报，33(4)：706-712.
李媛媛，李晋，刘新华，等，2006. 基于3S 技术的地质灾害监测信息系统构建[J]. 灾害学，21(4)：28-30.
林宝荣，尤芳湖，周天成，1986. 汕头港外拦江沙及其航道段泥沙洄淤的物质来源与疏浚量的估算[J]. 海洋与湖沼(1)：13-25.
刘丹，王旭红，刘状，等，2019. 近 16 年渭河下游河流湿地变化分析[J]. 干旱区资源与环境，33(5)：112-118.
刘丽华，2022. 福建省西南近岸海域表层沉积物重金属污染特征与风险评价[J]. 海洋环境科学，41(2)：200-207.
栾奎峰，徐航，潘与佳，等，2022. 基于高光谱传感器的长江口表层悬浮泥沙质量浓度光谱曲线特征研究[J]. 海洋学研究，40(1)：64-71.
马迎群，曹伟，赵艳民，等，2022. 典型平原河网区水体富营养化特征、成因分析及控制对策研究[J]. 环境科学学报，42(2)：174-183.
彭逸生，李皓宇，曾瑛，等，2015. 广东韩江三角洲地区红树林群落现状及立地条件[J]. 林业科学(12)：103-112.
戚劲，2021. 浙江近岸海域富营养化时空分布变化研究[D]. 杭州：浙江大学.
乔吉果，宫少军，赵卫，2014. 天津滨海新区海岸带地质灾害危险性评价[J]. 地质灾害综合研究，25(2)：110-114.
青尚敏，陈海南，孙燕，等，2021. 广西铁山港邻近海域表层沉积物中重金属污染现状[J]. 广西科学，28(6)：568-576.
裘善文，李风华，1982. 试论地貌分类问题[J]. 地理科学，2(4)：327-335.
史飞飞，周秉荣，颜亮东，等，2020. 近32年隆宝高寒湿地时空变化特征及其气候驱动力分析[J]. 高原气象，39(6)：1282-1294.
宋长春，2003. 湿地生态系统对气候变化的响应[J]. 湿地科学，1(2)：122-127.
孙金龙，徐辉龙，吴鹏，等，2007. 粤东南澳-澄海海域晚第四纪沉积特征和沉积环境演变[J]. 热带海洋学报，26(3)：30-36.
唐俊逸，刘晋涛，蒋婧媛，等，2022. 深圳近岸海域表层沉积物重金属分布特征及风险评价[J]. 海洋湖沼通报，44(1)：67-74.
唐以杰，陈思敏，方展强，等，2016. 汕头3种人工红树林湿地大型底栖动物群落的比较[J]. 海洋科学，40(9)：53-60.
万远扬，吴华林，2021. 径流量变化对长江口北槽最大浑浊带影响分析[J]. 水利水运工程学报(5)：1-7.
王伯荪，张超常，黄庆昌，1997. 粤东红树植被[M]. 广州：华南理工大学出版社.
王凤霞，夏卓异，郭雨辉，等，2022. 基于GEE的中国南海水质反演与富营养化评价[J]. 中国环境科学，42(2)：826-833.
王建华，郑卓，1990. 韩江三角洲第四系中黏土矿物与古环境探讨[J]. 中山大学学报(自然科学版)，29(2)：133-136.
王靖泰，汪品先，1980. 中国东部晚更新世以来海面升降与气候变化的关系[J]. 地理学报，35(35)：299-312.
王梦媛，郑卓，黄康有，等，2016. 海南岛南部MIS-5海相沉积地层的发现及其意义[J]. 热带地理，36(3)：399-405.
王年斌，薛克，马志强，等，2004. 黄海北部河口区活性磷酸盐含量分布动态与环境质量评价[J]. 中国水产科学，11(3)：272-275.
王兴菊，许士国，张奇，2006. 湿地水文研究进展综述[J]. 水文，26(4)：1-5，9.
王洋，方创琳，王振波，2012. 中国县域城镇化水平的综合评价及类型区划分[J]. 地理研究，31(7)：1305-1316.
王忆非，2014. 辽东湾北部工程地质条件评价[D]. 青岛：国家海洋局第一海洋研究所.
文英，1998. 人类活动强度定量评价方法的初步探讨[J]. 科学对社会的影响(4)：55-61.
文玉叶，2014. 不同纬度无瓣海桑的繁殖和扩散特性研究[D]. 厦门：厦门大学.
吴承强，2011. 福建近岸海域海底地貌研究[D]. 青岛：中国海洋大学.
吴敏，李胜荣，初凤友，等，2011. 海南岛近海B106柱粘土矿物学指标的古气候环境意义[J]. 淮海工学院学报（自然科学版），20(1)：85-91.
吴天胜，陈荣力，吴小明，等，2007. 韩江河口治理规划方案潮流泥沙模型试验研究[J]. 人民珠江(6)：35-38.
吴一琼，2018. 海底地貌类型识别方法研究[D]. 青岛：中国石油大学.
肖泽鑫，陈远合，谢少鸿，2004. 汕头市海桑、无瓣海桑冻害调查初报[J]. 防护林科技(6)：24-25，31.
谢以萱，1983. 南海东北部的海底地貌[J]. 热带海洋(3)：182-190.
颜彬，苗莉，黄蔚霞，等，2012. 广东近岸海湾表层沉积物的稀土元素特征及其物源示踪[J]. 热带海洋学报，31(2)：67-79.
杨越，文军，陆宣承，等，2021. 近30年来若尔盖高寒湿地变化及其对区域气候变化的响应[J]. 成都信息工程大学学报，36(1)：73-79.
姚政权，石学法，2015. 渤海湾沿岸第四纪海侵研究进展[J]. 海洋地质前沿，31(2)：9-16.
叶涛焱，李莉，姚炎明，等，2019. 基于 Landsat 影像的杭州湾最大浑浊带年际变化研究[J]. 武汉大学学报(信息科学版)，44(9)：1377-1384.
伊兆晗，胡日军，李毅，等，2021. 福宁湾海域夏季大潮期悬浮泥沙输运特征及控制因素[J]. 海洋地质与第四纪地质，41(6)：53-66.
于上，何青，陈语，等，2021. 长江口最大浑浊带悬沙粒度对流域减沙的响应研究[J]. 泥沙研究，46(4)：60-67.
于欣，杜家笔，高建华，等，2012. 鸭绿江河口最大浑浊带水动力特征对叶绿素分布的影响[J]. 海洋学报，34(2)：101-113.
远继东，姜正龙，代友旭，等，2022. 湛江湾海域表层沉积物稀土元素特征及其物源指示意义[J]. 现代地质，36(1)：77-87.
曾昭璇，1957. 韩江三角洲[J]. 地理学报(3)：255-273.
张从伟，韩孝辉，龙根元，等，2021. 三亚近岸海域表层沉积物稀土元素地球化学特征及物源分析[J]. 中国稀土学报，39(4)：633-643.
张虎男，1983. 断裂作用与韩江三角洲的形成和发展[J]. 海洋学报，5(2)：72-81.
张虎男，赵红梅，1990. 华南沿海晚更新世晚期—全新世海平面变化的初步探讨[J]. 海洋学报(5)：620-630.
张家豪，何倩倩，韩鑫，2020. 粤东南澳海域海床演变分析[J]. 中国水运(下半月)，20(9)：146-148.
张锦新，佘忠明，林俊雄，等，2006. 人工红树林的生长与病虫害防治的研究[J]. 生态科学，25(4)：367-370.
张恺，凌恳，刘春莲，等，2020. 榕江平原全新世硅藻记录与古环境重建[J]. 中山大学学报(自然科学版)，59(3)：32-42.
张明祥，2008. 湿地水文功能研究进展[J]. 林业资源管理(5)：64-68.
赵娜娜，王贺年，张贝贝，等，2019. 若尔盖湿地流域径流变化及其对气候变化的响应[J]. 水资源保护，35(5)：40-47.
赵扬，2008. 滨海湿地生态系统服务功能价值评估——以汕头市为例[D]. 广州：中山大学.
郑莉，2018. 近代汕头城市建设发展史研究[D]. 广州：华南理工大学.
郑钦华，2019. 三沙湾海水增养殖区表层溶解氧变化特征及有机污染评价[J]. 广东海洋大学学报，39(6)：54-61.
郑卓，李前裕，1992. 韩江三角洲晚更新世以来的孢粉植物群及其古环境古气候意义[J]. 中山大学学报论丛(1)：161-172.
钟硕良，谢联峰，李文斌，1986. 围头湾潮间带养殖区海水中的硅酸盐[J]. 福建水产(4)：31-36.
周国华，孙彬彬，刘占元，等，2012. 中国东部主要河流稀土元素地球化学特征[J]. 现代地质，26(5)：1028-1042.
周昊昊，杜嘉，南颖，等，2019. 1980 年以来 5 个时期珠江三角洲滨海湿地景观格局及其变化特征[J]. 湿地科学，17(5)：559-566.
周良，2021. 韩江三角洲晚第四纪沉积演化及其初始发育模式[D]. 武汉：中国地质大学.
周炎武，2010. 红树林恢复对沉积物中重金属分布、累积及形态的影响[D]. 广州：中山大学.
周英，2008. 汕头市大陆海岸的主要地质灾害[J]. 热带地理，28(4)：331-337.
朱春燕，2021. 高浊度河口动力地貌演变及人类驱动响应[D]. 上海：华东师范大学.

宗永强，1987a. 韩江三角洲第四系沉积旋回[J]. 热带地理，7(2)：117-127.

宗永强，1987b. 韩江三角洲地貌发育特征[J]. 科学通报(22)：1734-1737.

BARD E, HAMELIN B, ARNOLD M, et al., 1996. Deglacial sea-level record from Tahiti corals and the timing of global meltwater discharge[J]. Nature, 382(6588): 241-244.

BIRD M I, AYLIFFE L K, FIFIELD L K, et al., 1999. Radiocarbon dating of "old" charcoal using a wet oxidation, stepped-combustion procedure[J]. Radiocarbon, 41: 127-140.

BUTLER E I, 1979. Nutrient balance in the Western English Channel[J]. Estuarine and Coastal Marine Science, 8(2): 195-197.

FAIRBRIDGE R W, 1961. Eustatic changes in sea level[J]. Physics and Chemistry of the Earth, 4: 99-185.

GINGELE F X, DECKKER P D, HILLENBRAND C D, 2001. Late Quaternary fluctuations of the Leeuwin Current and palaeoclimates on the adjacent land masses: clay mineral evidence[J]. Australian Journal of Earth Sciences.

HANEBUTH T J J, LANTZSCH H, 2008. A Late Quaternary sedimentary shelf system under hyperarid conditions: unravelling climatic, oceanographic and sea-level controls(Golfe d'Arguin, Mauritania, NW Africa) [J]. Marine Geology, 256: 77-89.

HAKANSON L, 1980. An ecological risk index for aquatic pollution control. a sedimentological approach [J]. Water Research, 14: 975-1001.

JACOBS Z, 2008. Luminescence chronologies for coastal and marine sediments[J]. Boreas, 37: 508-535.

KELLER W D, 1970. Environmental aspects of clay minerals[J]. Journal of Sedimentary Research, 40: 788-859.

LEA D W, MARTIN P A, PAK D K, et al., 2002. Reconstructing a 350 ky history of sea level using planktonic Mg/Ca and oxygen isotope records from a Cocos Ridge core[J]. Quaternary Science Reviews, 21: 283-293.

LIU J T, HSU R T, HUNG J J, et al., 2016. From the highest to the deepest: the Gaoping River-Gaoping Submarine Canyon dispersal system[J]. Earth-Science Reviews, 153: 274-300.

MCLAREN P, BOWLES D, 1985. The effects of sediment transport on grain-size distributions[J]. Journal of Sedimentary Research, 55: 457-470.

MURRAY-WALLACE C V, WOODROFFE C D, 2014. Quaternary sea-level changes: a global perspective [D]. Cambridge: Cambridge University Press, 97: 197-199.

PEDOJA K, SHEN J W, KERSHAW S, et al., 2008. Coastal quaternary morphologies on the northern coast of the South China Sea, China, and their implications for current tectonic models: a review and preliminary study[J]. Marine Geology, 255(3): 103-117.

RAMELI N L F, JAAFAR M, 2015. Changes of Coastline: a study case of carey Island-Morib Coast, Selangor, Malaysia[J]. The Malaysia-Japan Model on Technology Partnership, 10: 301-309.

RATEEV M A, GORBUNOVA Z N, LISITZYN A P, et al., 2010. The distribution of clay minerals in the oceans[J]. Sedimentology, 13(1-2): 21-43.

SHANG S, FAN D D, YIN P, et al., 2018. Late Quaternary environmental change in Oujiang delta along the northeastern Zhe-Min Uplift zone (Southeast China)[J]. Palaeogeogra-phy, Palaeoclimatology, Palaeoecology, 492: 64-80.

SIDDALL M, ROHLING E J, ALMOGI-LABIN A, et al., 2003. Sea-level fluctuations during the last glacial cycle[J]. Nature, 423(6942): 853-858.

SINGH P, 2009. Major, trace and REE geochemistry of the Ganga River sediments: influence of provenance and sedimentary processes[J]. Chemical Geology, 266(3-4): 242-255.

WANG Y, HUANG C, YI J J, et al., 2020. Study on the climbing height of double solitary waves along an oblique embankment around Shantou City[J]. Marine Science Bulletin, 22(2): 11-22.

YI L, LAI Z P, YU H J, et al., 2012. Chronologies of sedimentary changes in the south Bohai Sea, China: constraints from luminescence and radiocarbon dating[J]. Boreas, 42: 267-284.

YIM W S, 1999. Radiocarbon dating and the reconstruction of late Quaternary sea-level changes in Hong Kong [J]. Quaternary International, 55(1): 77-91.

ZHAO B C, WANG Z H, CHEN J, et al., 2008. Marine sediment records and relative sea level change during late pleistocene in the Changjiang delta area and adjacent continental shelf[J]. Quaternary International, 186(1): 164-172.

ZONG Y Q, 1992. Postglacial stratigraphy and sea-level changes in the Han River delta, China [J]. Journal of Coastal Research, 8(1).

ZONG Y, YIM W W, YU F, et al., 2009. Late Quaternary environmental changes in the Pearl River mouth region, China[J]. Quaternary International, 206: 35-45.